Erwin Schorr # Pflanzen
unter
dem Mikroskop

J. B. Metzlersche Verlagsbuchhandlung
Stuttgart

Pflanzen unter dem Mikroskop
Erwin Schorr, Eppelborn

CIP-Titelaufnahme der Deutschen Bibliothek

Schorr, Erwin:
Pflanzen unter dem Mikroskop / Erwin Schorr.
– Stuttgart: Metzler, 1991
    ISBN 3-476-30333-0

ISBN 3 476 30333 0

© 1991 J. B. Metzlersche Verlagsbuchhandlung
und Carl Ernst Poeschel Verlag GmbH in Stuttgart
Einband: Willy Löffelhardt
Druckvorlage: Erwin Schorr, Eppelborn
Druck: Gulde Druck GmbH, Tübingen
Printed in Germany

Vorwort

Das Vordringen in den Mikrokosmos mit Hilfe des Mikroskopes hat bis heute nichts von seiner Faszination eingebüßt. Verbesserte Geräteausstattung und verstärkte Betonung der Eigentätigkeit der Jugendlichen im Unterricht ließen die Mikroskopie in unseren Schulen wieder an Bedeutung gewinnen.

Es ist jedoch nicht nur der Motivationseffekt, der sie für den Einsatz in der Schule so interessant macht. Mit ihrer Hilfe lassen sich Fertigkeiten einüben, die für einen erfolgreichen Biologieunterricht von grundlegender Bedeutung sind. Das Herstellen eines mikroskopischen Präparates und das Umsetzen des mikroskopischen Bildes in eine Skizze zwingen zu intensiver Auseinandersetzung mit dem Objekt und zu genauer Beobachtung.

Gleichwohl ist es aber vor allem für Anfänger ein ausgesprochen schwieriger Schritt, das Bild im Mikroskop in eine Skizze zu übertragen. Mikrofotografien sind dabei, vor allem wegen ihrer geringen Tiefenschärfe, in der Regel keine entscheidende Hilfe. Hinzu kommt, daß die Größe von Klassen und Kursen eine intensive Betreuung und eine Anleitung jedes einzelnen zum richtigen biologischen Zeichnen sehr schwierig gestaltet.

Das vorliegende Buch will hierbei, aber auch bei der Auswahl geeigneter Präparate eine Hilfe sein. Es setzt dort an, wo die meisten Praktikumsanleitungen aufhören.

Zu Beginn jedes Kapitels beschreiben kurze Texte wesentliche Gesichtspunkte der nachfolgend dargestellten Objekte. Die umfangreiche Sammlung von Skizzen entstand während eines botanischen Praktikums. Grundlage für alle diese Skizzen waren handgeschnittene Präparate. Es sind also keine Spezialgeräte sondern nur etwas Geschick und Übung notwendig, um gleiche Ergebnisse zu erzielen. Die Form der Skizzen ist in dem gleichen Stil gehalten, wie er in biologischen Praktika üblich ist.

Dezember 1990   *Erwin Schorr*

Wichtiger Hinweis

Einige der hier vorgestellten Pflanzenarten (siehe S. 192) sind in der Bundesrepublik unter besonderen Schutz gestellt. Bei ihrer Verwendung sind die Bestimmungen des Bundesnaturschutzgesetzes, der Bundesartenschutzverordnung und der EG-Verordnung zum Washingtoner Artenabkommen zu berücksichtigen.

Aus pädagogischen Gründen ist aber eine Beschäftigung mit diesen Arten sinnvoll. Dazu können Individuen dieser Arten aus Zuchtbeständen über den autorisierten Handel oder aus botanischen Gärten (z.B. der Universitäten) bezogen werden.

Für Lehrerinnen und Lehrer bietet sich die Möglichkeit, solche gefährdeten Arten ihren Schülerinnen und Schülern bekannt zu machen, indem über den Handel bezogene Individuen im Schulgarten, Schulteich oder Schulterrarium kultiviert werden.

Rechtliche Bestimmungen sind auch bei Pflanzen wie *Cannabis* zu beachten.

Inhaltsverzeichnis

I. Zellorganellen

1. Zellkern

Lichtmikroskopisch lassen sich am Zellkern zwei Zustände unterscheiden:
- der Zustand der Teilungsphasen (Mitose und Meiose)
- der Zustand der Arbeitsphase bzw. Interphase

In der Arbeits- bzw. Interphase ist der Kern äußerlich in Ruhe, die Nukleoli sind sichtbar, die Chromosomen sind entspiralisiert. In den Teilungsphasen durchläuft der Kern charakteristische Teilungsschritte:
- Prophase: Auflösung der Kernmembran, Auflösung der Nukleoli, Kontraktion und Spiralisation der Chromosomen
- Metaphase: Polkappen mit Spindelapparat werden gebildet (bei höheren Pflanzen aus dem Kern, bei niederen Pflanzen und Tieren vom Centrosom), die Chromosomen werden in der Mitte des Spindelapparates angeordnet (Äquatorialebene)
- Anaphase: Die Chromatiden werden von den Spindelfasern zu den Polkappen gezogen
- Telophase: Bildung des Phragmoplasten, Umbildung in den Arbeits- bzw. Interphasekern durch Entspiralisierung der Chromosomen, Umhüllung mit einer Kernmembran, Neubildung der Nukleoli am Nukleolusorganisator (Nukleolarfaden) der Satellitenchromosomen.

2. Plastiden

Sie entstehen aus Proplastiden und sind im ausdifferenzierten Zustand lipoidreiche, durch Doppelmembranen abgegrenzte Reaktionsräume. Häufig sind sie durch fettlösliche Farbstoffe (Lipochrome) auffällig gefärbt. Alle Plastiden enthalten DNA und vermehren sich durch Zweiteilung. Ausgewachsene Plastiden der Dauerzellen lassen sich drei Typen zuordnen:

1. photosynthetisch aktive Chromatophoren (grüne Chloroplasten, braune Phaeoplasten, rote Rhodoplasten)
2. photosynthetisch inaktive Chromatophoren (rote und gelbe Chromoplasten)
3. photosynthetisch inaktive, farblose Leukoplasten.

Bei den Chloroplasten vieler Blütenpflanzen läßt sich bereits lichtmikroskopisch erkennen, daß die Assimilationsfarbstoffe nicht gleichmäßig verteilt sind, sondern in Form kleiner rundlicher Grana in das überwiegend farblos erscheinende Stroma eingebettet sind. Zwischen diesen Grana können Körner aus Assimilationsstärke liegen.

Das leuchtende Rot vieler Früchte (z.B. von Tomate, Paprika, Hagebutte) oder die gelben bis orangeroten Farben vieler Blüten (z.B. bei *Viola, Cytisus, Tropaeolum*) werden zumindest teilweise durch Chromoplasten hervorgerufen. Diese entwickeln sich entweder direkt aus farblosen Proplastiden oder durch Chlorophyllverlust aus grünen Chloroplasten. Sie können jedoch nicht nur in Blättern, sondern auch in Wurzelorganen (z.B. *Daucus carota*) vorkommen. Die Farben beruhen auf dem Gehalt an roten Carotinen (alpha-, beta-, gamma-Carotinen) bzw. meist gelben Xanthophyllen (z.B. Violaxanthin, Lutein, Zeaxanthin).

Die farblosen Leukoplasten kommen

bei den grünen Pflanzen vornehmlich in den farblosen Organen, vor allem in den unterirdischen Wurzeln und Wurzelstökken vor. Vielfach besitzen sie die Fähigkeit, bei Licht Chlorophyll zu bilden (z.B. in den Kartoffelknollen). In Speicherorganen (z.B. Knollen und Wurzelstöcken) bzw. in Speichergeweben (z.B. Markgeweben, Endospermen) bauen sie aus Zukker Stärke auf. In diesem Fall werden sie als Amyloplasten (Stärkebildner) bezeichnet. Neben Stärke finden sich in ihnen oft auch Eiweißkristalle und Lipoidtröpfchen.

3. Mitochondrien

Mitochondrien (Chondriosomen) stellen ca. 15-20% der Plasmamasse. Sie enthalten Enzyme für die Zellatmung. Diese ermöglichen es ihnen, durch Abbau energiereicher Kohlenstoffverbindungen Energie für die Stoffwechselprozesse in der Zelle zu gewinnen. Ihre Form ist oval bis fadenförmig bei einer Länge von ca. 3-5 Mikrometer und einer Breite von ca. 0,5 Mikrometer. Die innere Oberfläche dieser, von einer Doppelmembran umgebenen, Organellen kann durch taschen- oder scheibenförmige (Crista-Typ) bzw. röhrenförmige Einstülpungen (Tubulus-Typ) vergrößert sein. Da Mitochondrien etwa gleich lichtbrechend sind wie das Plasma, müssen sie mit Rhodamin B, Janusgrün oder Methylenblau angefärbt werden, um im Lichtmikroskop sichtbar zu werden.

4. Vakuole

Diese, von einer einfachen Membran - dem Tonoplasten - umgebene, Organelle ist charakteristisch für fast alle ausgewachsenen Pflanzenzellen. Die Gesamtheit aller in einer Zelle vorkommenden Vakuolen wird als Vakuom bezeichnet. Sie enthalten den Zellsaft, dessen Zusammensetzung von Art zu Art sehr verschieden ist. Sie wechselt sogar von Organ zu Organ, von Gewebe zu Gewebe und selbst von Zelle zu Zelle.

Folgende Stoffe sind häufig in Vakuolen enthalten:
- lösliche Kohlenhydrate: wie z.B. Rohrzucker, Fruchtzucker, Inulin, Schleim
- Vakuolenfarbstoffe (= Chymochrome), z.B. Anthocyane, die viele Blüten und Früchte blau, violett oder purpurrot färben oder Anthoxanthine, die gelbe Farbtöne erzeugen
- Alkaloide: z.B. Solanin, Nikotin, Coffein, Theophyllin, Halluzinogene
- Glykoside: z.B. aromatische Cumaringlykoside, Senfölglykoside
- Gerbstoffe: z.B. braune Phlobaphene (= oxidierte Gerbstoffe) mit fäulnishemmender Wirkung
- ätherische Öle, Balsame und Harze
- Öle und Fette in Tröpfchenform oder als Fettvakuolen
- Kristalle, z.B. Eiweißkristalle in der Epidermis oder in trockenen Reservestoffbehältern (z.B. in vielen Samen) als Protein- oder Aleuronkörner mit Quellungsvermögen oder Kristalle aus Calciumoxalat, -sulfat, -carbonat als Solitärkristalle (Tetraeder, Oktaeder, Plättchen) oder als Drusen, Sand oder Raphidenbündel.

5. Stärkekörner

Die Körner der Reservestärke werden von den farblosen Amyloplasten aufgebaut und können eine sehr unterschiedliche Gestalt haben. Viele von ihnen erscheinen deutlich geschichtet. Während bei Gramineen und Hülsenfrüchten die Schichtung überwiegend zentrisch ist, kommt bei anderen Pflanzen auch eine exzentrische Schichtung vor, vor allem dann, wenn sehr große Stärkekörner gebildet werden. Liegt das Stärkebildungszentrum nicht genau in der Mitte des Amyloplasten, wird die Stärke exzentrisch geschichtet. Zusammengesetzte Stärkekörner werden gebildet, wenn der Amyloplast mehrere Stärkebildungszentren besitzt.

Objekte

- *Allium cepa:* (Liliaceae)	Arbeitskern in einer Epidermiszelle
- *Vicia faba:* (Fabaceae)	Mitosestadien in Zellen der Wurzelspitze
- *Pellionia repens:* (Urticaceae)	Amyloplasten in einer Zelle des zentralen Markes des Stengels
- *Mnium cuspidatum:* (Mniaceae)	Chloroplasten in einer Blattzelle
- *Capsella bursa pastoris:* (Brassicaceae)	Chloroplasten mit Granastrukturen in einer Blattzelle
- *Viola hortensis:* (Violaceae)	Chromoplasten mit Violaxanthin in einer Epidermiszelle des Blütenblattes
- *Lycopersicon lycopersicum:* (Solanaceae)	Carotinoide (Lycopin) in einer Zelle der Fruchtschale
- *Daucus carota:* (Apiaceae)	Carotinkristalle (Beta-Carotin) in einer Wurzelzelle
- *Beta vulgaris:* (Chenopodiaceae)	Mitochondrien in einer Zelle des jungen Blattstiels
- *Rhoeo spathacea:* (Commelinaceae)	Vakuole und Plasmolysestadien einer Blattzelle
- *Pisum sativum:* (Fabaceae)	Konzentrisches Stärkekorn aus dem Samen
- *Maranta arundinacea:* (Marantaceae)	Exzentrisch geschichtete Stärkekörner in der Rhizomzelle
- *Vanilla pompona:* (Orchidaceae)	Solitärkristalle in einer Epidermiszelle
- *Oenothera biennis:* (Onagraceae)	Rhaphidenbündel in einer Zelle des Blattstiels
- *Portulaca oleracea:* (Portulacaceae)	Zusammengesetzte Kristalle in einer Markzelle des Stengels
- *Ricinus zansibariensis:* (Euphorbiaceae)	Eiweißkristalloide aus dem Endosperm Aleuronkörner in einer Zelle des Endosperm
- *Epiphyllum pittieri:* (Cactaceae)	Eiweißkristalloide in Epidermiszellen

Allium cepa
Liliaceae

Arbeitskern in einer Epidermiszelle des Zwiebelhäutchens

Karyolemma

Karyoplasma

Nucleolus

Chromatingerüst

Sphärosomen im Plasmabelag

Plasmafaden

Tonoplast

Plasmalemma

Zellwand

Mittellamelle

Vakuole

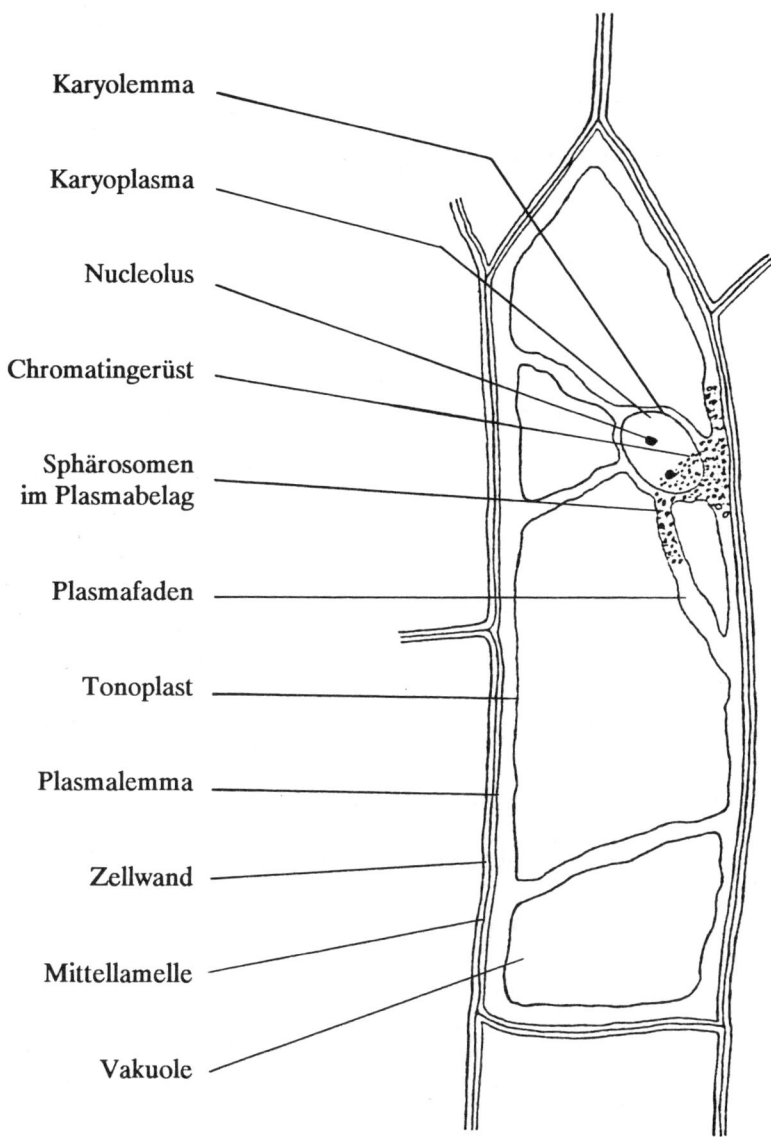

Vicia faba
Fabaceae

Mitosestadien in Zellen der Wurzelspitze

(2n = 12)

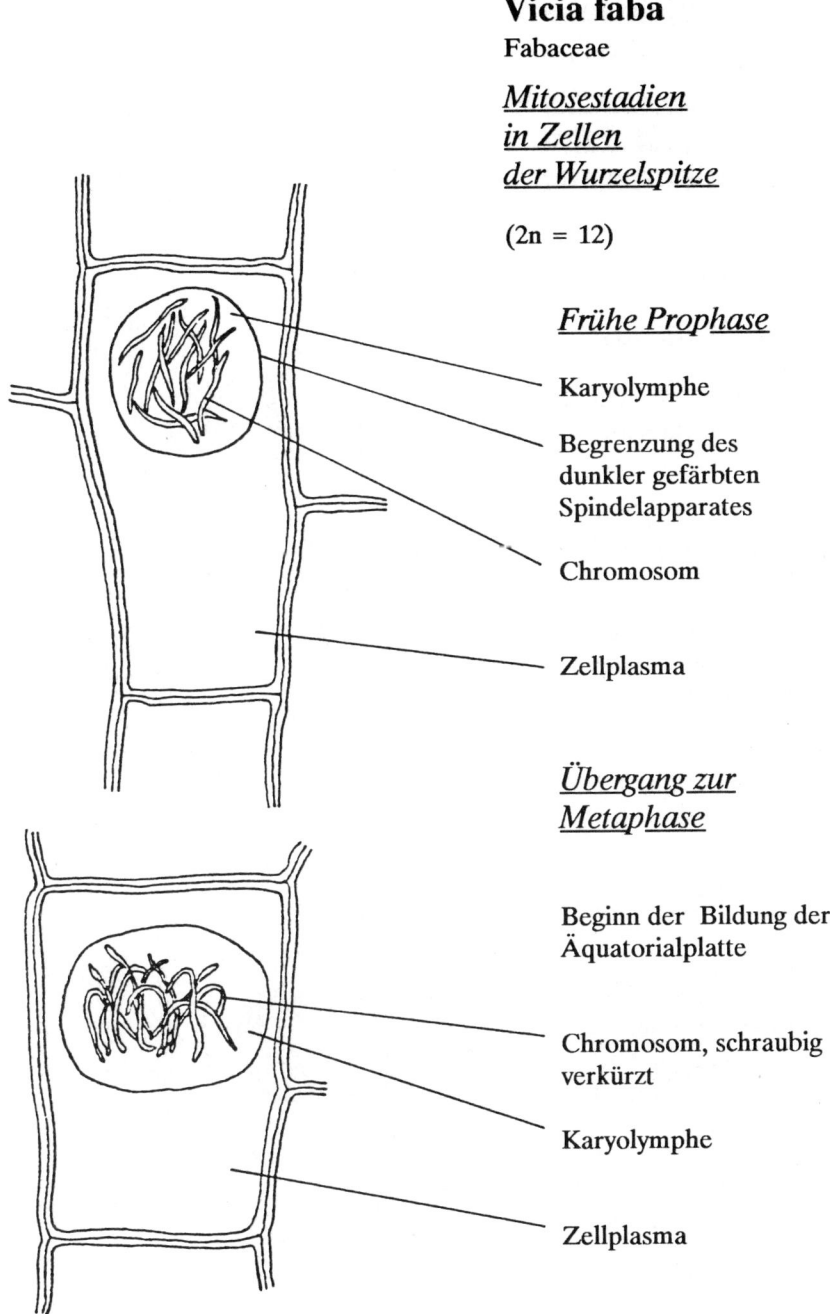

Frühe Prophase

Karyolymphe

Begrenzung des
dunkler gefärbten
Spindelapparates

Chromosom

Zellplasma

Übergang zur Metaphase

Beginn der Bildung der
Äquatorialplatte

Chromosom, schraubig
verkürzt

Karyolymphe

Zellplasma

Vicia faba
Fabaceae

Mitosestadien in Zellen der Wurzelspitze

(2n = 12)

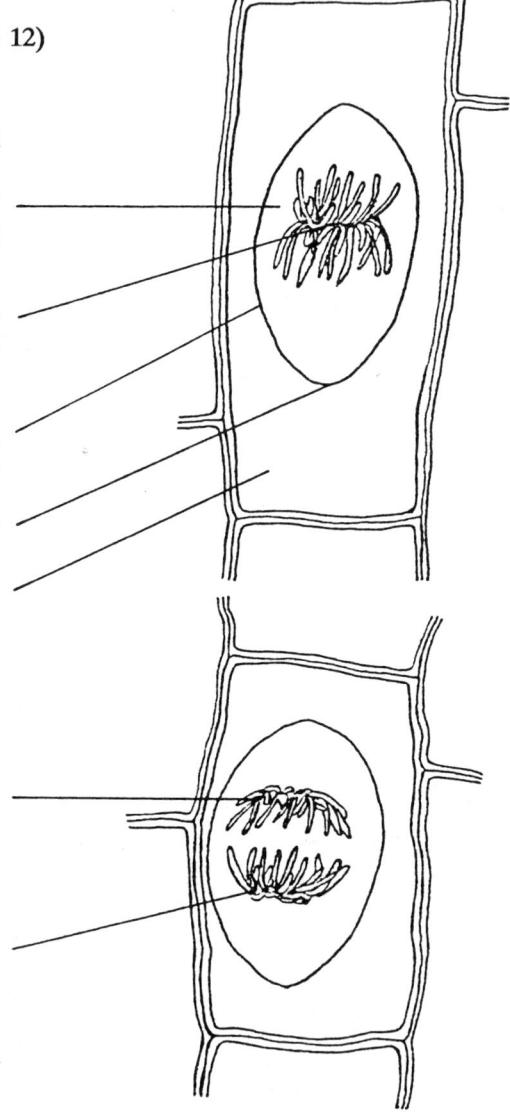

Metaphase

dunkel erscheinender
Spindelapparat

Metaphaseplatte
(= Äquatorialplatte)

Begrenzung des
Spindelapparates

Polkappe

Zellplasma

Anaphase

Chromosomen (wer-
den von den Spindel-
fasern zu den Pol-
kappen gezogen)

Centromer
(Ansatzstelle der
Spindelfasern)

Pellionia repens
Urticaceae

Amyloplasten in einer Zelle des zentralen Markes

- Stengelquerschnitt -
(Färbung: Iod-Kaliumiodid)

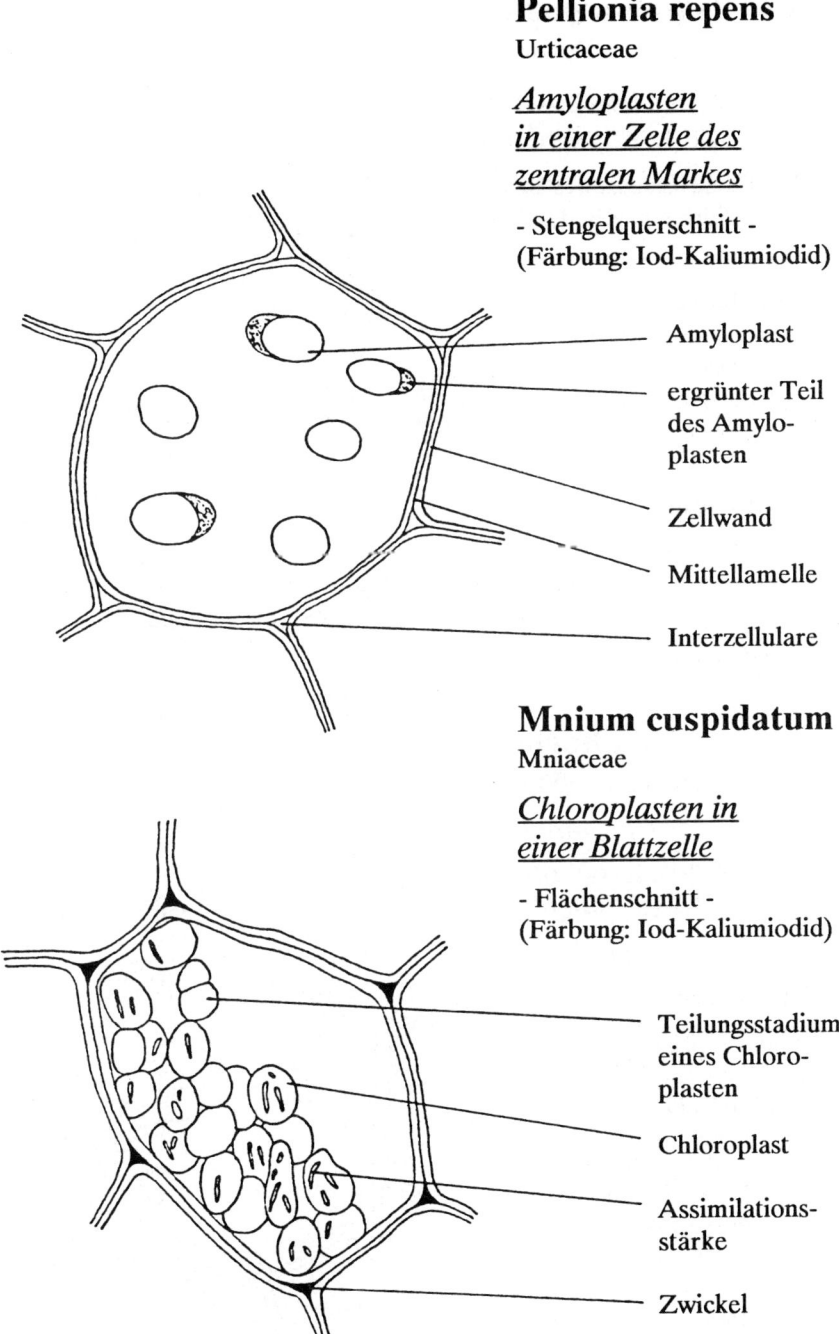

Amyloplast

ergrünter Teil des Amyloplasten

Zellwand

Mittellamelle

Interzellulare

Mnium cuspidatum
Mniaceae

Chloroplasten in einer Blattzelle

- Flächenschnitt -
(Färbung: Iod-Kaliumiodid)

Teilungsstadium eines Chloroplasten

Chloroplast

Assimilationsstärke

Zwickel

Capsella bursa pastoris

Brassicaceae

Chloroplasten mit Granastrukturen

- Flächenschnitt des Blattes -
(Färbung: Rhodamin B)

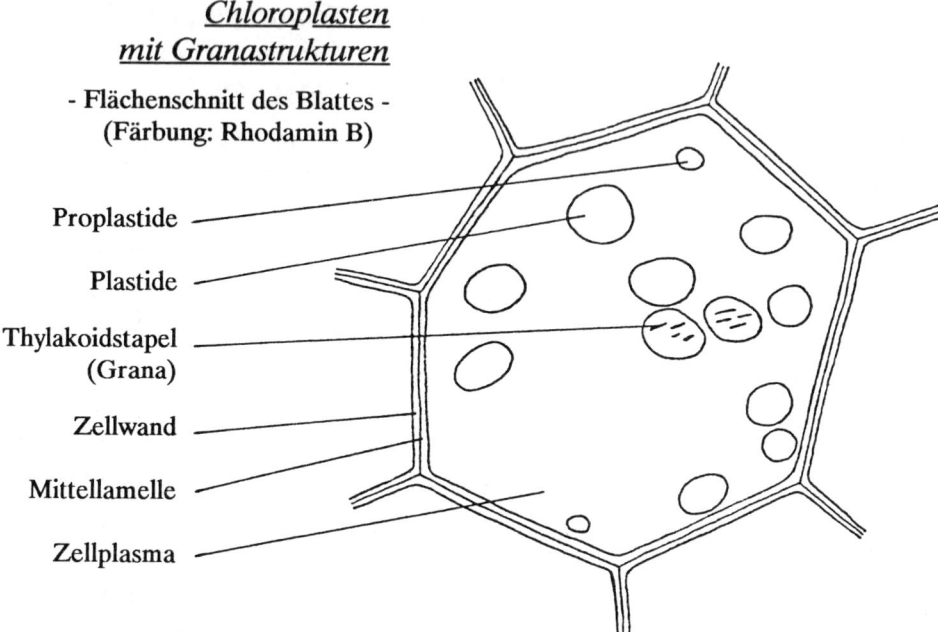

Proplastide

Plastide

Thylakoidstapel
(Grana)

Zellwand

Mittellamelle

Zellplasma

Viola hortensis

Violaceae

Chromoplasten in einen Epidermiszelle des Blütenblattes

- Flächenschnitt -

Chromoplasten
mit Violaxanthin
(Die Zelle ist
ganz damit
angefüllt.)

Zellwand mit
Versteifungen

Mittellamelle

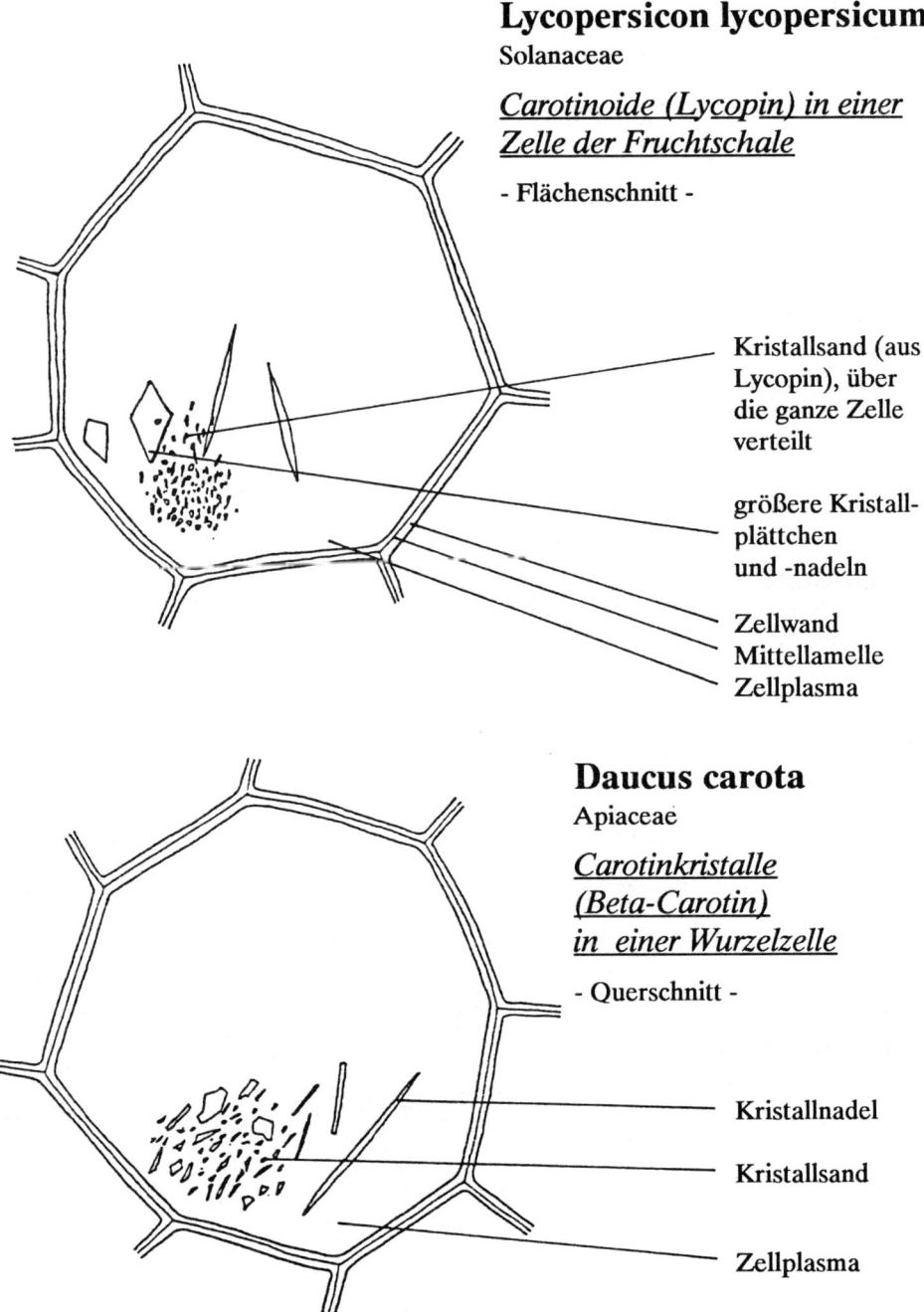

Lycopersicon lycopersicum
Solanaceae

Carotinoide (Lycopin) in einer Zelle der Fruchtschale

- Flächenschnitt -

Kristallsand (aus
Lycopin), über
die ganze Zelle
verteilt

größere Kristall-
plättchen
und -nadeln

Zellwand
Mittellamelle
Zellplasma

Daucus carota
Apiaceae

Carotinkristalle (Beta-Carotin) in einer Wurzelzelle

- Querschnitt -

Kristallnadel

Kristallsand

Zellplasma

Beta vulgaris
Chenopodiaceae

Mitochondrien in einer Zelle des jungen Blattstiels

- Querschnitt -
(Färbung: Rhodamin B)

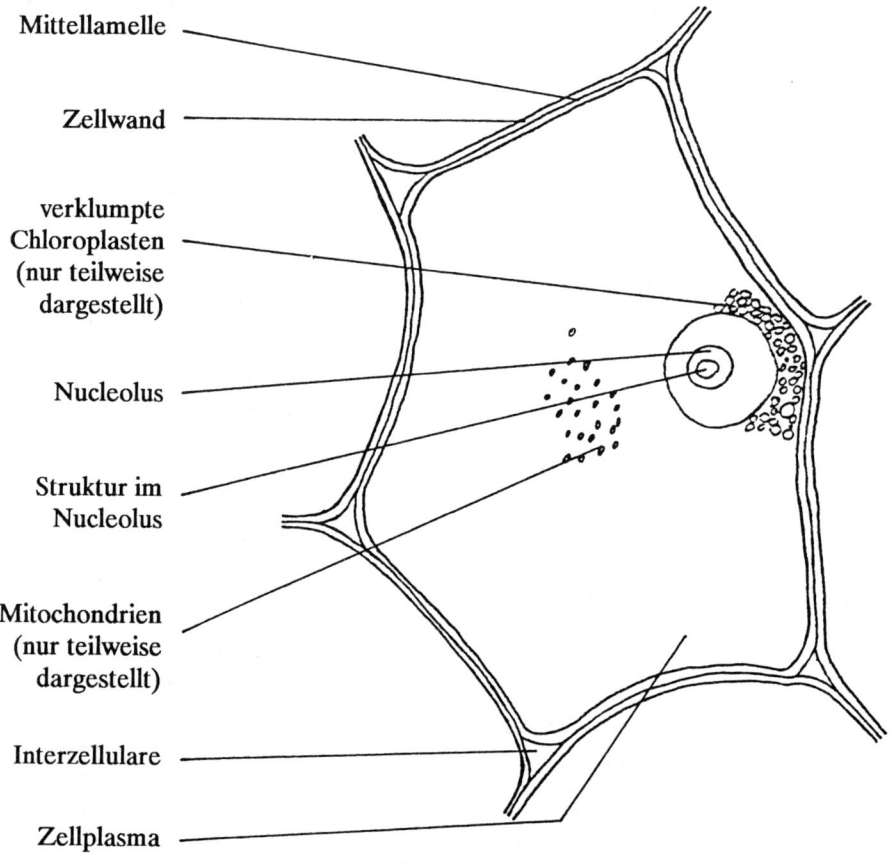

Mittellamelle

Zellwand

verklumpte
Chloroplasten
(nur teilweise
dargestellt)

Nucleolus

Struktur im
Nucleolus

Mitochondrien
(nur teilweise
dargestellt)

Interzellulare

Zellplasma

Die Mitochondrien sind im Verhältnis zu den anderen Zellbestandteilen größer dargestellt.

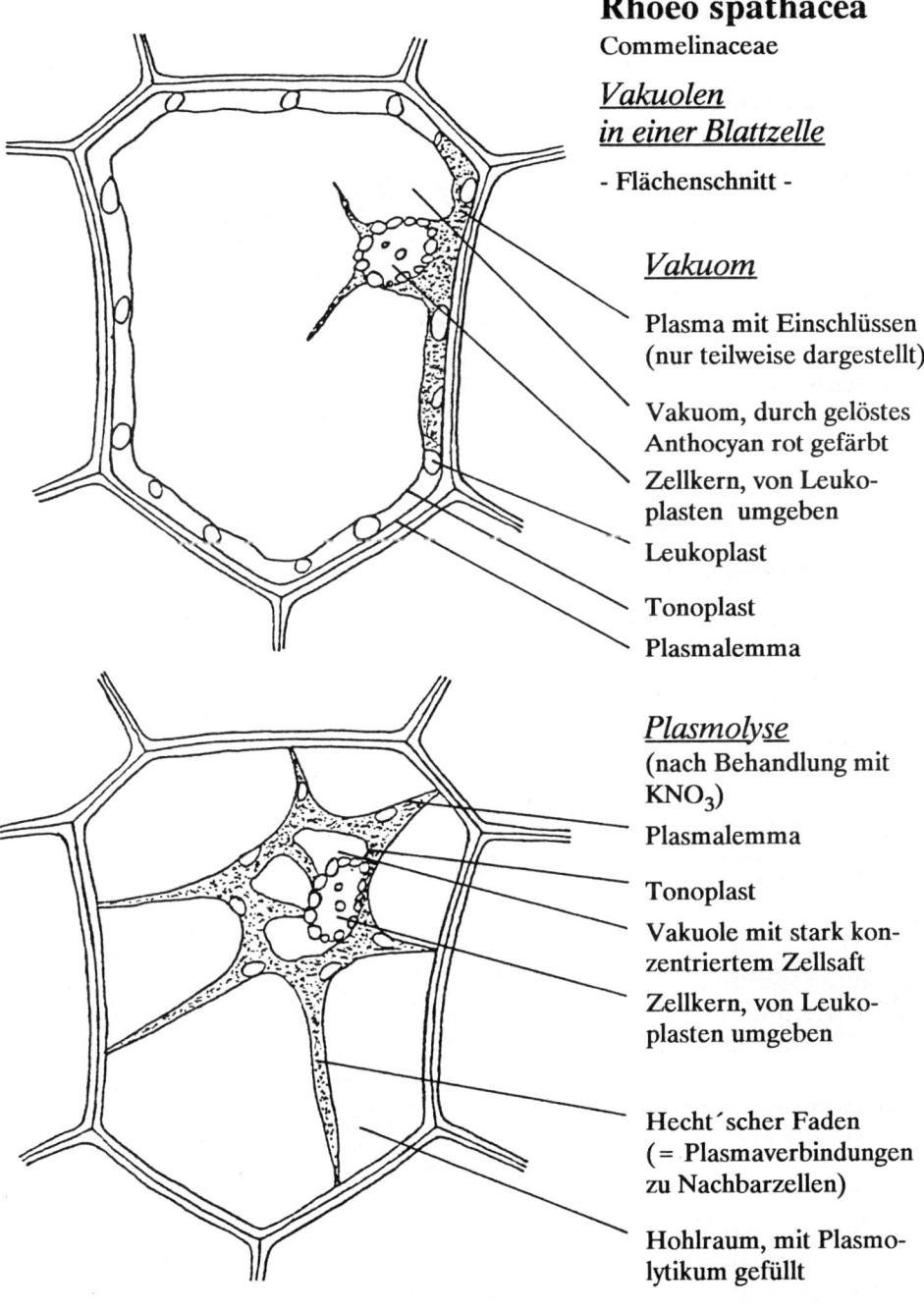

Rhoeo spathacea
Commelinaceae

Vakuolen in einer Blattzelle

- Flächenschnitt -

Vakuom

Plasma mit Einschlüssen
(nur teilweise dargestellt)

Vakuom, durch gelöstes
Anthocyan rot gefärbt

Zellkern, von Leuko-
plasten umgeben

Leukoplast

Tonoplast

Plasmalemma

Plasmolyse
(nach Behandlung mit
KNO_3)

Plasmalemma

Tonoplast

Vakuole mit stark kon-
zentriertem Zellsaft

Zellkern, von Leuko-
plasten umgeben

Hecht´scher Faden
(= Plasmaverbindungen
zu Nachbarzellen)

Hohlraum, mit Plasmo-
lytikum gefüllt

Pisum sativum
Fabaceae

Konzentrisches Stärke-
korn aus dem Samen

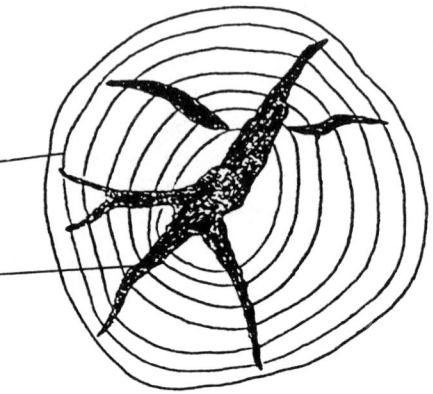

Schichtung des
Stärkekornes

Trockenrisse

Maranta arundinacea
Marantaceae

Exzentrisch geschichtete
Stärkekörner
in einer Rhizomzelle

- Querschnitt -

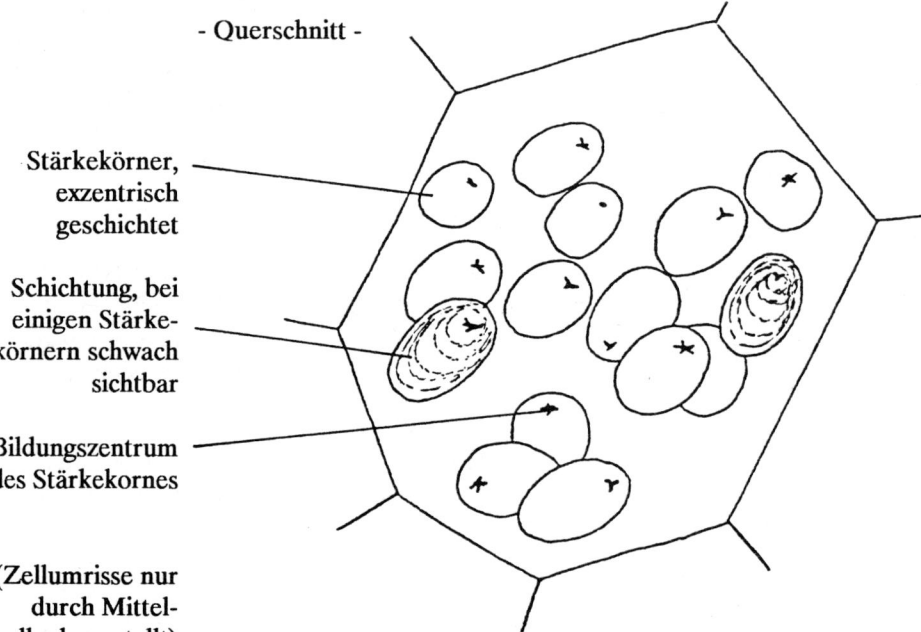

Stärkekörner,
exzentrisch
geschichtet

Schichtung, bei
einigen Stärke-
körnern schwach
sichtbar

Bildungszentrum
des Stärkekornes

(Zellumrisse nur
durch Mittel-
lamelle dargestellt)

Oenothera biennis

Onagraceae

Rhaphidenbündel in einer Zelle des Blattstiels

- Querschnitt -

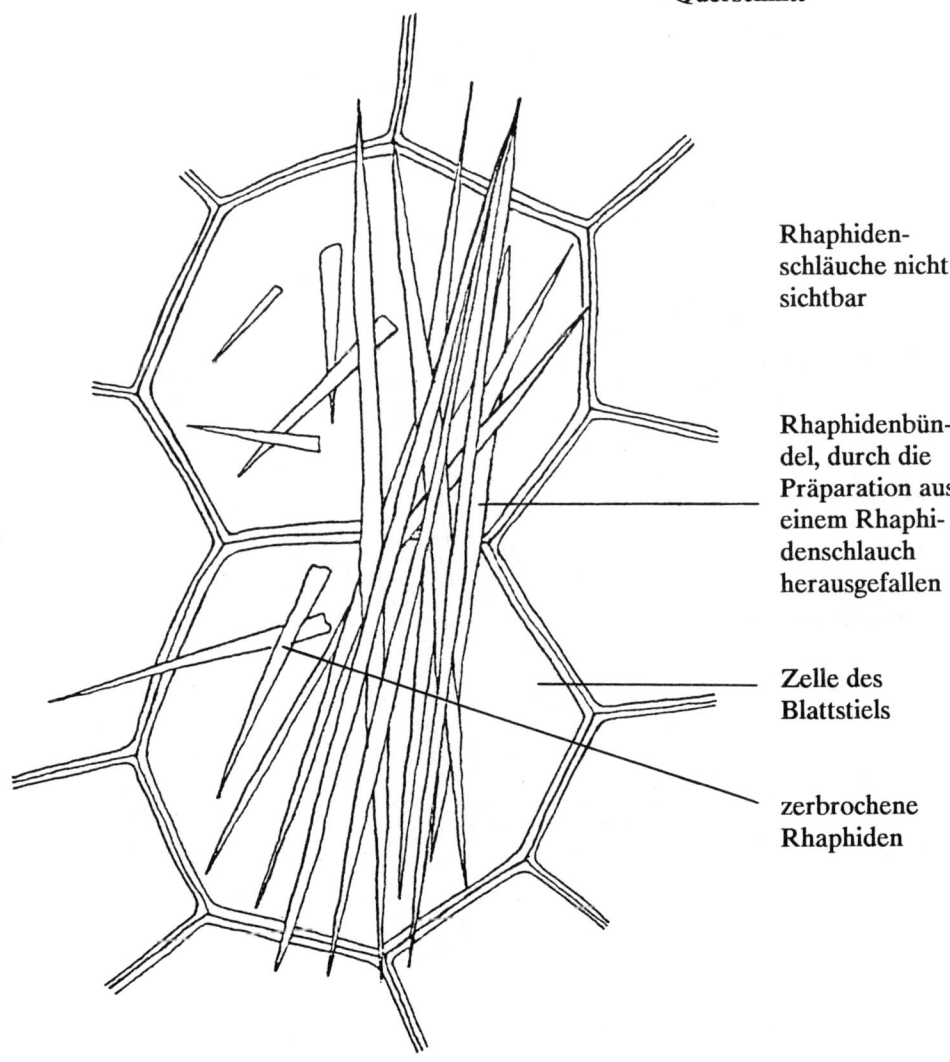

Rhaphiden-
schläuche nicht
sichtbar

Rhaphidenbün-
del, durch die
Präparation aus
einem Rhaphi-
denschlauch
herausgefallen

Zelle des
Blattstiels

zerbrochene
Rhaphiden

Portulaca oleracea

Portulacaceae

Zusammengesetzte Kristalle in einer Markzelle des Stengels

- Querschnitt -

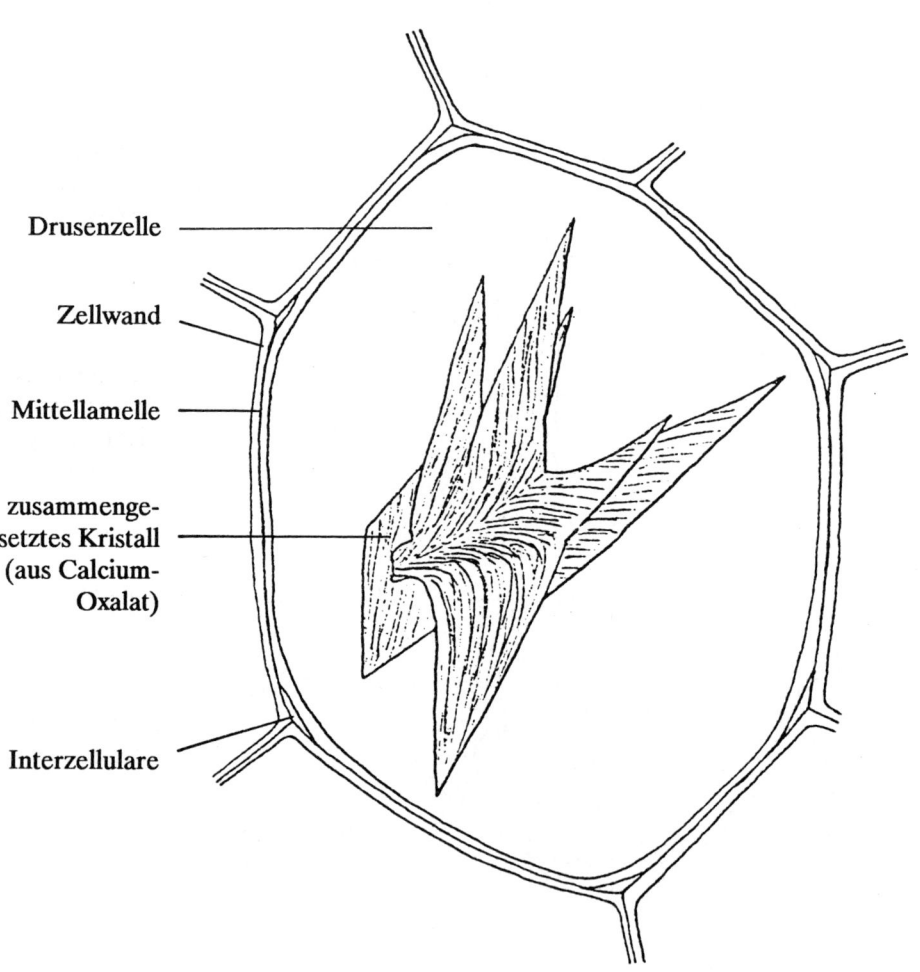

Drusenzelle

Zellwand

Mittellamelle

zusammenge-
setztes Kristall
(aus Calcium-
Oxalat)

Interzellulare

Vanilla pompona
Orchidaceae

Solitärkristalle in Epidermiszellen

- Flächenschnitt -

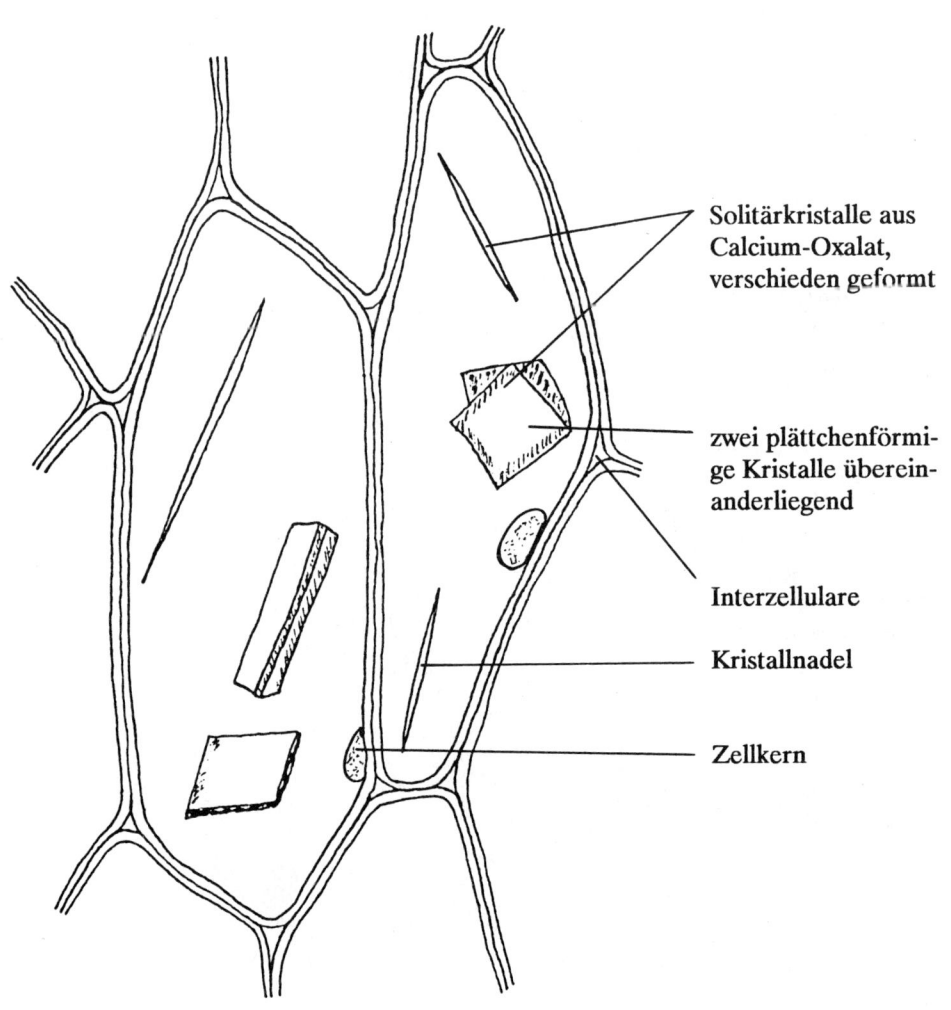

Solitärkristalle aus Calcium-Oxalat, verschieden geformt

zwei plättchenförmige Kristalle übereinanderliegend

Interzellulare

Kristallnadel

Zellkern

Ricinus zansibariensis
Euphorbiaceae

Eiweißkristalloide
aus dem Endosperm

(Färbung: Iod-Kaliumiodid)

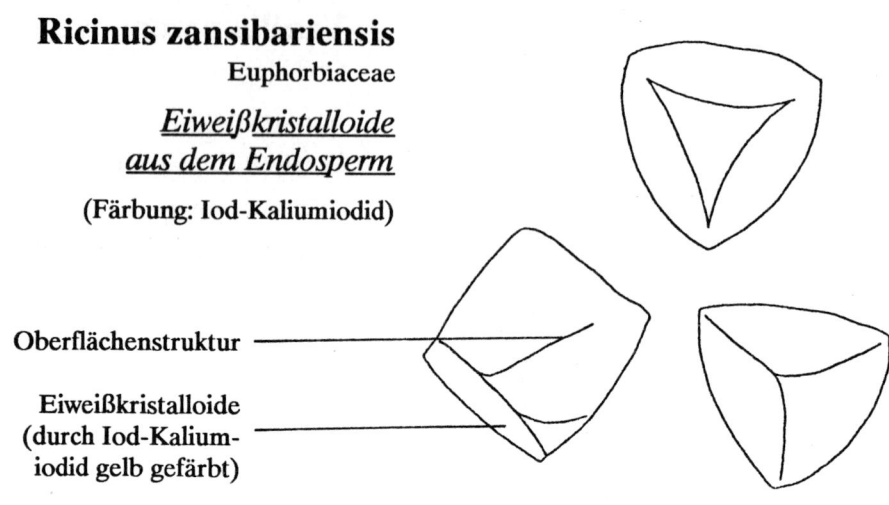

Oberflächenstruktur

Eiweißkristalloide
(durch Iod-Kalium-
iodid gelb gefärbt)

Aleuronkörner in einer
Zelle des Endosperm

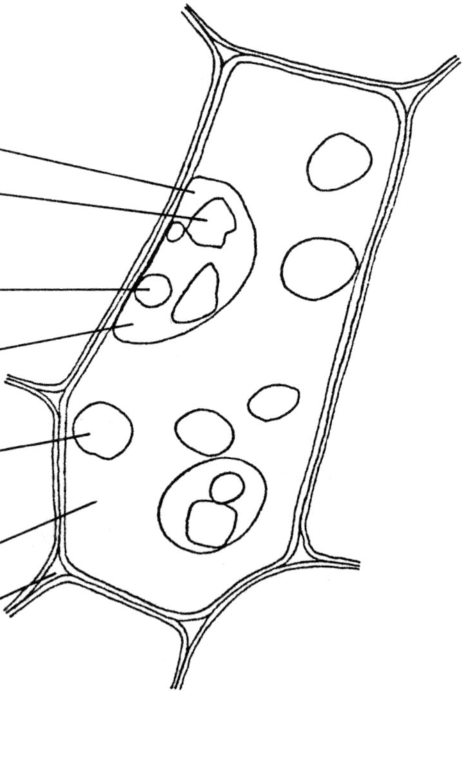

Aleuronkorn

Kristalloid
(Eiweiße)

Globoid (aus   Phy-
tin-Ca-Mg-Salz)

albuminhaltige
Grundmasse

kleinere Aleuron-
körner (Einschlüsse
noch nicht sichtbar)

Zellplasma

Interzellulare

Epiphyllum pittieri
Cactaceae

Eiweißkristalloide in Epidermiszellen

- Flächenschnitt -
(Färbung: Iod-Kaliumiodid)

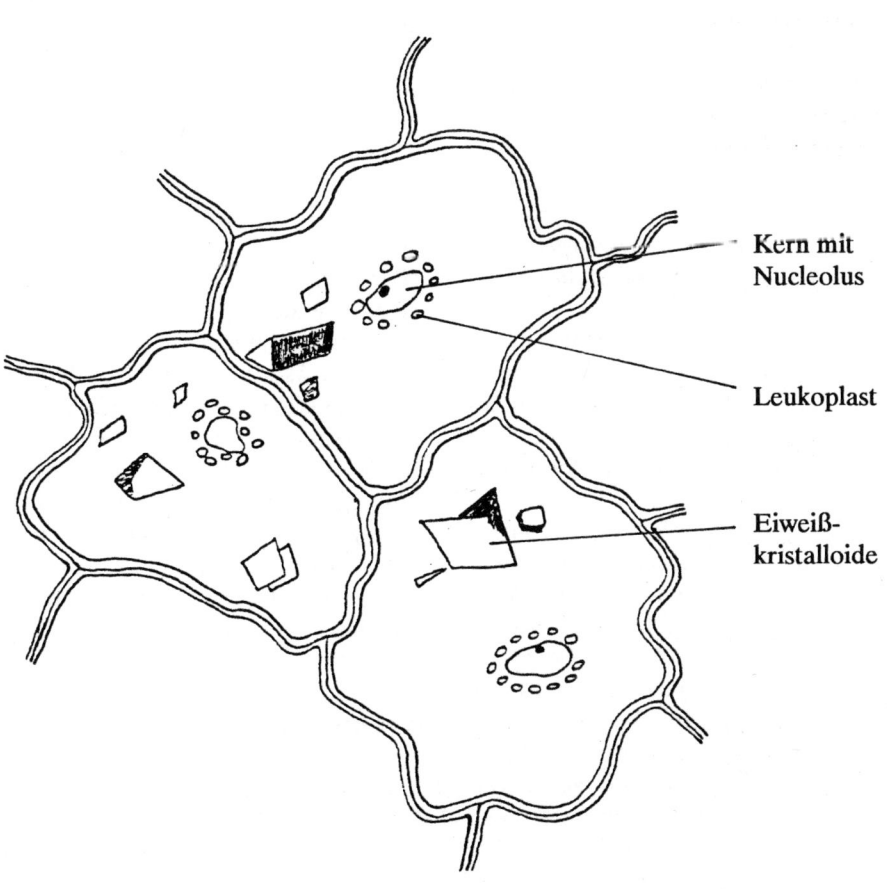

Kern mit
Nucleolus

Leukoplast

Eiweiß-
kristalloide

II. Zellwand

1. Aufbau der Zellwand

Im Gegensatz zu den tierischen Zellen besitzt die typische Pflanzenzelle eine vom Zellplasma ausgeschiedene Zellwand. Ihr Grundbaustein ist bei den meisten Pflanzen die Zellulose. Bei jeder Kern- und Zellteilung werden in embryonalen Geweben neue Trennwände im Phragmoplasten gebildet. Diese zarten Primordialwände bilden das Grundgerüst der jungen Gewebe. Unter Flächenausdehnung ihrer Wände wachsen die zunächst kleinen und verhältnismäßig gleich gestalteten Zellen zu ihrer endgültigen Größe und zu besonderen Formen heran. Das Flächenwachstum der Zellwände kommt durch irreversible plastische Dehnung der vorwiegend aus Protopektin bestehenden Primordialwände zustande. Gleichzeitig werden neue zellulosehaltige Substanzen zwischen die vorhandenen Strukturen eingelagert (Intussuszeption) und zellulosehaltige Lamellen auf die gedehnten Wände aufgelagert (Apposition).

Innerhalb eines geschlossenen Zellverbandes erfolgt die Auflagerung neuer Wandsubstanz in der Regel von den benachbarten Zellen gleichzeitig. Dadurch werden schon im ganz jungen Stadium die Trennwände dreischichtig. An die Primordialwand oder Mittellamelle schließen sich beiderseitig die Primärwände an. Auch sie bestehen noch zum größten Teil aus Protopektin und nicht-zelluloseartigen Polysacchariden. Ihr Zellulosegehalt liegt zwischen 8% und 14%. Wesentlich höher ist der Zellulosegehalt der nach Abschluß des Flächenwachstums aufgelagerten Sekundärwand. Die zentripetale Wandverdickung erfolgt meist in Form einzelner schalenförmiger Lamellen. Die Zusammensetzung dieser Lamellen ist häufig unterschiedlich, dickere und dichtere wechseln mit dünneren, wasserreichen und zum Teil chemisch anders gearteten ab. Dadurch entsteht eine auch im Lichtmikroskop sichtbare Schichtung.

Im Querschnitt lassen sich bei der Sekundärwand drei Schichten unterscheiden: die äußerste an die Mittellamelle angrenzende Übergangslamelle, die ihrerseits in sich selbst geschichtete Mittel- oder Zentralschicht und die innerste, häufig abweichend gestaltete und strukturierte Abschlußlamelle.

Die Zellulosefibrillen liegen in der Primärwand regellos durcheinander (Streutextur). In den Sekundärwänden erscheinen sie in der Regel parallel geordnet (Paralleltextur) und wesentlich dichter gelagert. In den spezialisierten Zellen der Festigungsgewebe sind die parallel ausgerichteten Fibrillen der Sekundärwand je nach Funktion unterschiedlich angeordnet. In Faserzellen (z.B. Hanf-, Flachs-, Nesselfasern) sind sie überwiegend einheitlich in Längsrichtung orientiert (Fasertextur), ringförmige Anordnung (Ringtextur) findet man z.B. in Ringtracheiden und schraubenförmige Orientierung (Schraubentextur) in Holzfasern oder Coniferentracheiden.

2. Tüpfel und Plasmodesmen

Auch durch die Zellwände hindurch bleiben die Protoplasten benachbarter Zellen durch feine Plasmafäden, die Plasmodesmen, untereinander verbunden, so daß sie eine zusammenhängende lebende Einheit, den Symplasten, darstellen. Die Stellen, an denen diese Plasmodesmen besonders dicht zusammenliegen, bleiben bei der zentripetalen Auflagerung von Zellwandmaterial ausgespart. Man nennt sie Tüpfel. Je nach Dicke der Zellwand erscheinen sie entweder als flache Grübchen oder als röhrenförmige Kanäle. An der Zellgrenze befindet sich in den Tüpfeln eine Schließhaut, die aus der Mittellamelle und den beiderseits aufgelagerten Primärwänden besteht. Auch sie ist noch siebartig durchbrochen und von feinsten Plasmodesmen durchzogen. In den toten Wasserleitungsbahnen der höheren Pflanzen finden sich häufig Tüpfel mit einer besonderen Struktur. Durch kreisförmiges Ablösen der Sekundärwand im Bereich um den Tüpfel entsteht (in der Aufsicht) um die zentrale Öffnung, den Porus, ein sogenannter "Hof", eine konzentrische Kreislinie. Bei manchen Coniferen ist die Schließhaut in der Mitte derartiger Hoftüpfel zusätzlich scheibenförmig verdickt. Diese, als Torus bezeichnete Struktur, ermöglicht ein ventilartiges Verschließen des Tüpfels nach der einen oder anderen Seite hin. Nur einseitig gegen das Lumen der Wasserleitungsbahnen behoft sind die Tüpfel häufig dort, wo diese Zellen an lebende Zellen angrenzen. Tüpfeln ähnliche Strukturen gibt es nicht nur in den Wänden zu Nachbarzellen hin, sondern auch in solchen Zellwänden, die an die Außenwelt (z.B. Epidermis) grenzen.

3. Sekundäre Veränderungen der Zellwand

Entsprechend den Anforderungen, die an ausdifferenzierte Zellen gestellt werden, sind ihre Zellwände häufig durch Ein- oder Auflagerung verschiedener Substanzen chemisch und physikalisch verändert.

Die wichtigsten Arten dieser Veränderungen sind:

- die Verholzung oder Lignifizierung: Durch Einlagerung von Lignin in interfibrilläre Spalten wird die Dehnbarkeit der Zellwand verringert und ihre Druckfestigkeit erhöht, ohne die Durchlässigkeit für Wasser zu verringern.

- die Verkorkung: Durch Auflagerung von Suberinlamellen werden die Zellwände wasserundurchlässig. In der jungen, noch lebenden Zelle werden die Tüpfel zunächst noch ausgespart. Mit der Verkorkung nahe verwandt ist die Cutinisierung der Außenwände (z.B. der Epidermis).

- die Mineralisierung: Durch Einlagerung (Inkrustation) von anorganisch-mineralischen Substanzen werden die Zellwände vieler Pflanzen sehr hart. Beispiele dafür sind die amorphen Kieselsäureeinlagerungen in Zellwände von Gräsern, Riedgräsern, Schachtelhalmen (Zinnkraut) oder in die Wände der Brennhaare verschiedener Nesselgewächse. Auch Calciumcarbonat und Calciumoxalat werden z.T. reichlich in Zellwänden oder in speziellen Zellulosestrukturen, den Zystolithen, in den Zellen abgelagert.

Zur Färbung von Mittellamelle und Primärwand eignet sich Ruteniumrot, für die Sekundärwand Chlor-Zink-Iod und für Holzstoff Phloroglucin und Salzsäure.

Objekte

- *Aspidistra elatior* (Liliaceae): Entwicklung der Zellwände und Tüpfel in der Epidermis
- *Saccharum officinarum* (Poaceae): Mineralisierung der Zellwände durch Kieselsäure
- *Strychnos nux-vomica* (Loganiaceae): Plasmodesmen in den Zellwänden der Samen.

Eine Vielzahl weiterer Beispiele zu Gestalt und Aufbau der Zellwand findet sich in den folgenden Kapiteln über Gewebe und Organe des Pflanzenkörpers.

Aspidistra elatior
Liliaceae

Entwicklung der Zellwände und Tüpfel in Blattzellen

(Färbung: Rutheniumrot)

Junges Blatt

Tüpfel

Zellwand

Mittellamelle und Primärwand

Plasma, aufgrund der Färbung von der Zellwand gelöst und konzentriert

Zellkern mit Chromatingerüst

Chloroplast

Älteres Blatt

dickere Zellwände (Sekundärwand vorhanden)

Tüpfel

Plasma, durch Färbung vakuolisiert (nur teilweise dargestellt)

Chloroplast

Mittellamelle

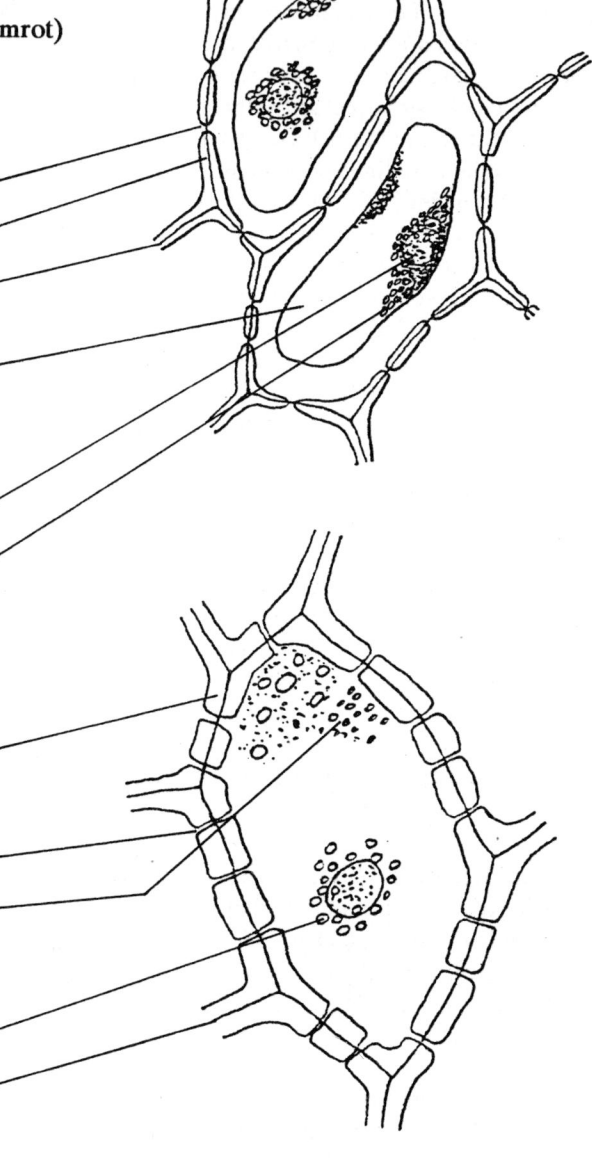

Saccharum officinarum

Poaceae

Mineralisierung der Zellwände durch Kieselsäure

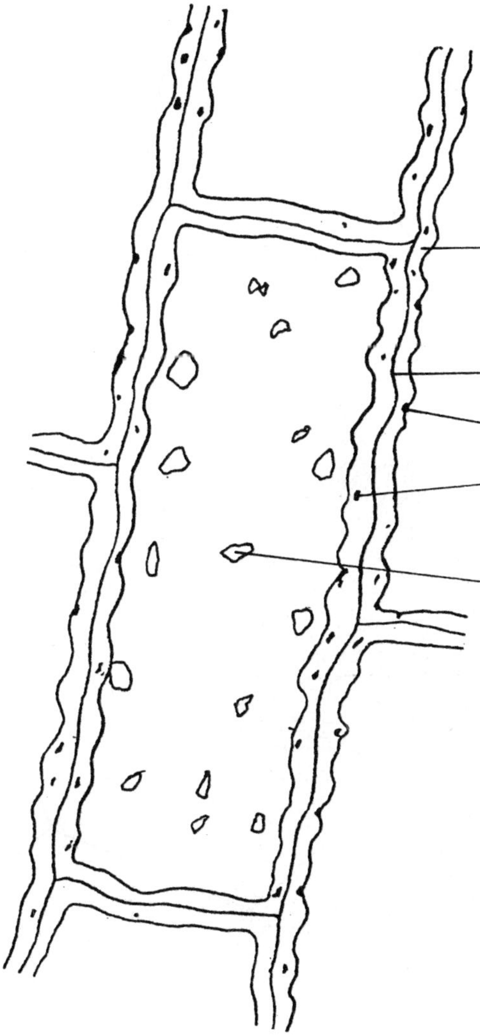

verkieselte Zell-
wand

Mittellamelle

mineralische
Einschlüsse aus
Kieselsäure

Oxalatkristalle

Strychnos nux-vomica

Loganiaceae

Plasmodesmen in Zellen des Samens

(Färbung: sublimiertes Iod)

Mittellamelle

Zellwand mit
eingelagerten
Speicherstoffen

Zellkern mit
Nucleolus

Zellumen mit
Plasma

Plasmodesmen
(nur teilweise
dargestellt)

Tüpfel nicht
erkennbar

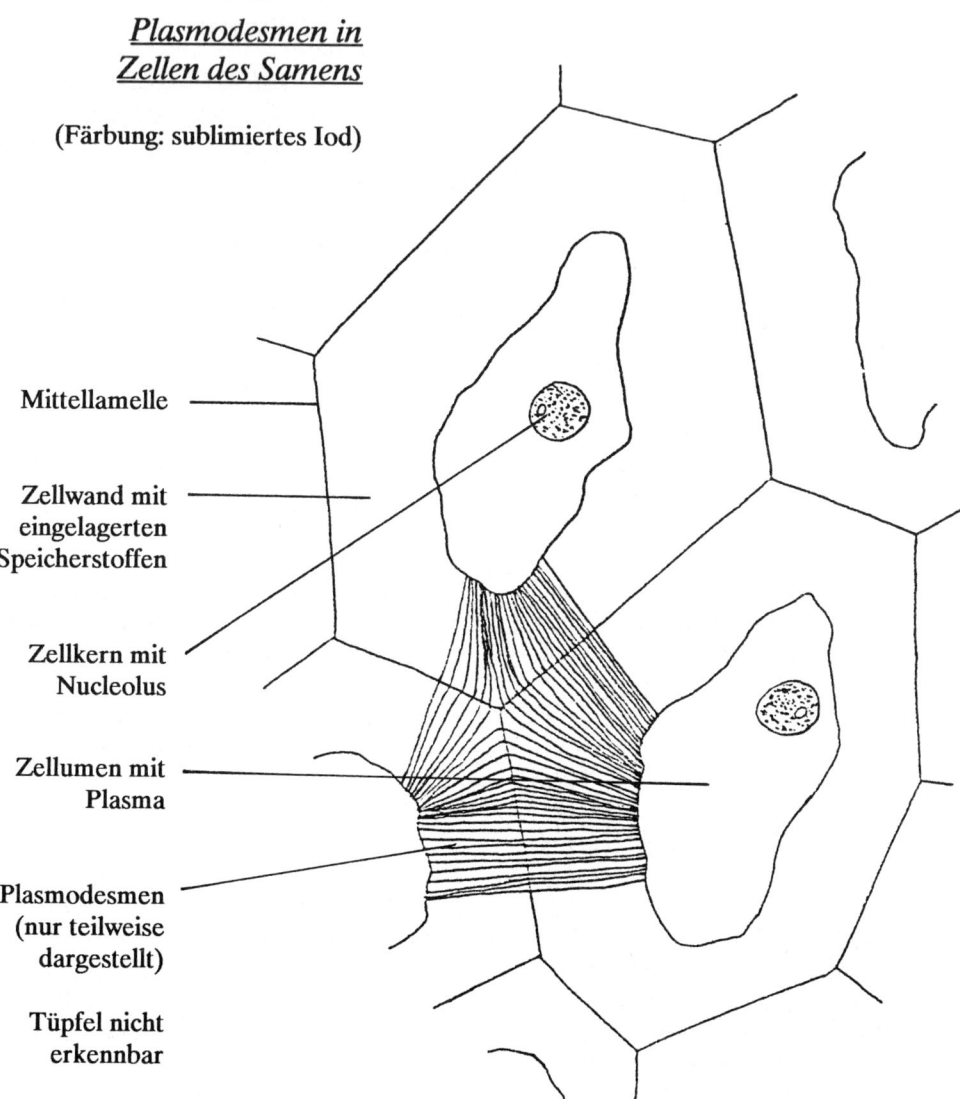

III. Gewebe der Pflanze

1. Epidermis

1.1 Aufbau der Epidermis

Sie geht aus der äußeren Schicht des Protoderms hervor. In der Regel ist sie einschichtig und enthält keine Chloroplasten (Ausnahmen: z.B. bei den meisten Farnen, vielen phanerogamen Schattenpflanzen und bei submers lebenden Wasserpflanzen). Die Zellen der Epidermis besitzen einen dünnen Wandbelag aus Protoplasma und ein großes Vakuom, das verschiedene Stoffe in gelöster oder fester Form enthalten kann, z.B. Anthocyane, Oxalatkristalle usw. Im Plasma kommen unter anderem Leukoplasten vor.

Der Zellverband der Epidermis zeichnet sich durch eine unregelmäßige Verzahnung der Einzelzellen aus, deren Wände zusätzlich partiell verdickt sein können. Dadurch entsteht eine lückenlos geschlossene, relativ reißfeste Außenhaut. Im Querschnitt sind die Zellen quadratisch bis rechteckig. Neben zentripetalem Wachstum kommt hier auch zentrifugales Wachstum vor. Auf der an die Außenwelt angrenzenden Wand ist stets (außer bei Wurzeln) ein fest mit ihr verbundenes Cutinhäutchen, die Cuticula, zum Transpirationsschutz aufgelagert. Bei vielen Pflanzen liegt auf dieser Cuticula eine weitere, mehr oder weniger dicke Schicht aus Zellulose mit eingelagertem Cutin, die cutinisierte Schicht. Wachseinlagerungen und -auflagerungen können die Wasserundurchlässigkeit der Epidermis zusätzlich erhöhen.

1.2 Spezielle Ausbildungen der Epidermis

- Die **cutinisierte Schicht** besitzt bei Pflanzen trockener Standorte (Xerophyten, Sukkulenten) häufig eine beachtliche Dicke. Teilweise nimmt sie eine dreieckig erscheinende "Kammzinkenstruktur" an (z.B. bei *Gasteria verrucosa*).
- **Sklereiden**: Durch Zellwandverdickungen entstehen z.T. sehr stark verdickte Epidermiszellen (z.B. im Samen von *Phaseolus vulgaris*).
- **Verschleimung** der Epidermiszellen bei Früchten dient der Verbreitung der Samen durch Tiere.
- **Postgenitale Verwachsung:** Beim Verschluß der Knospe durch die Kelchblätter entstehen reißverschlußartig wirkende Zellzusammenlagerungen.
- **Sekretionsepidermis**, ein sehr plasmareiches Drüsenepithel. Nach der Ausscheidung werden die Zellen plasmaarm und können kollabieren. Sie besitzen eine sehr dünne cutinisierte Schicht. Ihre Funktion ist das Anlocken von Insekten.
- **Wasserspeicher:** Dient eine einzellige Epidermis als Wasserspeicher, dann sind die Zellen häufig blasenartig nach außen gewölbt. Man bezeichnet die emporgewölbten Zellen als **Ocellen**. Diese Ocellen sind oft noch mit "Linsen" (Linsenzellen) versehen, die ihnen aufliegen und das Licht bündeln, um das tiefer liegende Gewebe ausreichend mit Licht zu versorgen. Mehrschichtige Abschlußgewebe, die auch der Wasserspeicherung dienen können, entstehen entweder durch sekundäres Einziehen von Querwänden in sehr frühem Stadium (z.B. bei *Begoniaceae, Peperomiaceae*) oder dadurch, daß die äußeren Schichten des Rindenparenchyms

sich an der Abschlußfunktion beteiligen (Hypodermis).

- Im Bereich der Wurzel kommt keine cutinisierte Schicht vor (**Rhizodermis**).
- **Lithozysten** (zystolythenenthaltende Zellen) entstehen (z.B. bei *Ficus*) durch Versenken entsprechender Epidermiszellen in tiefere Gewebe. Die Ansatzstelle des Zystolithen ist eine lokale Verdickung der Zellwand. An ihr bildet sich durch schichtweises Anlagern das Grundgerüst aus Zellulose und Kallose. Dieses Grundgerüst wird mineralisiert. In den Stiel wird SiO_2 und in den Körper $CaCO_3$ eingelagert. Dieser Vorgang ist reversibel; die Pflanze kann jederzeit dem Zystolythen Kalk entnehmen. Daher ist seine Größe von der Kalkversorgung der Pflanze abhängig. Vor dem Abwerfen der Blätter entzieht die Pflanze dem Zystolithen den Kalk.
- **Haare** sind ein- bis vielzellige, sehr unterschiedlich gestaltete Anhängsel der Epidermis. Sie entstehen ausschließlich aus Epidermis-Meristemoiden, in der Regel sogar nur aus einer einzigen Zelle, der Initialzelle. In der einfachsten Form sind sie lediglich Papillen, Ausstülpungen der Epidermiszellen. Sterben die Haarzellen ab und füllen sich mit Luft, erscheinen sie durch totale Lichtreflexion silbrig-grau. Nach ihren verschiedenen Funktionen unterscheidet man:
  - **Drüsenhaare:** Sie sind immer mehrzellig, besitzen z.T. einen polyploiden Kern und am Ende ein Köpfchen. Als Sekrete produzieren sie Duftstoffe (z.B. ätherische Öle), Verdauungsfermente (z.B. bei insektivoren Pflanzen) und Aromastoffe. Die Sekretion kann subcuticular erfolgen. In diesem Fall gelangen die Sekrete durch Ektodesmen nach außen und sammeln sich unter der Cuticula an.

Sie kann auch intrazellulär erfolgen, d.h. das Sekret sammelt sich in der Zelle an.
- **Klimmhaare:** Hakig gebogen, können sie bei kletternden Pflanzen das Abgleiten verhindern (z.B. *Humulus lupulus*).
- **Absorptionshaare** dienen zur Aufnahme von Wasser und darin gelösten Stoffen (z.B. bei Insektivoren, bei Wurzelhaaren).

Beispiel: Insektivore Pflanzen

Bei insektivoren Pflanzen kommen drei Typen von Haaren nebeneinander vor:
- Fanghaare mit klebrigen Sekreten,
- Drüsenhaare, die auf Bewegungsreiz mit der Ausscheidung von Ameisensäure und auf Eiweißreiz mit der Ausscheidung von Verdauungssekreten reagieren,
- Absorptionshaare zur Aufnahme der verdauten Stoffe.

Bei *Nepenthes* befinden sich im unteren Teil der Kanne Drüsenhaare, die Verdauungssekrete sezernieren und im oberen Bereich, im Bereich des Kannenrandes, Drüsenhaare, die Honigsekrete zur Anlokkung der Insekten ausscheiden.

Objekte

- *Vanda tricolor:* (Orchidaceae)	Epidermis mit cutinisierter Schicht
- *Gasteria verrucosa:* (Liliaceae)	Kammzinkenstruktur von Cuticula und cutinisierter Schicht
- *Ceropegia spec.:* (Asclepiadaceae)	Sekretionsepidermis im unteren Teil der Kesselfallenblüten
- *Oenothera biennis:* (Onagraceae)	Zellnaht zwischen benachbarten Kelchblättern in der Blüte
- *Phaseolus vulgaris:* (Fabaceae)	Umwandlung der Epidermiszellen der Samenschale in Sklereiden
- *Saccharum officinarum:* (Poaceae)	Cuticularabscheidungen im Bereich der Nodien des Sprosses
- *Humulus lupulus:* (Cannabaceae)	Klimmhaar mit Sockel von der Epidermis des Blattstiels
- *Cannabis sativa:* (Cannabaceae)	Haarzelle aus der Epidermis des Blattes mit Zystolith
- *Pinguicula moranensis:* (Lentibulariaceae)	Fanghaar
- *Nepenthes hybrida:* (Nepenthaceae)	Drüsenschuppen aus dem Boden der Fangkanne
- *Drosera rotundifolia:* (Droseraceae)	Emergenz von der Blattoberseite (fanghaarähnlich)
- *Ficus elastica:* (Moraceae)	Zystolith in der Blattepidermis
- *Pellionia repens:* (Urticaceae)	Zystolith in einer Zelle des Blattes (mehrschichtige Epidermis)
- *Crassula perfoliata:* (Crassulaceae)	Einschichtige Epidermis als Wasserspeichergewebe
- *Fittonia verschaffeltii:* (Acanthaceae)	Ocellenbildung in der Epidermis des Blattes
- *Begonia manicata:* (Begoniaceae)	Mehrschichtige Epidermis als Wasserspeichergewebe

Vanda tricolor
Orchidaceae

Epidermis mit cutinisierter Schicht

- Querschnitt -
(Färbung: Sudan III)

Cuticula

cutinisierte
Schicht

Epidermiszelle

Zellkern mit
Leukoplasten
in koaguliertem
Plasma

Sphärosomen
(durch Sudan III
rot gefärbt)

Durchlaßzelle

sklerenchyma-
tische Hypo-
dermiszelle

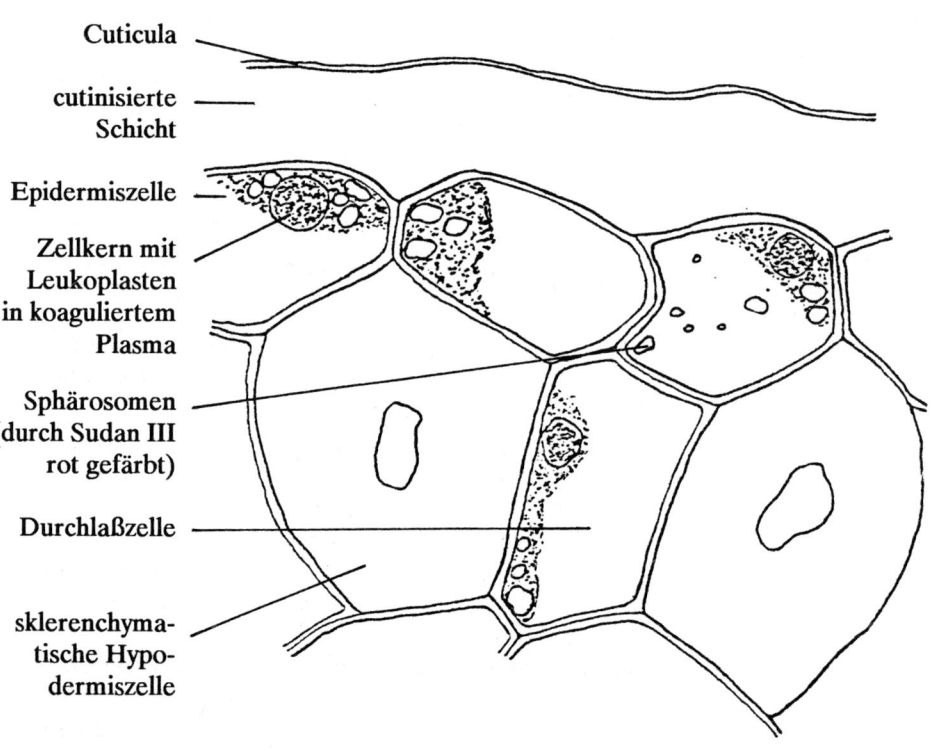

Gasteria verrucosa
Liliaceae

"Kammzinkenstruktur" von Cuticula und cutinisierter Schicht

- Querschnitt -

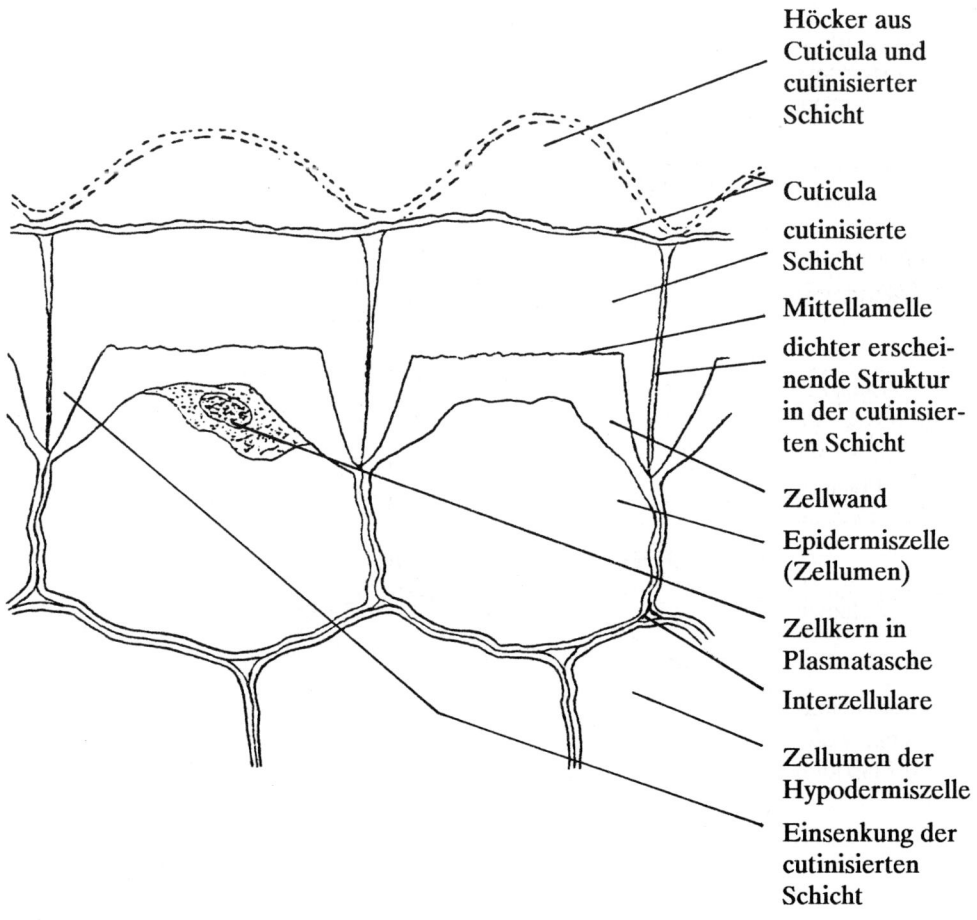

Höcker aus
Cuticula und
cutinisierter
Schicht

Cuticula

cutinisierte
Schicht

Mittellamelle

dichter erschei-
nende Struktur
in der cutinisier-
ten Schicht

Zellwand

Epidermiszelle
(Zellumen)

Zellkern in
Plasmatasche

Interzellulare

Zellumen der
Hypodermiszelle

Einsenkung der
cutinisierten
Schicht

Ceropegia spec.
Asclepiadaceae

Sekretionsepidermis -
Drüsenepithel im unteren
Teil der Kesselfallenblüten

- Querschnitt -

zottenartige
Ausstülpung
der Epidermis

Zellulosewand

Epidermiszelle
(Zellumen)

Protoplasma
(durch Alkohol
denaturiert) mit
Plasma-
einschlüssen

Zellkern

parenchyma-
tische Zelle
mit Plastiden

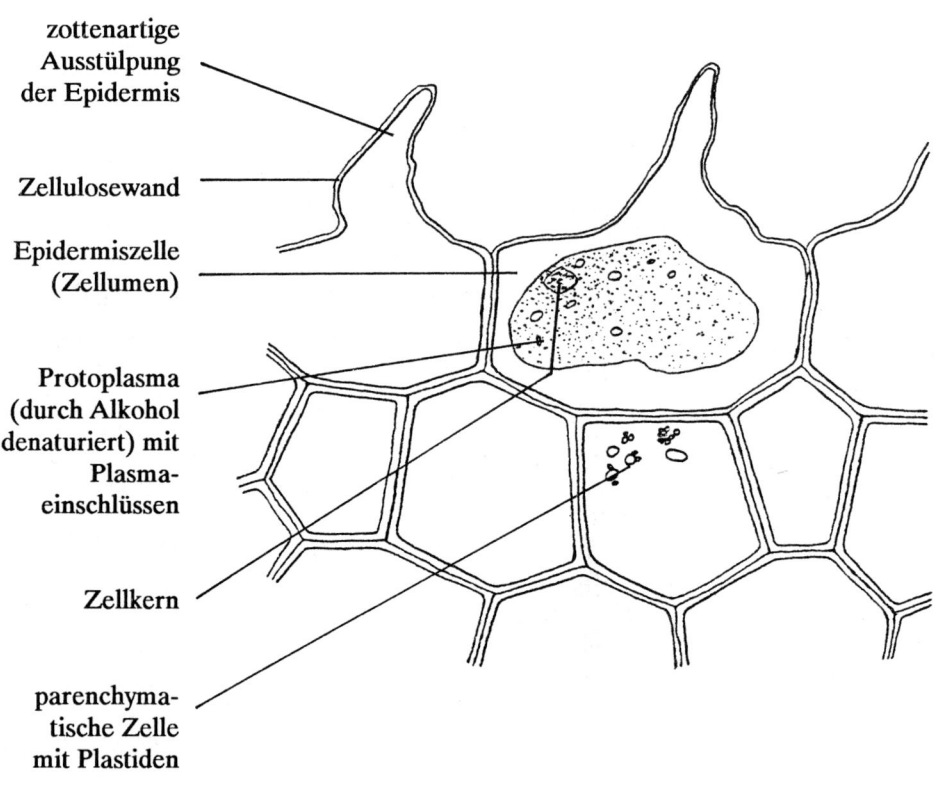

Oenothera biennis

Onagraceae

Zellnaht zwischen benachbarten Kelchblättern in der Blüte

- Querschnitt -
(Färbung: Sudan III)

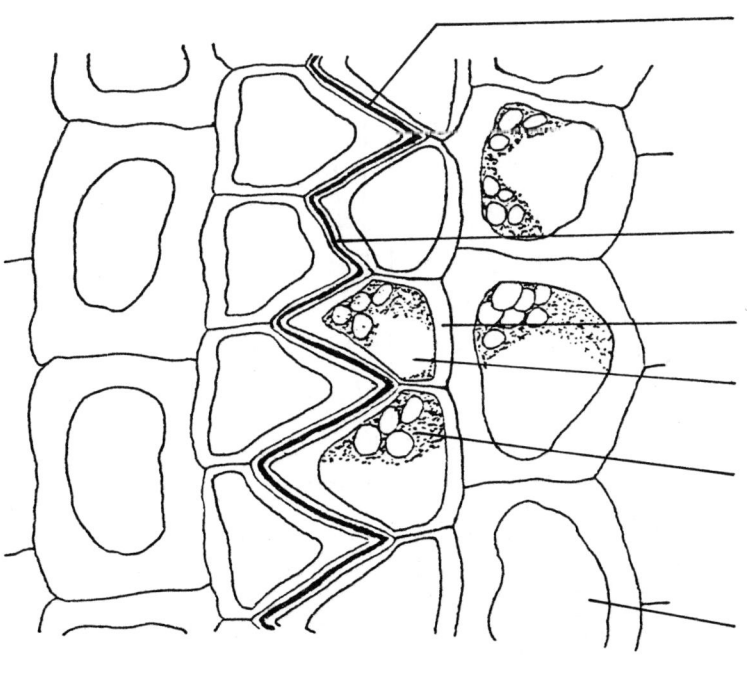

Cuticula der benachbarten Zellen, zu einem dunkel gefärbten Strich verschmolzen

cutinisierte Schicht

Zellulosewand

Zellumen der Epidermiszelle

koaguliertes Plasma mit eingeschlossenen Leukoplasten

Subepidermiszelle mit stark sklerenchymatischer Zellulosewand

Phaseolus vulgaris
Fabaceae
Umwandlung der Epidermis-
zellen der Samenschale
in Sklereiden
- Querschnitt -

Cuticula

Palisaden-
sklereide

Zellumen der
Palisaden-
sklereide

Mittellamelle

Osteosklereide

Lumen der
Osteosklereide

verdickte Wand
der Osteo-
sklereide

subepidermales
Gewebe

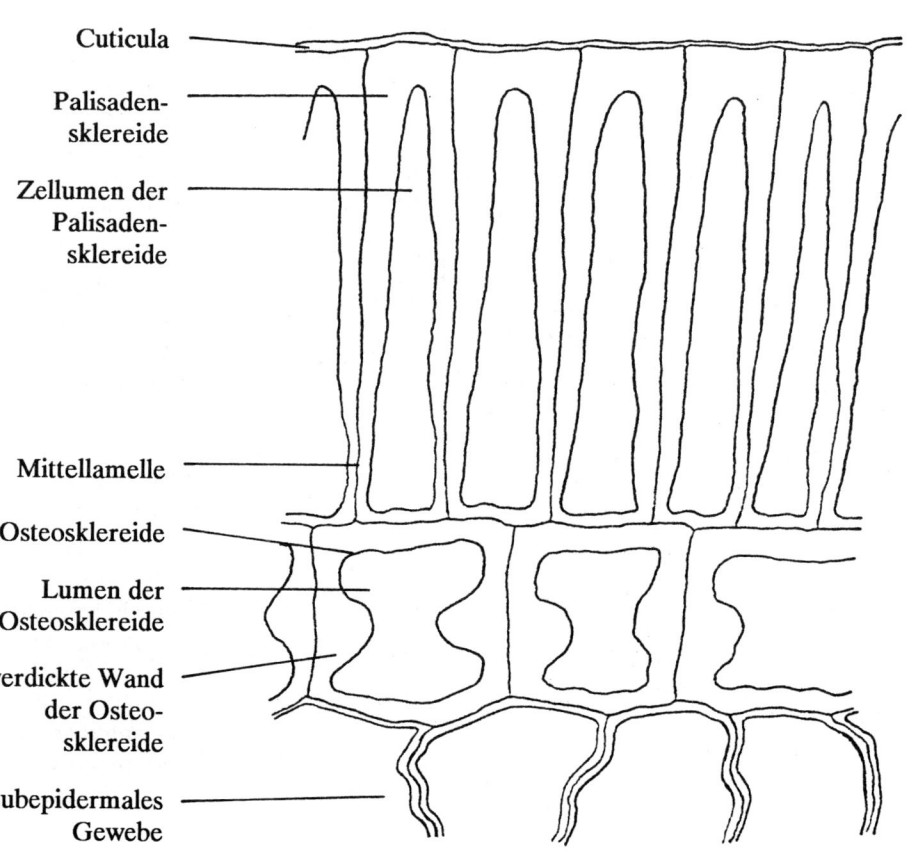

Saccharum officinarum

Poaceae

Cuticularabscheidungen im Bereich der Nodien des Sprosses

- Querschnitt -

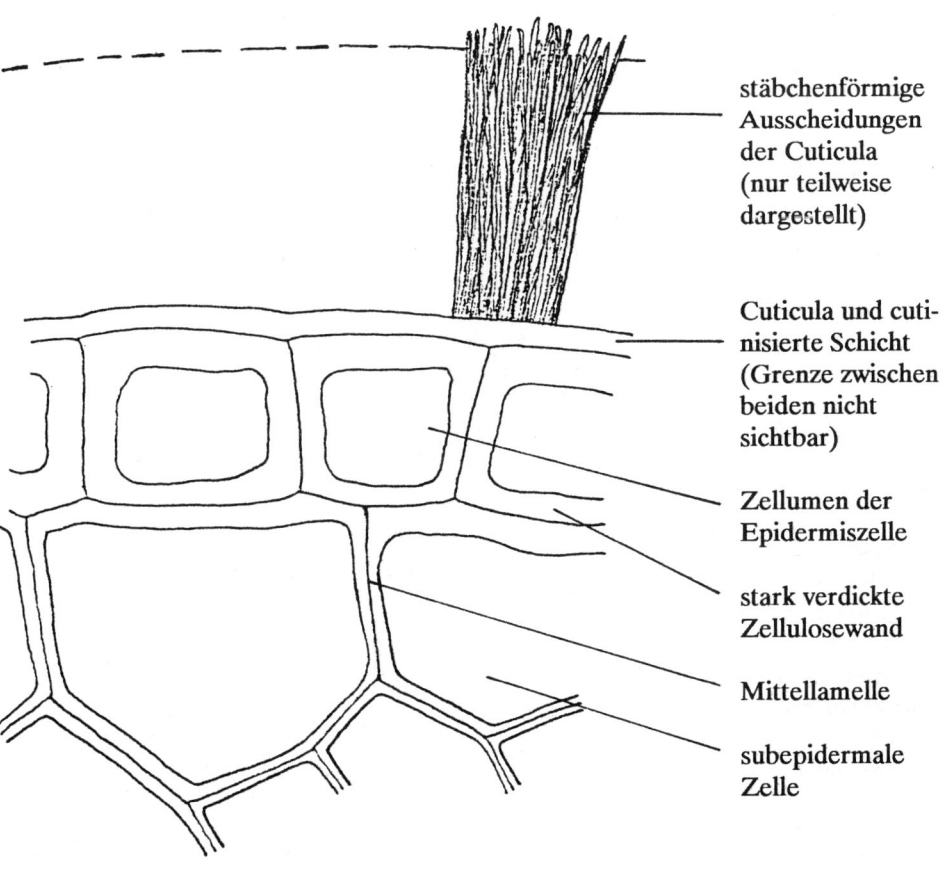

stäbchenförmige
Ausscheidungen
der Cuticula
(nur teilweise
dargestellt)

Cuticula und cuti-
nisierte Schicht
(Grenze zwischen
beiden nicht
sichtbar)

Zellumen der
Epidermiszelle

stark verdickte
Zellulosewand

Mittellamelle

subepidermale
Zelle

Humulus lupulus
Cannabaceae

Klimmhaar mit Sockel von der Epidermis des Blattstiels

- Querschnitt -

Lumen des
Klimmhaares

Cuticula

verdickte
Zellwand

koaguliertes
Plasma

Sockelzelle des
Klimmhaares

unterer, im
Sockel einge-
senkter Teil des
Klimmhaares

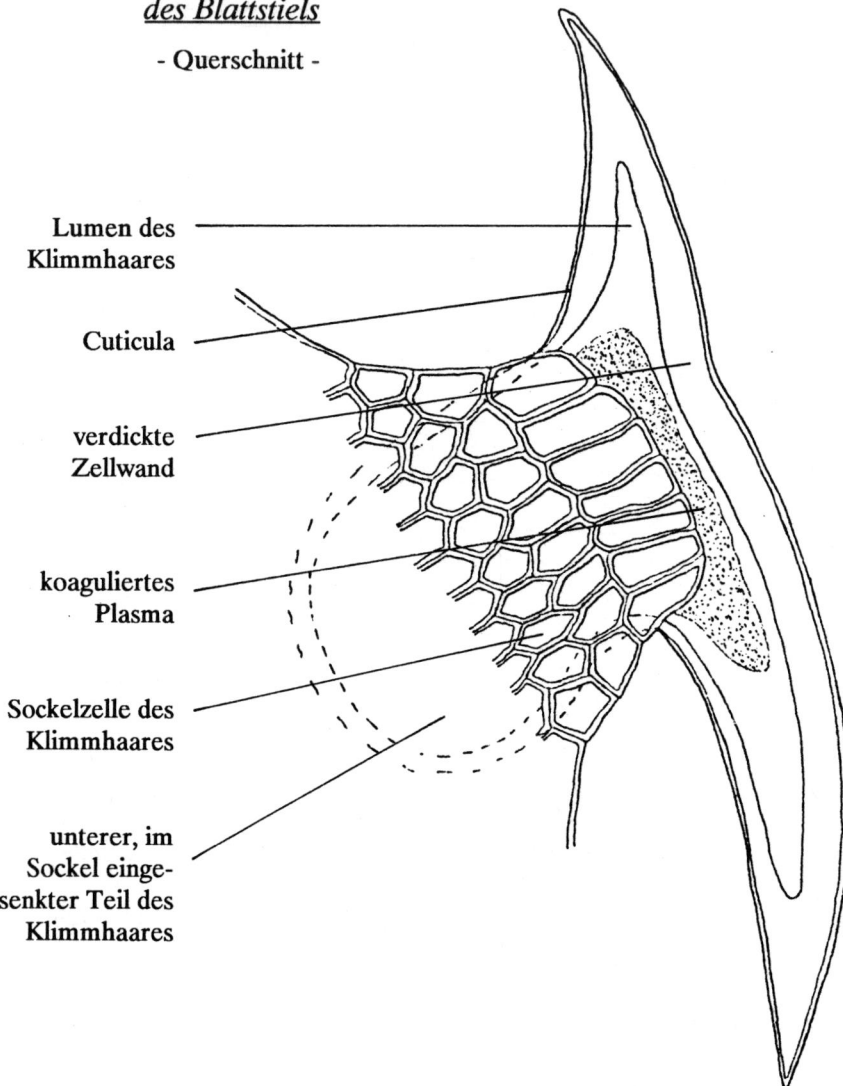

Cannabis sativa
Cannabaceae

Haarzelle aus der Epidermis des Blattes mit Zystolith

- Querschnitt -

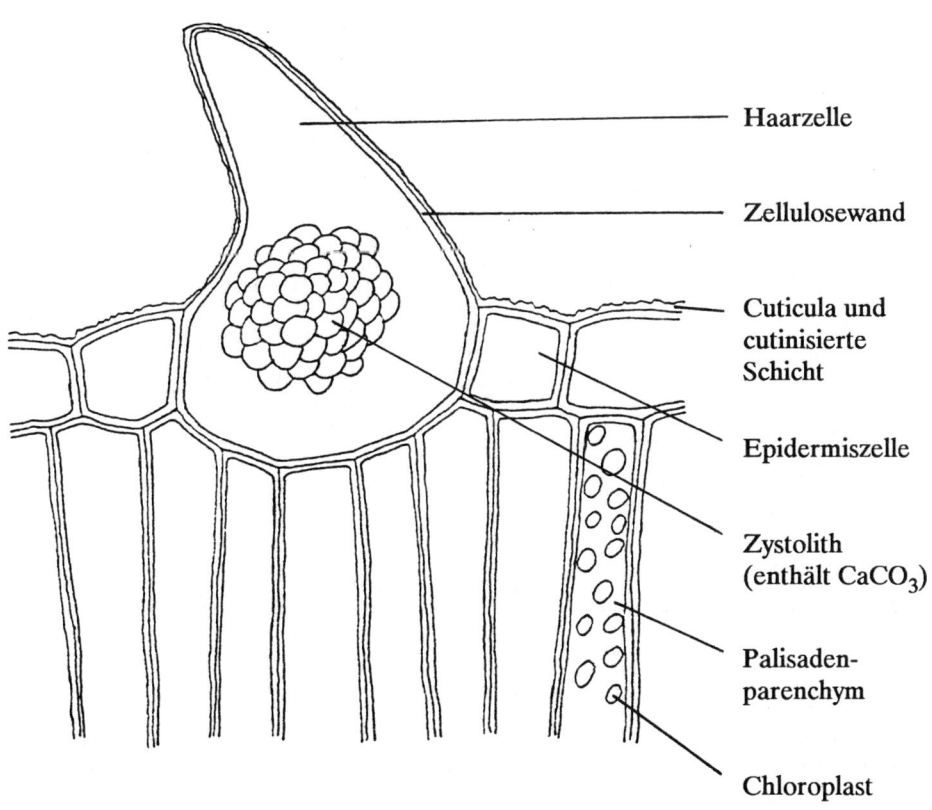

Haarzelle

Zellulosewand

Cuticula und cutinisierte Schicht

Epidermiszelle

Zystolith (enthält $CaCO_3$)

Palisaden-parenchym

Chloroplast

Pinguicula moranensis
Lentibulariaceae

Fanghaar

- Seitenansicht -

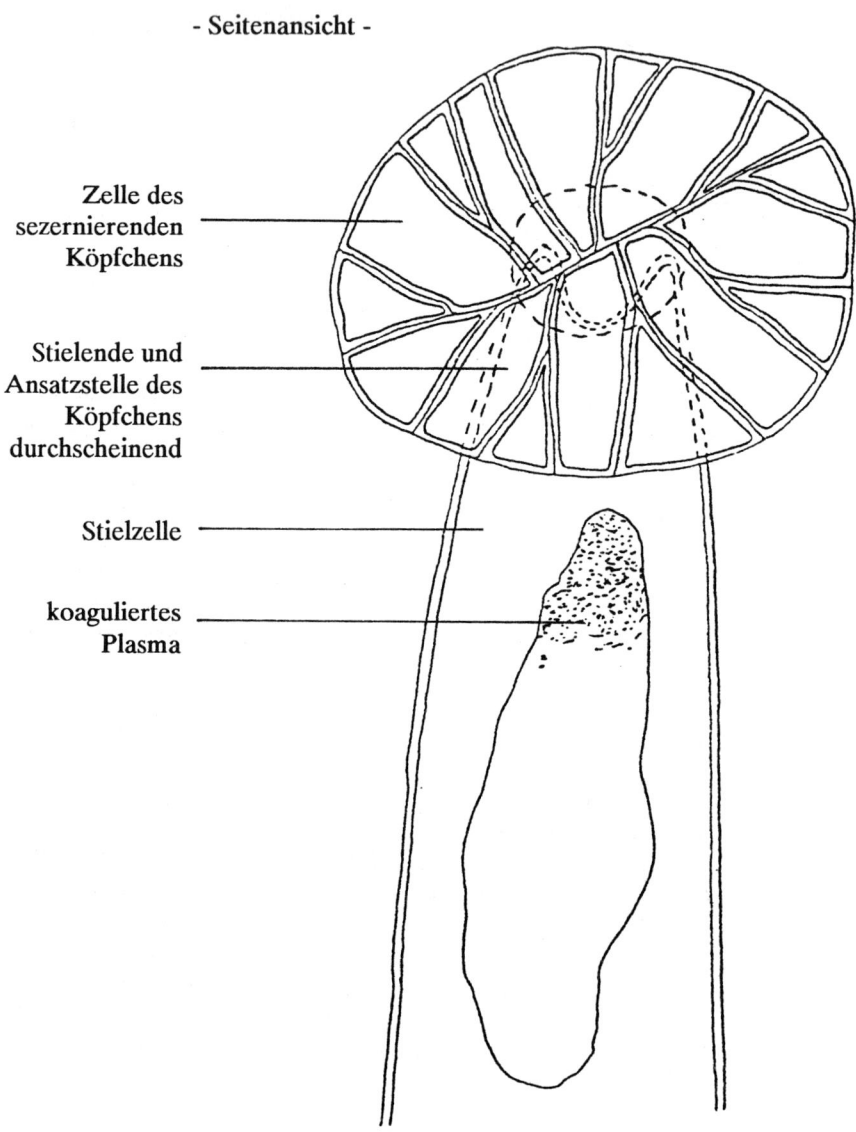

Zelle des
sezernierenden
Köpfchens

Stielende und
Ansatzstelle des
Köpfchens
durchscheinend

Stielzelle

koaguliertes
Plasma

Nepenthes hybrida
Nepenthaceae

Drüsenschuppen aus dem Boden der Fangkanne

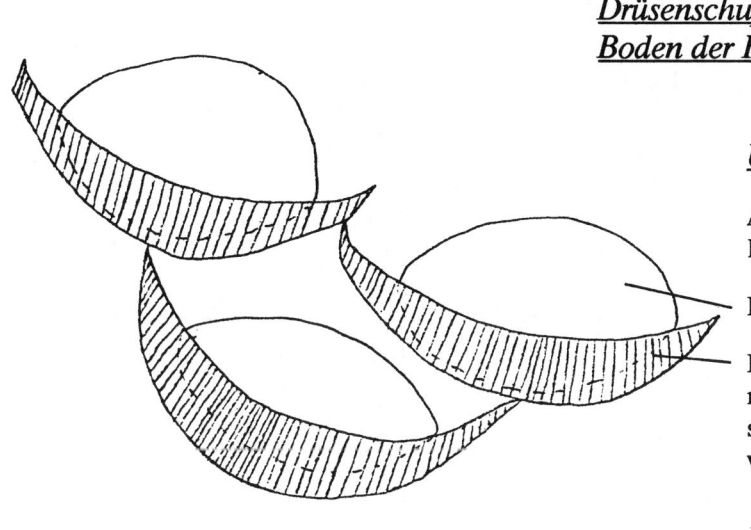

Übersicht

Aufsicht auf die Drüsenschuppen

Drüsenschuppe

Hülle (taschenför-mig), die die Drü-senschuppe teil-weise überdeckt

Detail

Querschnitt durch eine Drüsenschuppe

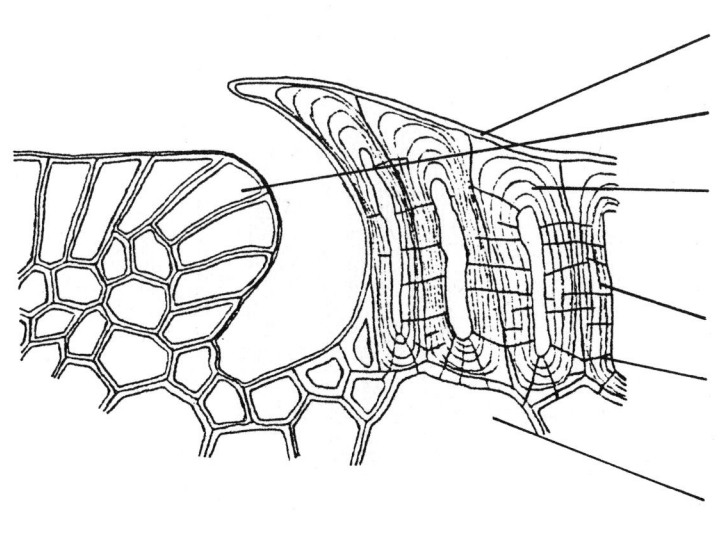

Cuticula und cuti-nisierte Schicht

Zelle der Drüsen-schuppe

Zelle der Hülle, die die Drüsen-schuppe teilweise überdeckt

Wandschichtung

Tüpfelkanal

große, subepider-male Zelle

Drosera rotundifolia
Droseraceae

Emergenz von der Blattoberseite (fanghaarähnlich)

(Aufhellung mit Chloralhydrat)

Köpfchen der
Fangemergenz

äußerstes
Tapetum

Schleim-
absonderung

dünne Cuticula
und cutinisierte
Schicht

innere Struktur
nicht erkennbar

Tracheide
mit Wand-
versteifungen

Stielzelle
(epidermal und
hypodermal)

Leukoplast

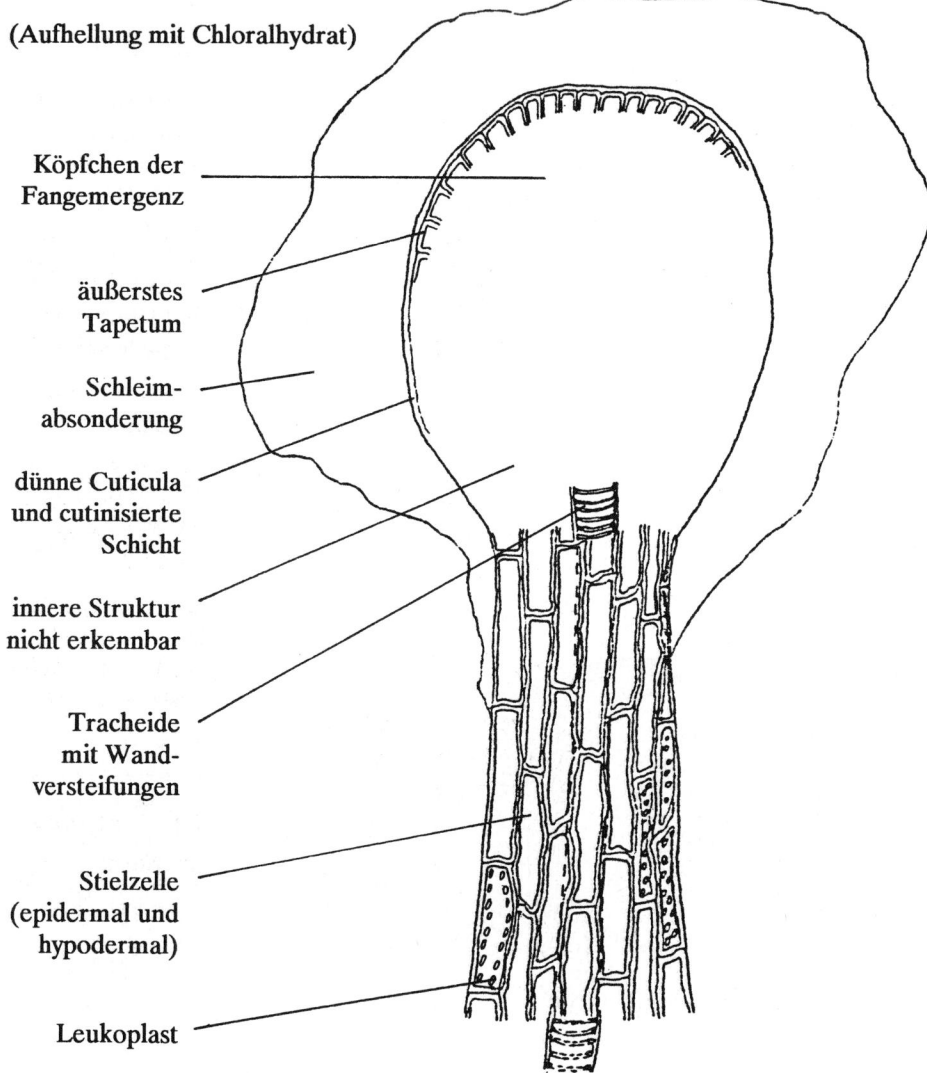

Ficus elastica
Moraceae

Zystolith in der Blattepidermis

- Querschnitt -

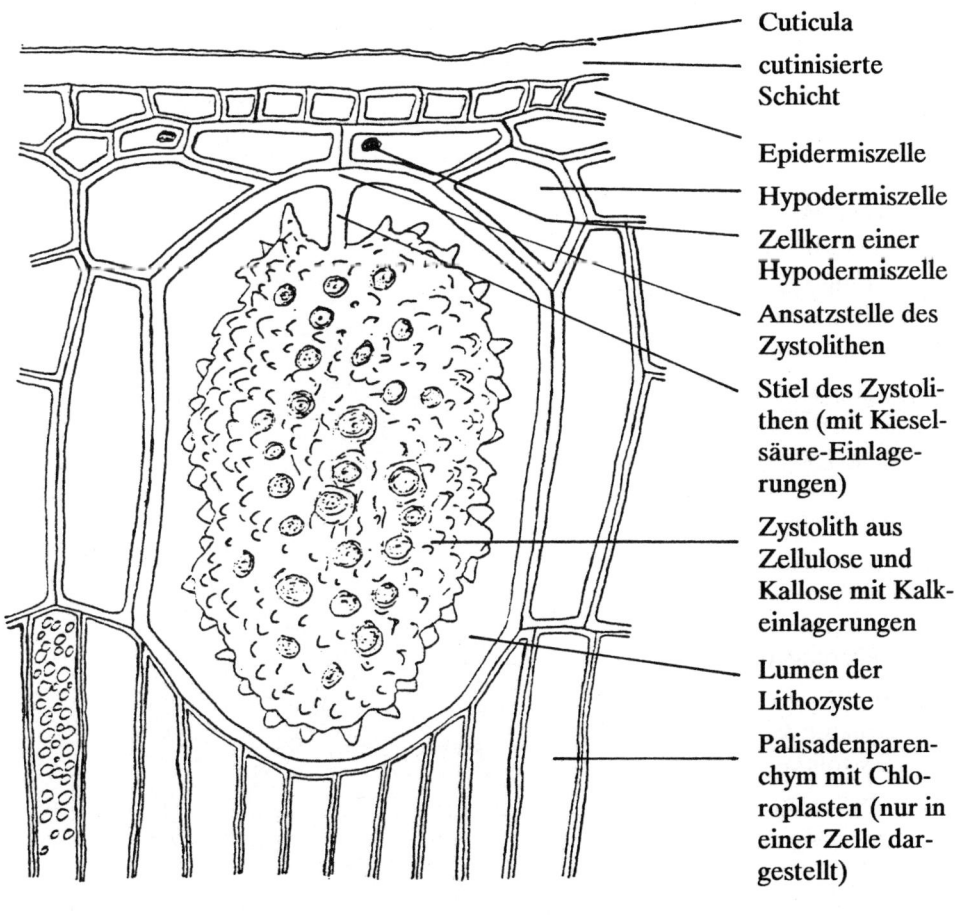

Cuticula

cutinisierte Schicht

Epidermiszelle

Hypodermiszelle

Zellkern einer Hypodermiszelle

Ansatzstelle des Zystolithen

Stiel des Zystolithen (mit Kieselsäure-Einlagerungen)

Zystolith aus Zellulose und Kallose mit Kalkeinlagerungen

Lumen der Lithozyste

Palisadenparenchym mit Chloroplasten (nur in einer Zelle dargestellt)

Pellionia repens
Urticaceae

Zystolith in einer Zelle des Blattes

mehrschichtige Epidermis
- Querschnitt -

Epidermiszelle

sehr dünne Cuticula

Lithozyste (=Epidermiszelle mit Zystolith)

Zystolith (Kalk-kristalle in der Grundsubstanz aus Zellulose und Kallose)

Stiel des Zystolithen mit Kieselsäure-Einlagerungen

Oberflächen-struktur des Zystolithen

Palisaden-parenchym

Chloroplasten (nur teilweise dargestellt)

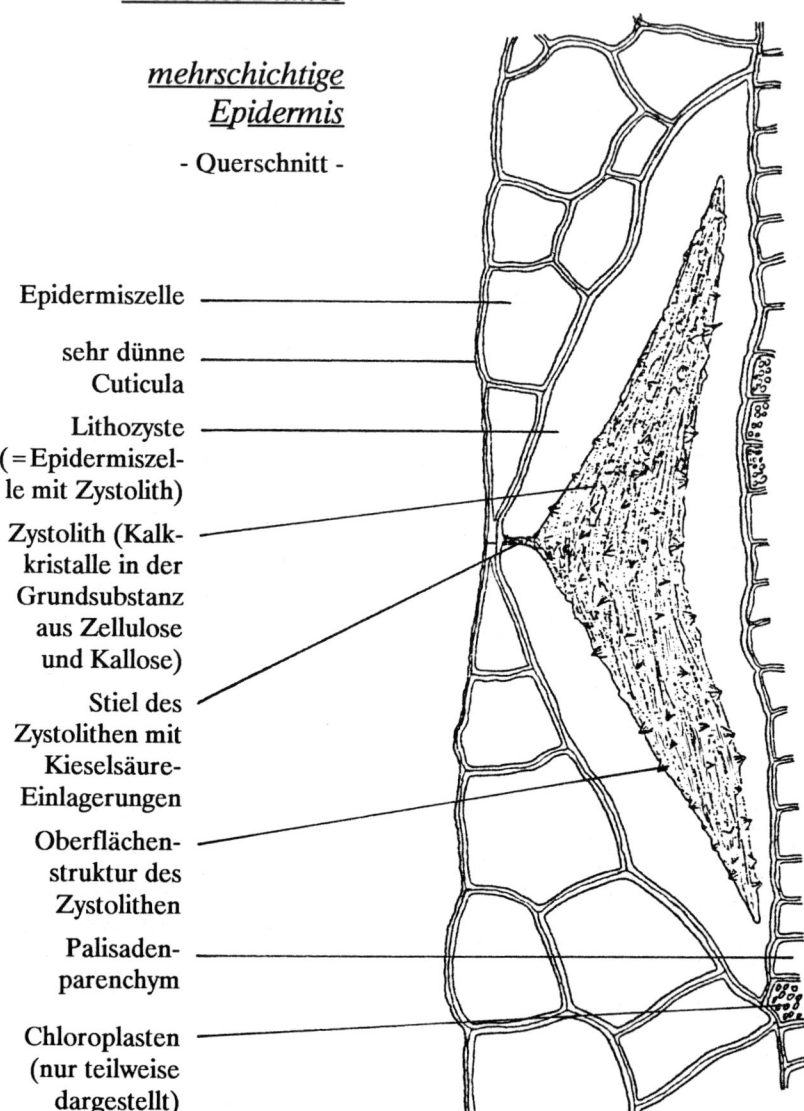

Pellionia repens
Urticaceae

Zystolith in einer Zelle des Blattes

(nach Behandlung mit HCl)

- Querschnitt -

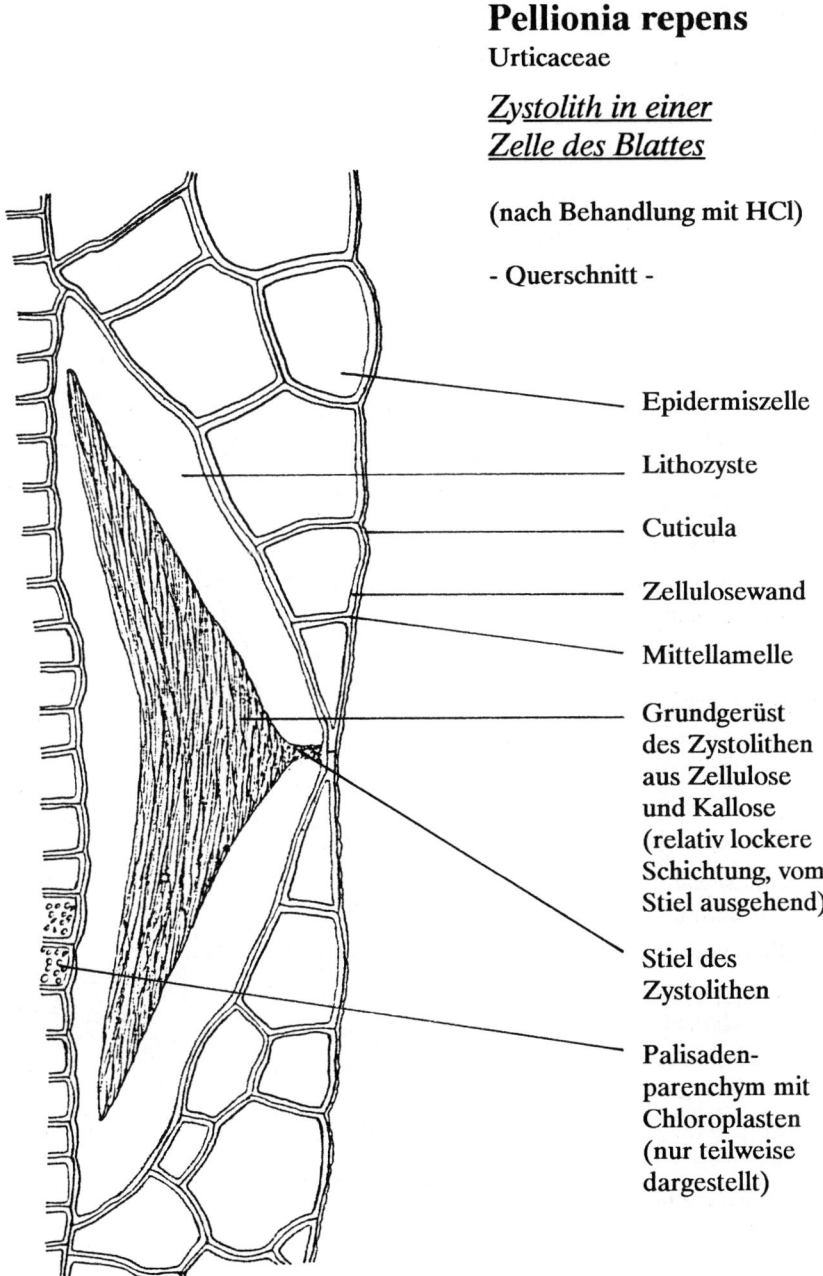

Epidermiszelle

Lithozyste

Cuticula

Zellulosewand

Mittellamelle

Grundgerüst
des Zystolithen
aus Zellulose
und Kallose
(relativ lockere
Schichtung, vom
Stiel ausgehend)

Stiel des
Zystolithen

Palisaden-
parenchym mit
Chloroplasten
(nur teilweise
dargestellt)

Crassula perfoliata

Crassulaceae

Einschichtige Epidermis als Wasserspeichergewebe

- Querschnitt -

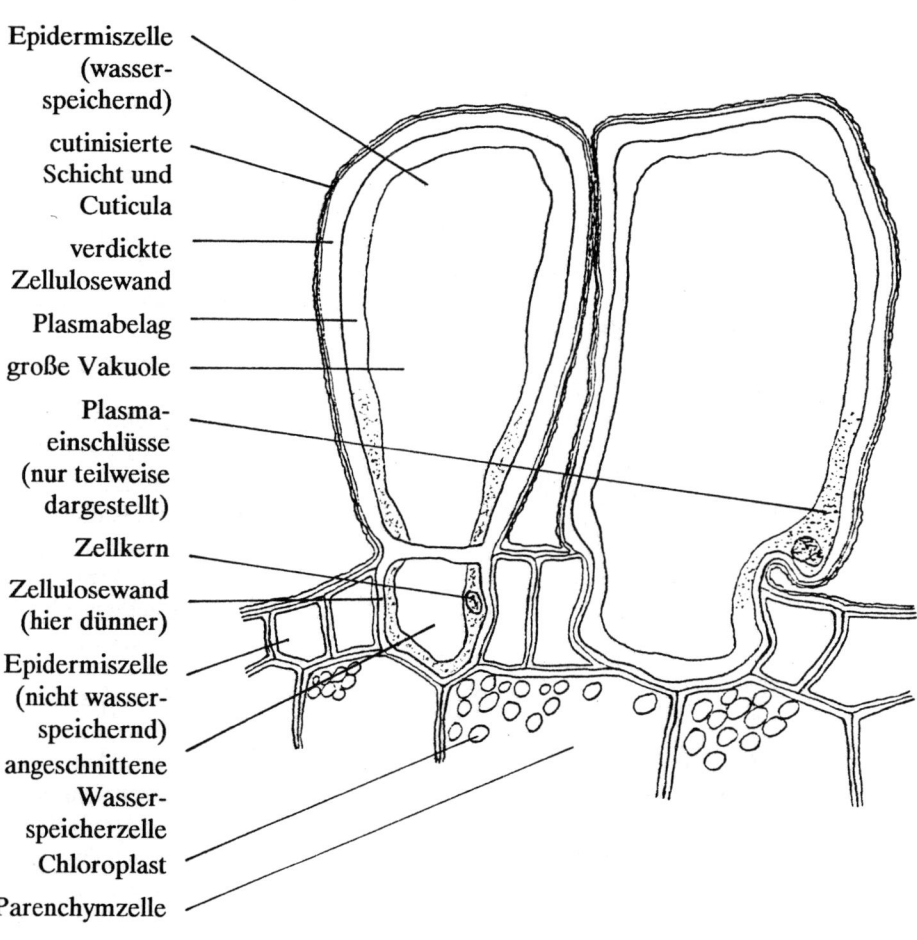

Epidermiszelle (wasser- speichernd)

cutinisierte Schicht und Cuticula

verdickte Zellulosewand

Plasmabelag

große Vakuole

Plasma- einschlüsse (nur teilweise dargestellt)

Zellkern

Zellulosewand (hier dünner)

Epidermiszelle (nicht wasser- speichernd)

angeschnittene Wasser- speicherzelle

Chloroplast

Parenchymzelle

Fittonia verschaffeltii
Acanthaceae

Ocellenbildung in der Epidermis des Blattes

- Querschnitt -

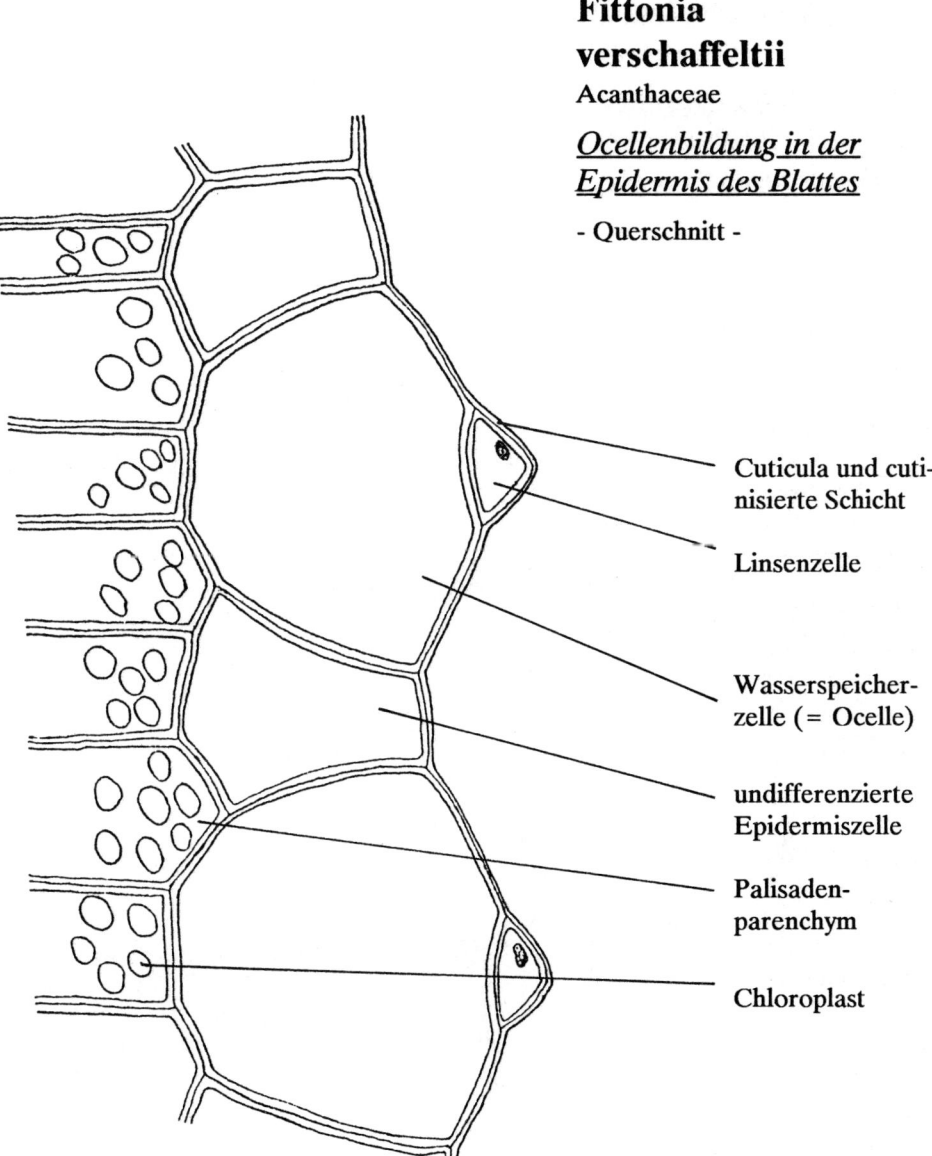

Cuticula und cutinisierte Schicht

Linsenzelle

Wasserspeicherzelle (= Ocelle)

undifferenzierte Epidermiszelle

Palisadenparenchym

Chloroplast

Begonia manicata
Begoniaceae

Mehrschichtige
Epidermis als
Wasserspeichergewebe

- Querschnitt -

Cuticula und cu-
tinisierte Schicht

Zellulosewand

Mittellamelle

Epidermiszellen,
durch perikline
Teilungen aus
einer Zelle her-
vorgegangen

Leukoplast

große Vakuole
(Wasser-
speicherung)

Interzellulare

Palisaden-
parenchym

Chloroplast

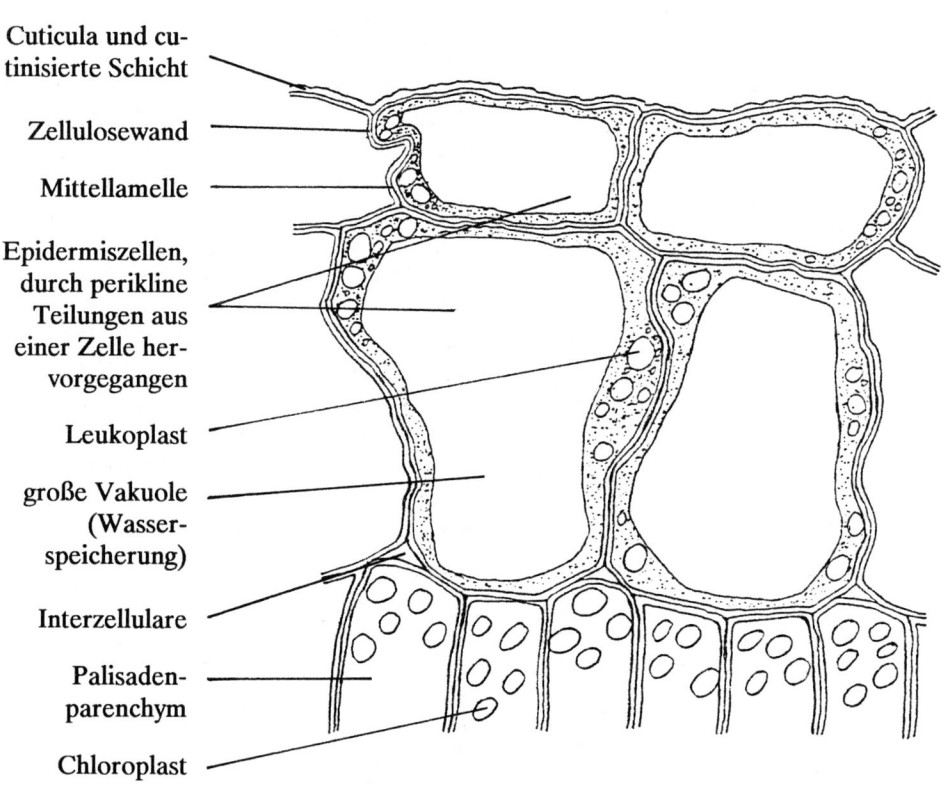

2. Grundgewebe

Etwa 20-80% des Vegetationskörpers krautiger Pflanzen werden von Grundgeweben (Parenchymgeweben) gebildet. Ihre Zellwände bestehen in der Hauptsache aus Zellulose, sind überwiegend nur schwach verdickt und selten verholzt. Spätere Verholzung ist jedoch möglich (Bsp.: Holundermark); man spricht dann von Metalignifizierung.

Die bei den meisten Pflanzen lebenden Zellen dieser Gewebe besitzen große Vakuolen und einen hohen Wassergehalt. Durch ihren hohen Turgordruck tragen sie wesentlich zur Festigung der Pflanze bei. Der plasmatische Wandbelag ist relativ dünn. Er kann neben Leukoplasten und Chloroplasten auch Chromoplasten (z.B. im Speicherparenchym der Möhrenwurzel) enthalten.

Parenchymatische Gewebe sind in der Regel von zahlreichen Interzellularen durchsetzt (Minimum: ca. 3%, Maximum: ca. 70-80%). Diese können auf verschiedene Art und Weise entstehen:
- schizogen, durch Auflösung der Mittellamelle an den Kanten der Zellen,
- rhexigen, durch unterschiedliches Wachstum und dadurch bedingtes Auseinanderreißen der Zellen (z.B. bei *Zea mays*),
- lysigen, durch Auflösung einzelner Parenchymzellen, z. B. bei Harzkanälen oder Ölbehältern.

Folgende Arten von Parenchymgeweben werden unterschieden:
- **Assimilationsparenchym** (Chlorenchym), in den Blättern ausgebildet als Mesophyll, das sich in Palisadenparenchym und Schwammparenchym untergliedern läßt; im Sproß ausgebildet als grünes Rindenparenchym.

- **Hydrenchym**, das der Wasserspeicherung dient (z.B. bei Sukkulenten, Epiphyten). Eine Übergangsform ist das chlorohydrenchymatische Gewebe.
- **Speicherparenchyme** kommen vor in Mark und Rinde von Sprossen und Wurzeln und besonders ausgeprägt in speziellen Speicherorganen, wie Rüben und Knollen oder in den Speichergeweben der Samen. Bei verholzten Pflanzen ist das Holzparenchym das wichtigste Speichergewebe. Es durchzieht den gesamten, ansonsten toten Holzköper als ein zusammenhängendes Netz lebender Zellen.
- **Leitparenchym** dient der Leitung und Speicherung von Stoffen z.B. im Bereich der Markstrahlen. Es kann kleine Interzellularen enthalten. Bei manchen Arten sind die Zellwände sehr stark verdickt und dicht mit Tüpfelkanälen durchzogen, so daß ein Tüpfelparenchym entsteht.
- **Aerenchym** oder Durchlüftungsgewebe ermöglicht durch sehr große Interzellularen (lakunöse Interzellularen, Lakunen) den Gasaustausch untergetaucht lebender Organe bei Wasser- und Sumpfpflanzen. Seine Hohlräume stehen mit den Spaltöffnungen der über die Wasseroberfläche hinausragenden Blatt- und Sproßteile in Verbindung.

Objekte

- *Impatiens walleriana:*   Parenchymgewebe mit Oxalatdrusen im Sproß
  (Balsaminaceae)
- *Mahonia aquifolium:*   Parenchymgewebe mit verdickten Zellwänden im Sproß
  (Berberidaceae)
- *Juncus species:*   Aerenchym - Sternparenchym im Stengel
  (Juncaceae)
- *Canna indica:*   Aerenchym mit großen Lakunen im Blattstiel
  (Cannaceae)
- *Zantedeschia aethiopica:*   Aerenchym mit großen Lakunen im Blattstiel
  (Araceae)

Impatiens walleriana
Balsaminaceae

Parenchymzellen im Sproß mit Ca-Oxalatkristallen

- Querschnitt -

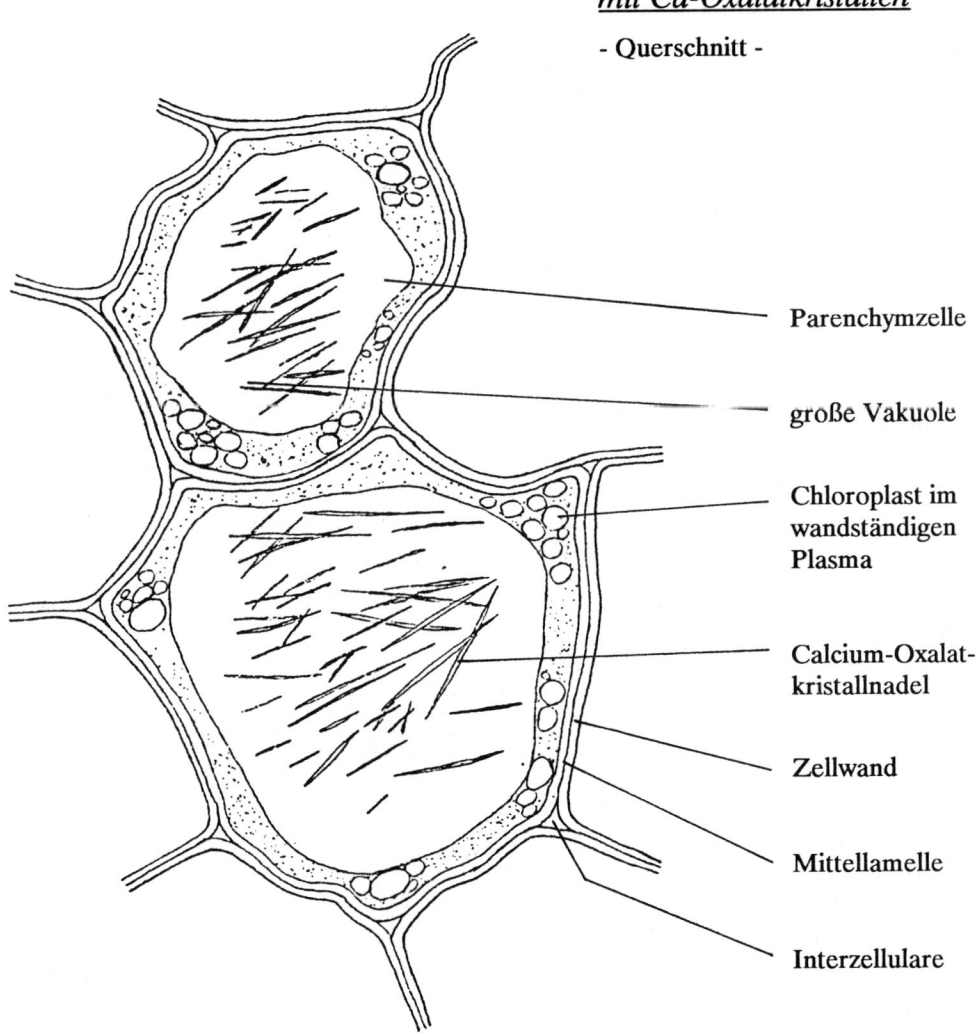

Parenchymzelle

große Vakuole

Chloroplast im wandständigen Plasma

Calcium-Oxalatkristallnadel

Zellwand

Mittellamelle

Interzellulare

Mahonia aquifolium
Berberidaceae

Tüpfelparenchym
im Sproß

- Querschnitt -
(Färbung: Phloroglucin + HCl)

Parenchymzelle

Mittellamelle

Tüpfel

Interzellulare

Lumen der
Parenchymzelle

Schichtung der
Zellwand (nur
in einer Zelle
dargestellt)

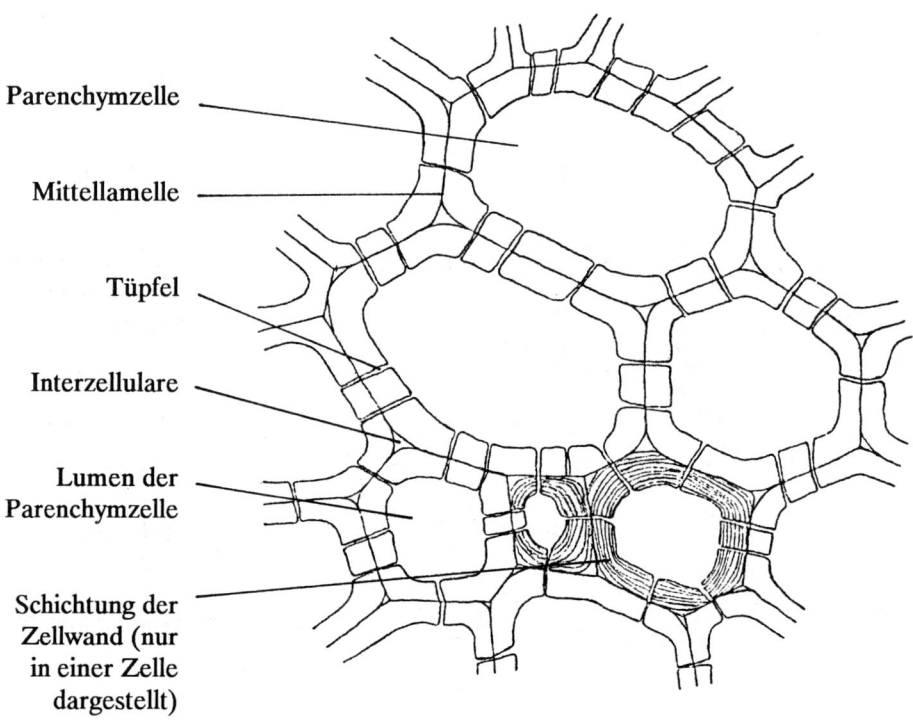

Juncus species
Juncaceae

Sternparenchym im Stengel

- Querschnitt -
(Färbung: Iod-Kaliumiodid)

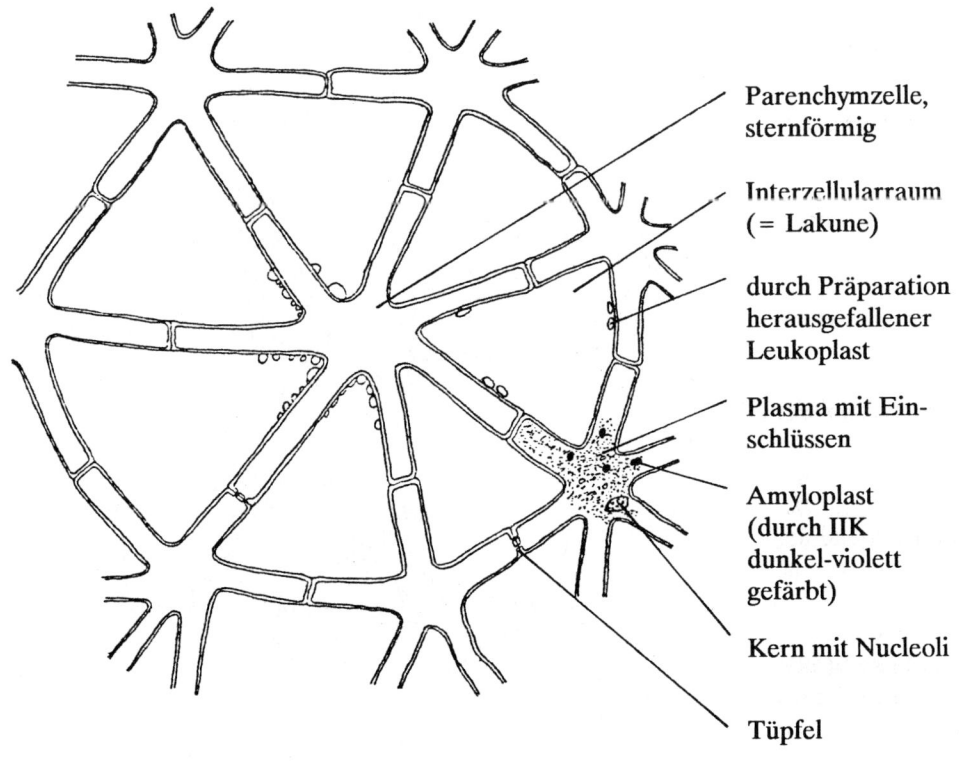

Parenchymzelle, sternförmig

Interzellularraum (= Lakune)

durch Präparation herausgefallener Leukoplast

Plasma mit Einschlüssen

Amyloplast (durch IIK dunkel-violett gefärbt)

Kern mit Nucleoli

Tüpfel

Canna indica
Cannaceae

Aerenchym
im Blattstiel

- Querschnitt -

Grundparen-
chymzelle

Mittellamelle

Zellwand

Interzellulare

Aerenchymzelle

Zellwand der
Aerenchymzelle

Lakune (große
Interzellulare)

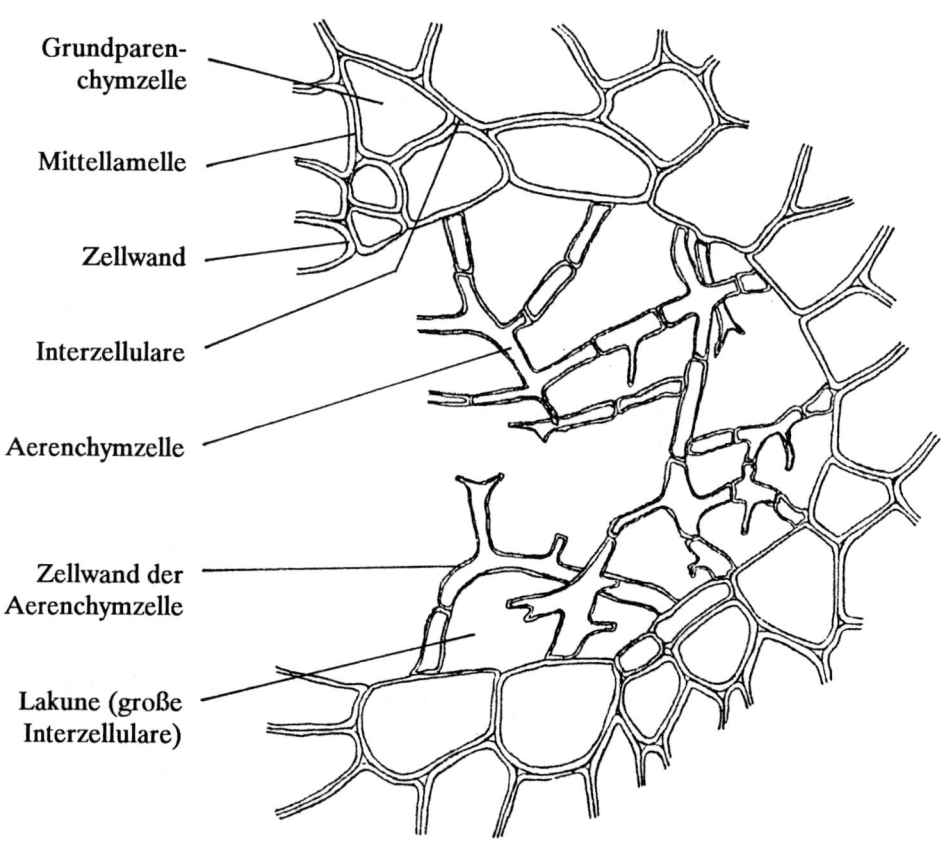

Zantedeschia aethiopica
Araceae

Aerenchym im Blattstiel

- Querschnitt -

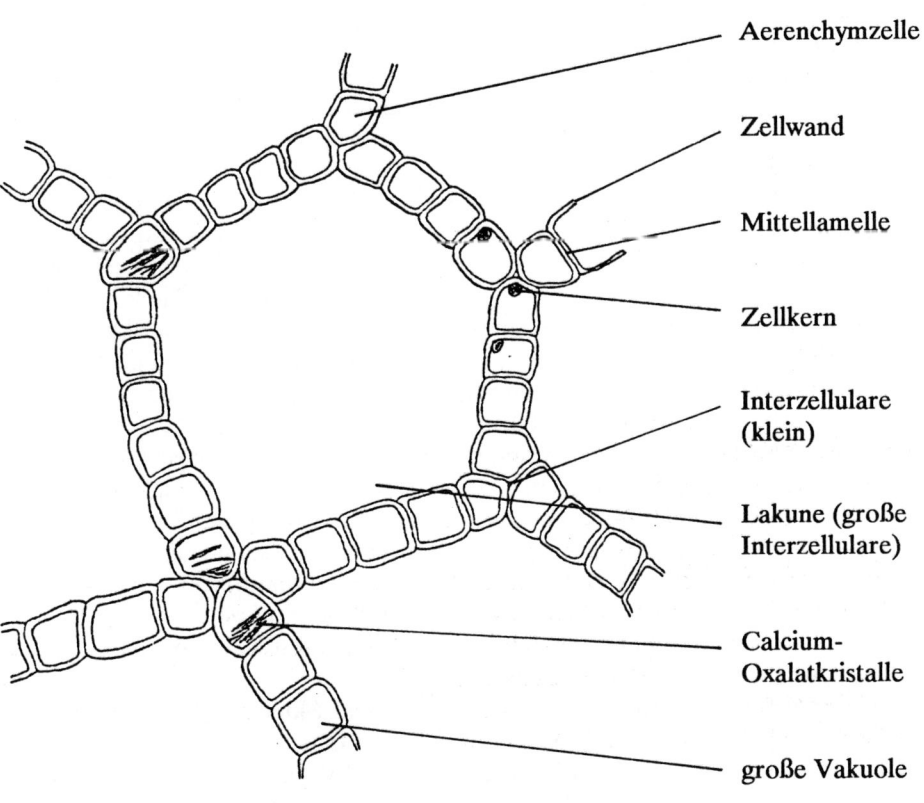

Aerenchymzelle

Zellwand

Mittellamelle

Zellkern

Interzellulare
(klein)

Lakune (große
Interzellulare)

Calcium-
Oxalatkristalle

große Vakuole

3. Festigungsgewebe

Um einer Landpflanze auf Dauer die Festigkeit zu geben, die sie unbedingt für ihre Lebenstätigkeit benötigt, genügen Turgordruck und Gewebespannung oft nicht. Spezielle Festigungs- oder Stützgewebe sind notwendig, um dem Pflanzenkörper seine Stabilität und Elastizität zu verleihen. Zwei Typen solcher Gewebe lassen sich unterscheiden: Kollenchym ("Leimgewebe") aus lebenden Zellen, deren Zellwände stellenweise verdickt sind, und das Sklerenchym ("Hartgewebe") aus zunächst lebenden, in der Endphase aber abgestorbenen Zellen, deren Zellwände allseitig verdickt sind. Beide Arten gehen aus parenchymatischem Gewebe hervor.

3.1 Kollenchym

Seine Zellwände besitzen aufgrund eines hohen Pektin- und geringen Zelluloseanteils ein enormes Quellungsvermögen, schrumpfen bei Wasserentzug aber auch sehr stark. In den Zellen kann der dünne, wandständige Plasmabelag auch Chloroplasten enthalten. Das Gewebe ist im allgemeinen interzellularenfrei. Ausnahme: Lakunarkollenchym mit sehr großen Interzellularen. Aufgrund der Anordnung der Zellwandverdickungen lassen sich zwei Arten von Kollenchymen unterscheiden, das Ekken- oder Kantenkollenchym aus mehr oder weniger polygonalen Zellen mit Verdickungen der Zellecken, und das Plattenkollenchym aus Zellen, deren tangentialen Wände verdickt sind. In Pflanzenteilen, die noch wachsen, kommt ausschließlich dieses lebende, wachstums- und stark dehnungsfähige, aber trotzdem sehr zugfeste (1,5 - 2 kg/mm^2) Kollenchym vor.

3.2 Sklerenchym

In ausgewachsenen Pflanzenteilen übernimmt totes Sklerenchym die Festigungsaufgaben. Die Wände seiner Zellen sind gleichmäßig durch Zelluloseschichten verdickt und nachträglich durch Lignifizierung erhärtet. Bei geringerer Lingnineinlagerung entstehen sehr biegefeste Fasern. Je nach Art der Beanspruchung sind die Zellen unterschiedlich gestaltet. Sie lassen sich in zwei Gruppen zusammenfassen:

Die **Steinzellen** (Sklereiden) sind in erster Linie auf Druckbelastung abgestimmt. Die vorwiegend isodiametrisch-polyedrisch geformten Zellen besitzen sehr dicke Sekundärwände mit Lignineinlagerungen, sehr zahlreiche Tüpfelkanäle, die mehrfach verzweigt sein können und untereinander korrespondieren. Die Tüpfelkanäle sind viel feiner als bei anderen Sklerenchymzellen. Derart dickwandige Zellen kommen an Stellen und in Geweben vor, die Druck aushalten müssen. Daher sind sie dort auch meist peripher gelagert, z.B. strangförmig im Rindengewebe, ringförmig um das innere Mark oder in einzelnen Nestern im Fruchtfleisch. Sie sind im allgemeinen beschränkt auf Blatt und Sproß, können aber auch in Früchten vorkommen (z.B. Birne). Steinzellen entstehen aus parenchymatischen Zellen.

Die **Sklerenchymfasern** (durchschnittliche Länge 2 mm, maximal ca. 55 cm, z.B. bei Urticaceen), sind vorwiegend auf Zugbelastung ausgerichtet. Durch dicke Zellwände bei geringem Durchmesser, schraubenförmige Anordnung der Zellulosefibrillen in den Schichten der Sekundärwand und enge Verzahnung der Zellen untereinander wird eine enorme Reißfestigkeit erreicht. Die Tragfähigkeit von Sklerenchymfasern frischen Holzes entspricht in etwa der von

Schmiedeeisen, bei manchen Pflanzen sogar der von Stahl, wobei die elastische Dehnbarkeit aber ca. 10 - 50 mal größer ist als die von Schmiedeeisen.

3.3 Idioblasten

Idioblasten nehmen beim Heranwachsen eine völlig andere Struktur an als die Zellen ihrer Umgebung. Sie können durch lokales Zellwandwachstum in alle Richtungen wachsen und richten sich dabei in der Regel nach vorgegebenen Hohlräumen (z.B. In-terzellularen). In der Regel handelt es sich um Sklereiden, teilweise kommen sie aber auch parenchymatisch vor. In ihre Zellwände können Calciumoxalate oder Silikate in Form kleiner Warzen eingelagert sein. Als "Innere Haare" übernehmen sie Stützfunktion. Man findet sie daher z.B. in Blättern mediterraner Hartlaubgewächse, die lange Trockenperioden durchmachen müssen, oder in sehr weichen parenchymatischen Geweben von Wasserpflanzen. Als Spicularzellen bezeichnet man solche Idioblasten, die dornartige Fortsätze bilden und zuweilen sternhaarförmig die Epidermis durchbrechen.

Objekte

- *Cucurbita pepo:* (Cucurbitaceae)	Ecken- oder Kantenkollenchym im Blattstiel
- *Miconia calvescens:* (Melastomataceae)	Plattenkollenchym im Blattstiel
- *Lactuca sativa:* (Cichoriaceae)	Lakunenkollenchym im Sproß
- *Linum usitatissimum:* (Linaceae)	Verholzte Sklerenchymfasern im Stengel
- *Phormium tenax:* (Liliaceae)	Verholzte Sklerenchymfasern im Stengel
- *Humulus lupulus:* (Cannabaceae)	Übersicht über die Lage der Festigungsgewebe im Blattstiel
- *Astrancia major:* (Apiaceae)	Übersicht über die Lage der Festigungsgewebe im Stengel
- *Pyrus communis:* (Rosaceae)	Steinzellennest im Fruchtfleisch
- *Aristolochia littoralis:* (Aristolochiaceae)	Zu Steinzellen umgewandelte Parenchymzellen im Sproß
- *Monstera deliciosa:* (Araceae)	Steinzellen in Luftwurzeln mit Stützfunktion
- *Trochodendron aralioides:* (Trochodendraceae)	Idioblast im Blatt
- *Nuphar lutea:* (Nymphaeaceae)	Idioblast im Blattstiel
- *Croton tiglium:* (Euphorbiaceae)	Spicularzellen im Blatt

Cucurbita pepo
Cucurbitaceae

Ecken- oder Kanten-kollenchym im Blattstiel

- Querschnitt -
(Färbung: Rutheniumrot)

Kollenchymzelle

Zellulosewand
(Schichtung
nur teilweise
dargestellt)

verdickte
Zellwand
an den Kanten
der Zellen

Mittellamelle

Zellumen

parenchymatische
Zelle

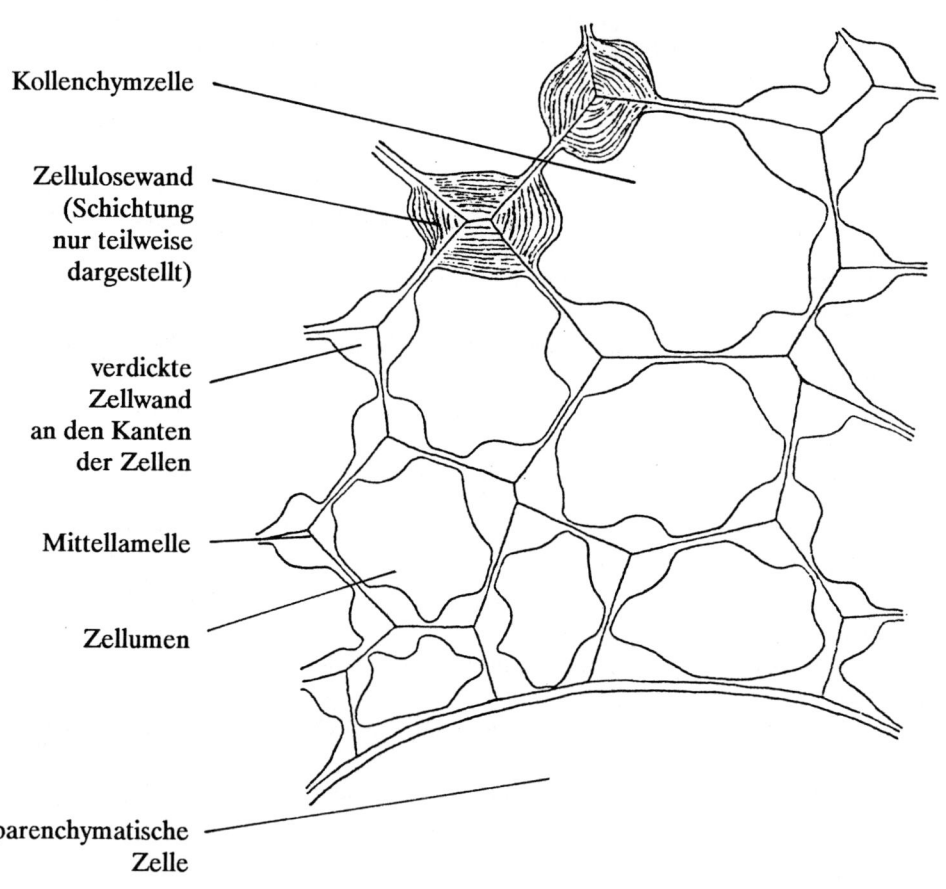

Miconia calvescens
Melastomataceae

Plattenkollenchym
im Blattstiel

- Querschnitt -
(Färbung: Rutheniumrot)

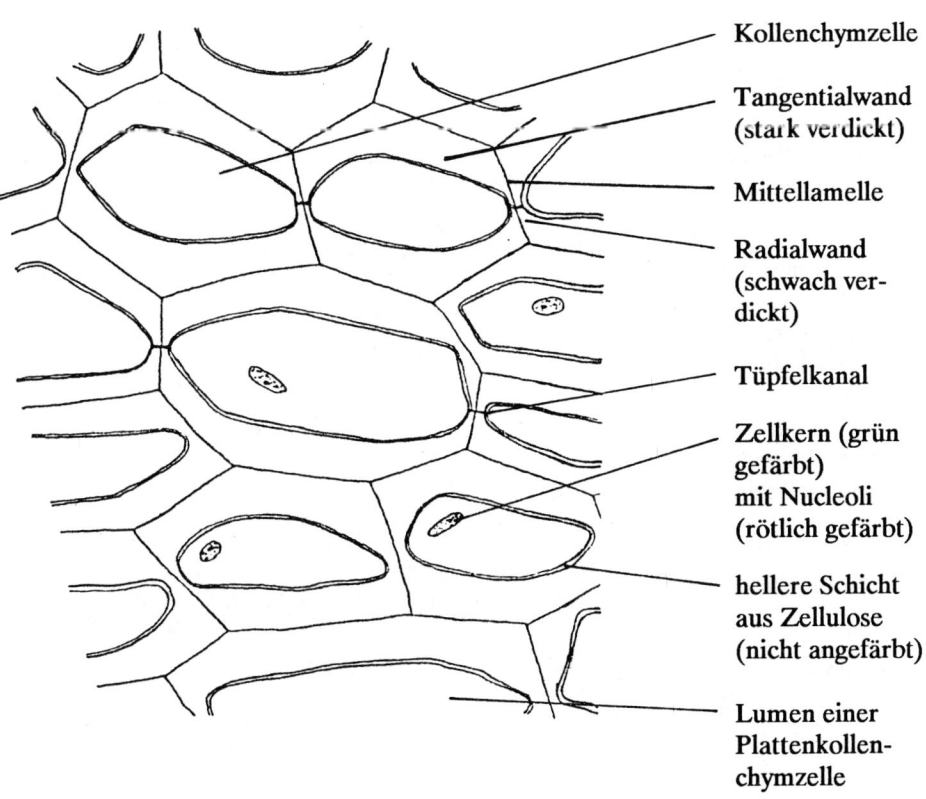

Kollenchymzelle

Tangentialwand
(stark verdickt)

Mittellamelle

Radialwand
(schwach ver-
dickt)

Tüpfelkanal

Zellkern (grün
gefärbt)
mit Nucleoli
(rötlich gefärbt)

hellere Schicht
aus Zellulose
(nicht angefärbt)

Lumen einer
Plattenkollen-
chymzelle

Lactuca sativa
Cichoriaceae

Lakunenkollenchym im Sproß

(= Plattenkollenchym mit
großen Interzellularen)

- Querschnitt -

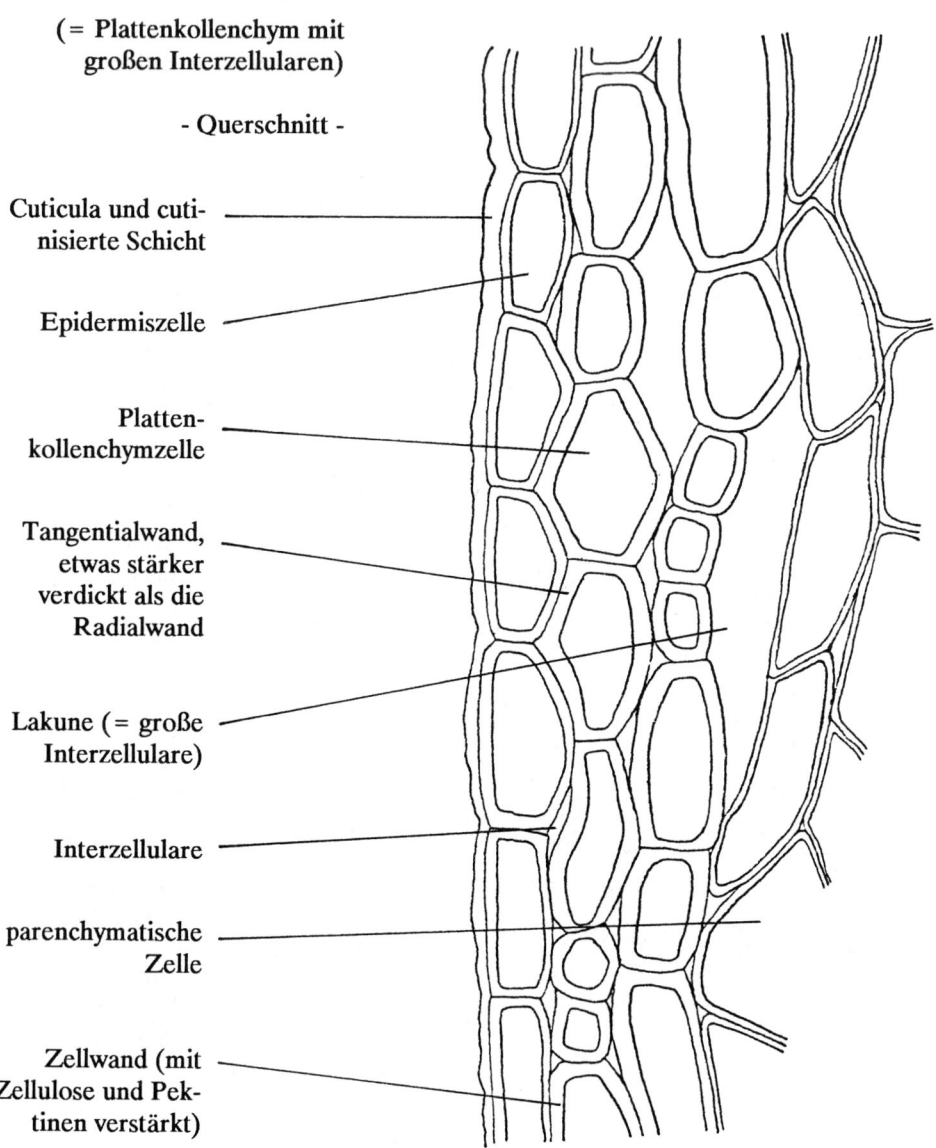

Cuticula und cuti-
nisierte Schicht

Epidermiszelle

Platten-
kollenchymzelle

Tangentialwand,
etwas stärker
verdickt als die
Radialwand

Lakune (= große
Interzellulare)

Interzellulare

parenchymatische
Zelle

Zellwand (mit
Zellulose und Pek-
tinen verstärkt)

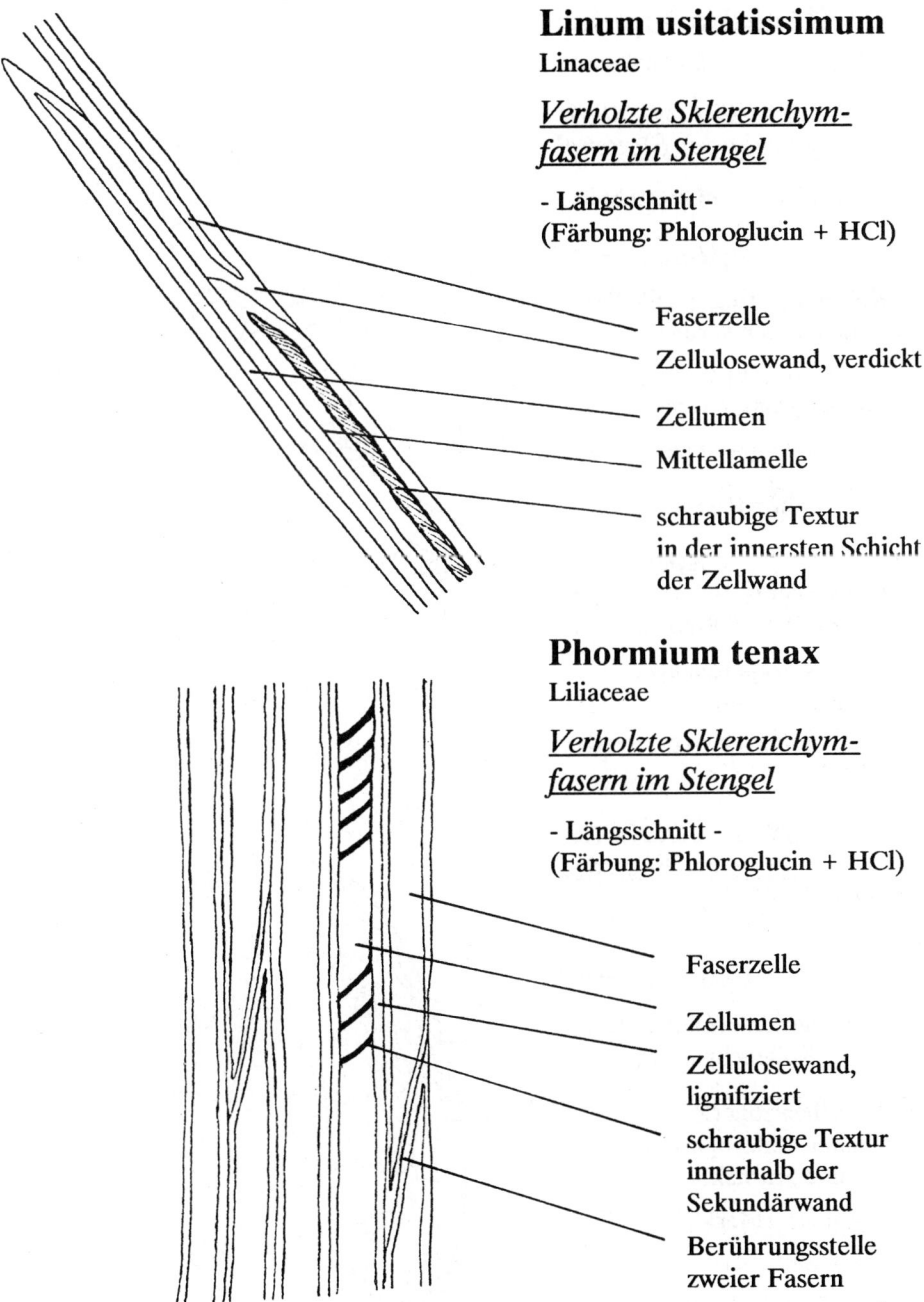

Linum usitatissimum
Linaceae

*Verholzte Sklerenchym-
fasern im Stengel*

- Längsschnitt -
(Färbung: Phloroglucin + HCl)

Faserzelle

Zellulosewand, verdickt

Zellumen

Mittellamelle

schraubige Textur
in der innersten Schicht
der Zellwand

Phormium tenax
Liliaceae

*Verholzte Sklerenchym-
fasern im Stengel*

- Längsschnitt -
(Färbung: Phloroglucin + HCl)

Faserzelle

Zellumen

Zellulosewand,
lignifiziert

schraubige Textur
innerhalb der
Sekundärwand

Berührungsstelle
zweier Fasern

Humulus lupulus
Cannabaceae
Lage der Festigungs-gewebe im Blattstiel
- Querschnitt -

Epidermis

Kollenchymring (Zell-wände schwach verdickt)

Kollenchymstrang (Zellwände stark verdickt)

Rindenparenchym

Leitbündelscheide

Xylem

Leitbündel

Phloem

Markparenchym

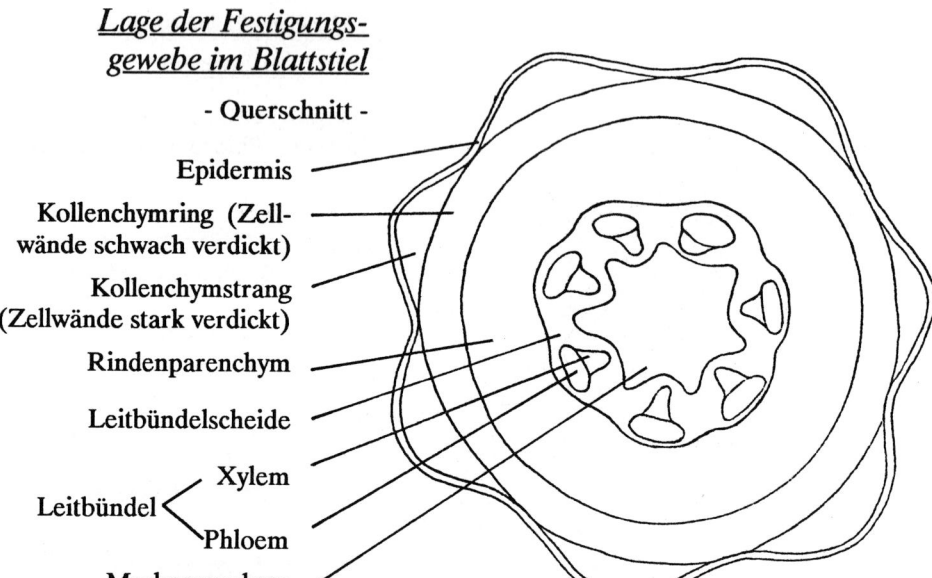

Astrancia major
Apiaceae
Lage der Festigungs-gewebe im Blattstiel
- Querschnitt -

Epidermis

unterbrochener Kollenchymring

Parenchymring (Zellen enthalten Chloroplasten und Stärkekörner)

Markhöhle

Grundparenchym

Leitbündel

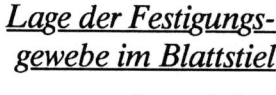
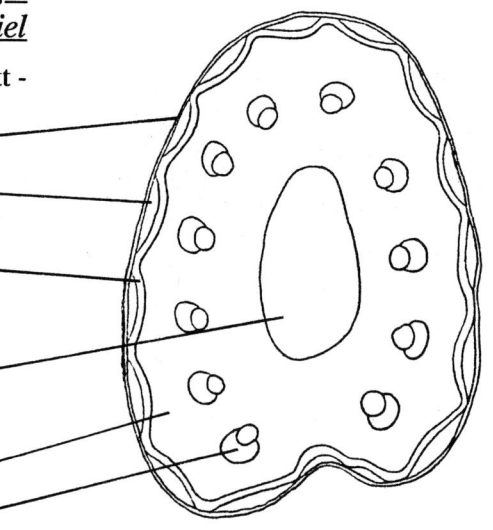

Pyrus communis
Rosaceae

Steinzellennest im Fruchtfleisch

(Färbung: Phloroglucin + HCl)

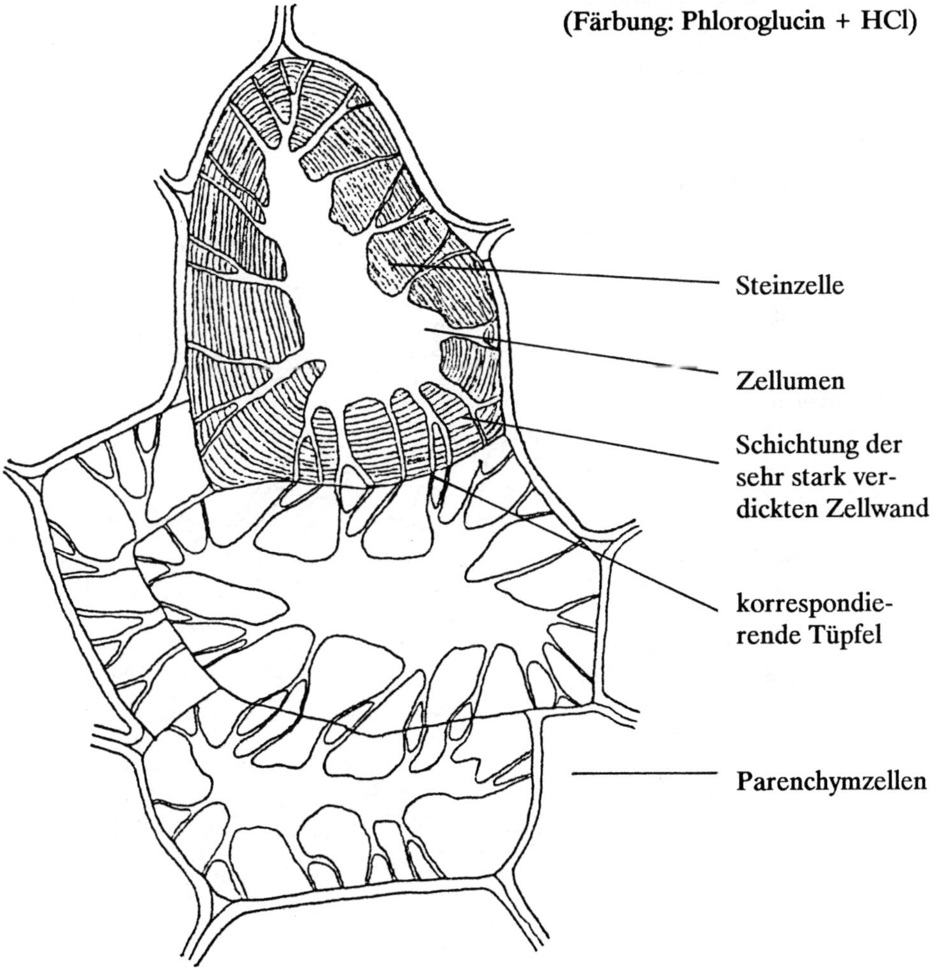

— Steinzelle

— Zellumen

— Schichtung der
sehr stark ver-
dickten Zellwand

— korrespondie-
rende Tüpfel

— Parenchymzellen

Aristolochia littoralis

Aristolochiaceae

Zu Steinzellen umgewandelte Parenchymzellen im Sproß

- Querschnitt -
(Färbung: Phloroglucin + HCl)

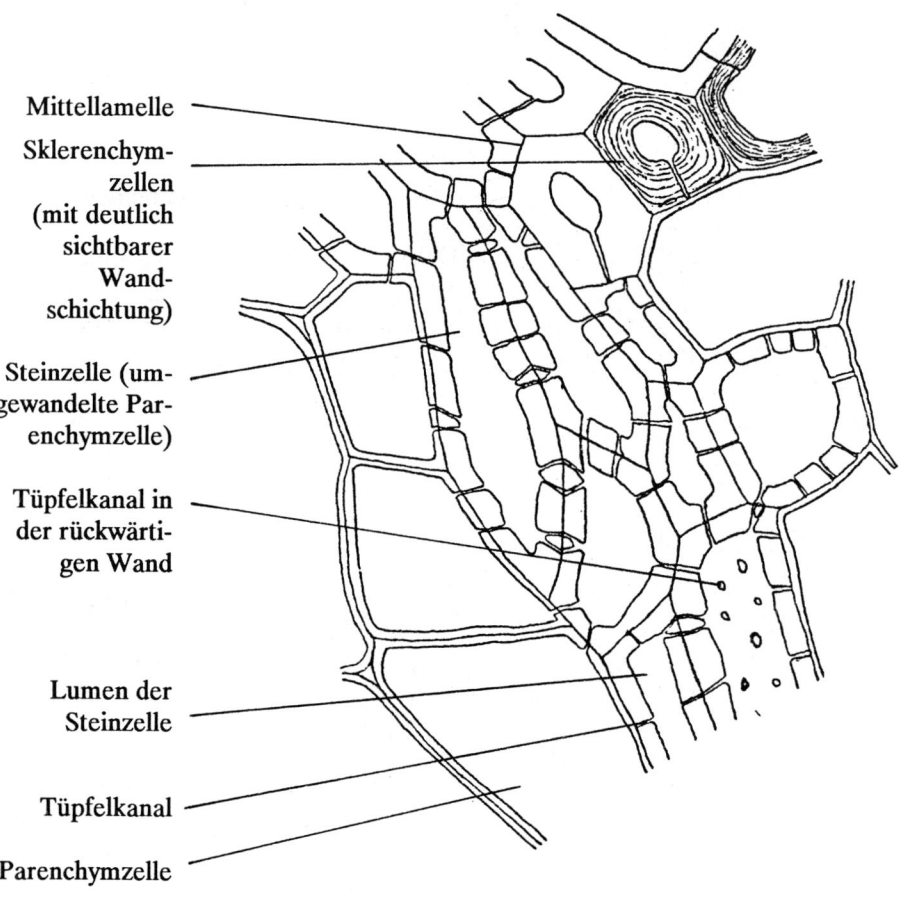

Mittellamelle

Sklerenchymzellen
(mit deutlich
sichtbarer
Wandschichtung)

Steinzelle (umgewandelte Parenchymzelle)

Tüpfelkanal in
der rückwärtigen Wand

Lumen der
Steinzelle

Tüpfelkanal

Parenchymzelle

Monstera deliciosa
Araceae

Steinzellen in Luftwurzeln mit Stützfunktion

- Querschnitt -
(Färbung: Phloroglucin + HCl)

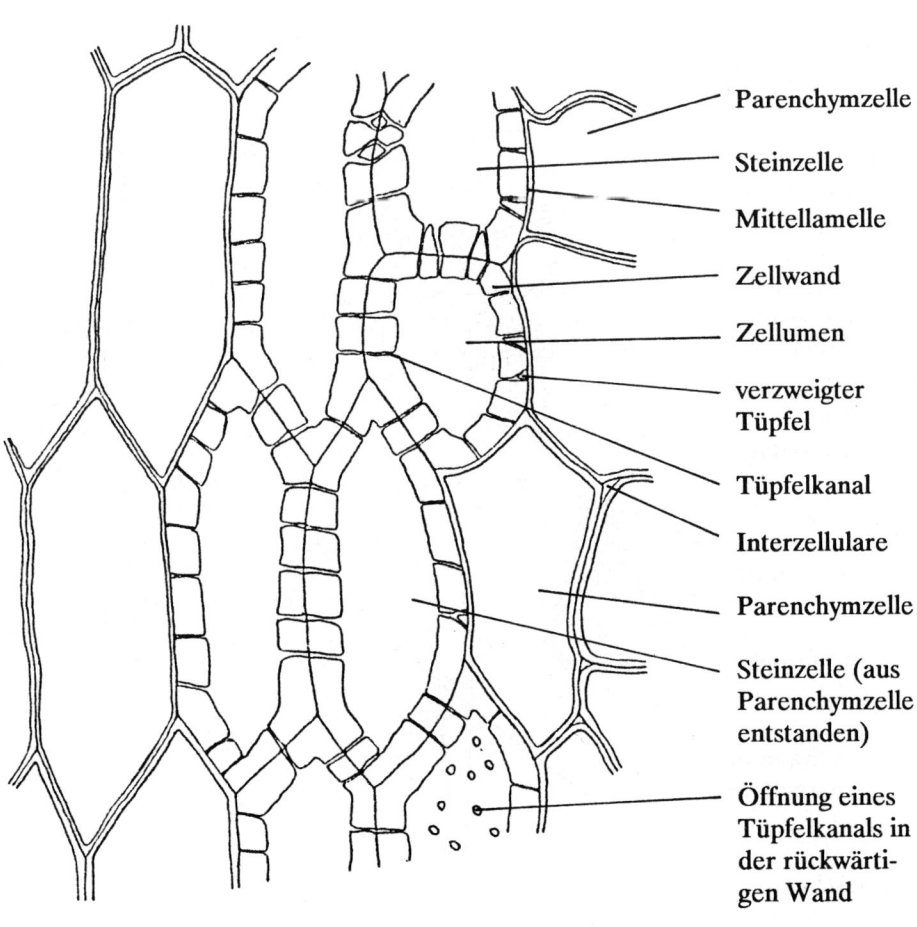

Parenchymzelle

Steinzelle

Mittellamelle

Zellwand

Zellumen

verzweigter
Tüpfel

Tüpfelkanal

Interzellulare

Parenchymzelle

Steinzelle (aus
Parenchymzelle
entstanden)

Öffnung eines
Tüpfelkanals in
der rückwärti-
gen Wand

Trochodendron aralioides
Trochodendraceae

Idioblast im Blatt

- Querschnitt -

Fortsatz des Idio-
blasten mit stark
verdickter Zell-
wand und engem
Zellumen

Inkrustate aus
Calcium-Oxalat
und Silikat

Lumen des
Idioblasten

Tüpfelkanal

koaguliertes
Plasma

Chloroplast

Schwamm-
parenchym

angeschnittener
Fortsatz des
Idioblasten

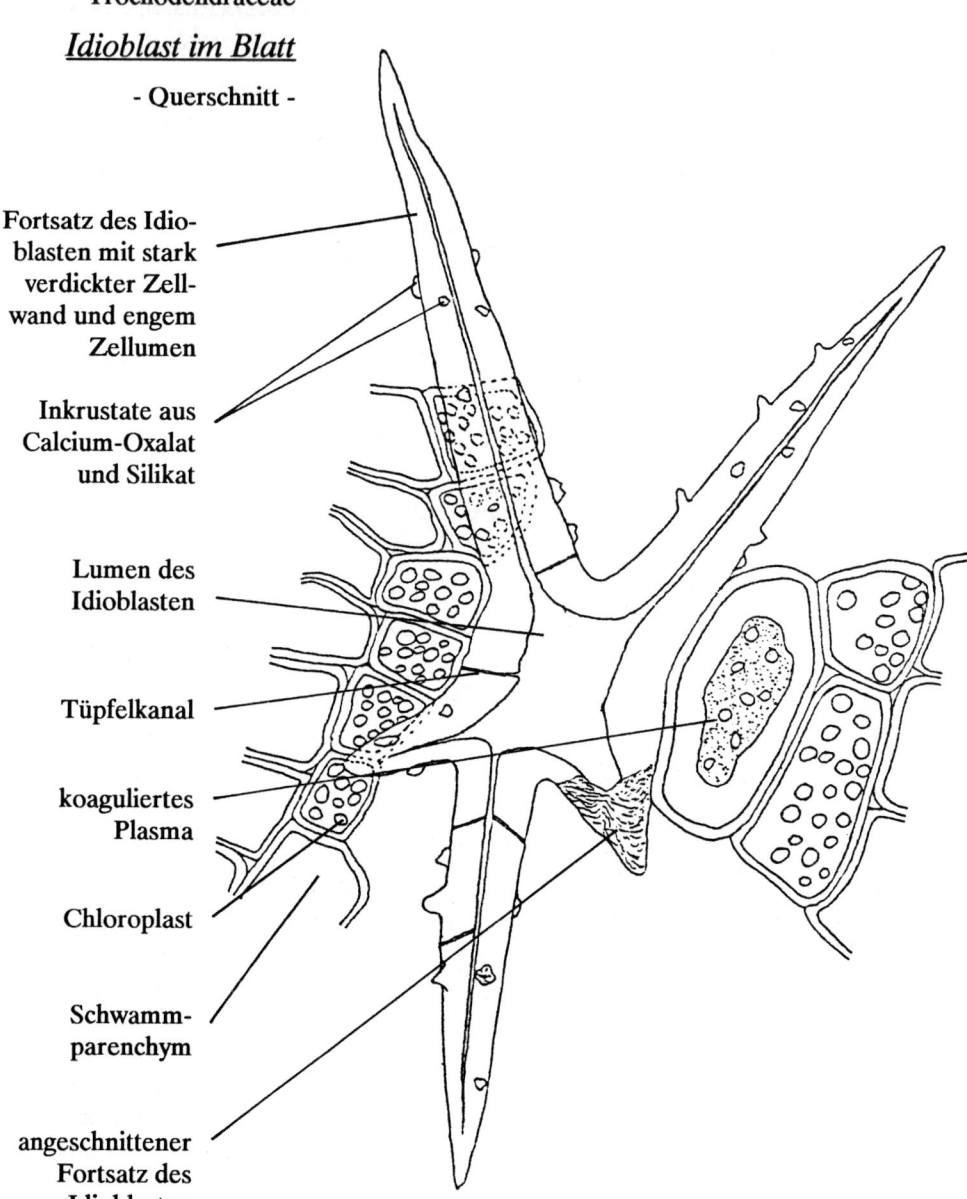

Nuphar lutea
Nymphaeaceae

Idioblast im Blattstiel

- Querschnitt -

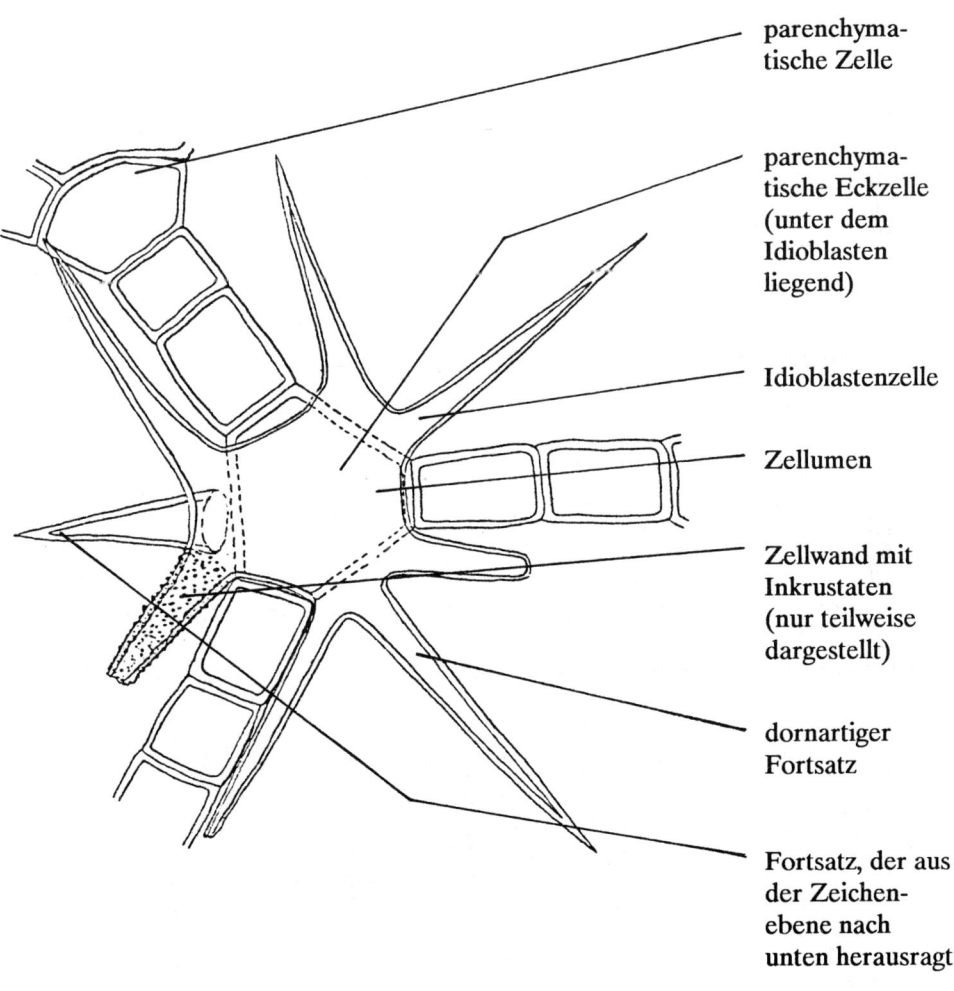

parenchyma-
tische Zelle

parenchyma-
tische Eckzelle
(unter dem
Idioblasten
liegend)

Idioblastenzelle

Zellumen

Zellwand mit
Inkrustaten
(nur teilweise
dargestellt)

dornartiger
Fortsatz

Fortsatz, der aus
der Zeichen-
ebene nach
unten herausragt

Croton tiglium
Euphorbiaceae

Spicularzellen im Blatt

- Aufsicht -

Epidermis (nur durch
Mittellamelle
angedeutet)

Schnittkante des
Präparates

aus der Epidermis
herausragender Teil
des Idioblasten,
als Spicularzelle
ausgebildet

Inkrustation

nadelartiger Fortsatz
der Spicularzelle

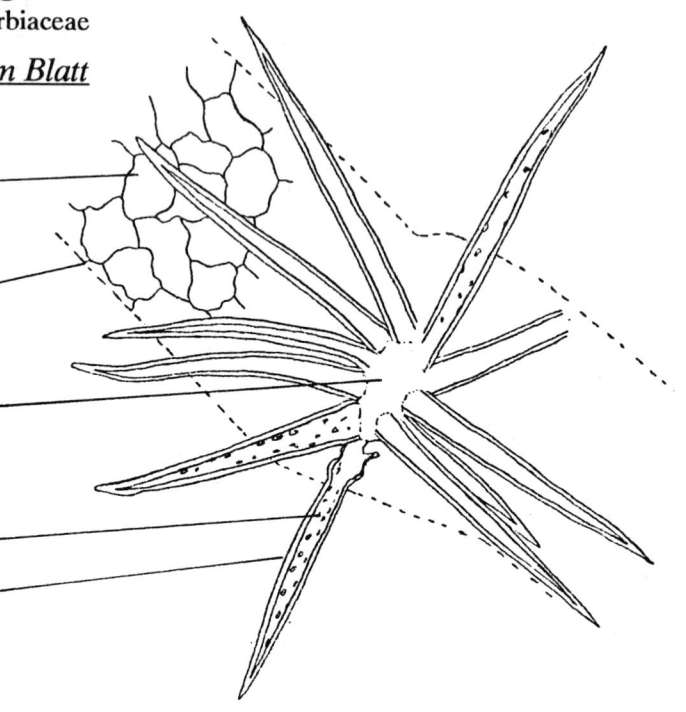

- Querschnitt -

nadelartiger Fortsatz der
Spicularzelle

Zellulosewand

plasmatischer Wandbelag

Vakuole

angeschnittenes Zellumen

in der Epidermis liegender
Teil des Idioblasten

Epidermis

Parenchymzelle

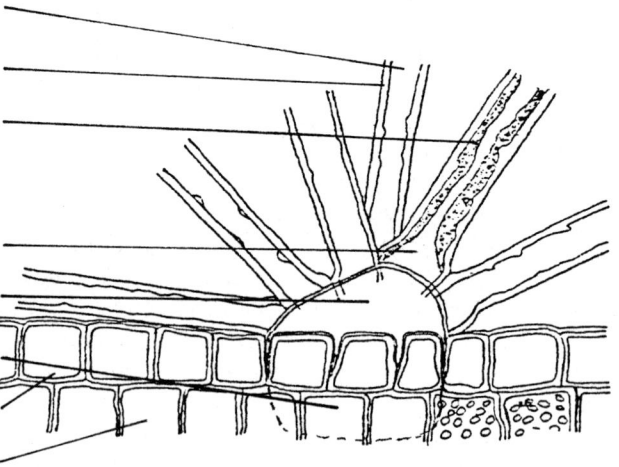

4. Leitgewebe

Mit zunehmender Größe eines Pflanzenkörpers wächst auch die Notwendigkeit, Stoffe über größere Distanzen zu transportieren. Da die Geschwindigkeit des Transportes durch parenchymatische Zellen zu gering ist, haben sich im Laufe der Evolution spezielle Leitgewebe entwickelt, die diesen Anforderungen entsprechen. Dabei unterscheiden sich die Zellen, die die Assimilate leiten, in ihrem Aufbau recht deutlich von denen, die der Wasserleitung dienen. In den primären Geweben der höheren Pflanzen kommen diese Leitelemente in der Regel nicht isoliert vor, sondern sind in den Leitbündeln zusammengefaßt.

4.1 Wasserleitungsbahnen

Sie haben die Funktion, Wasser und darin gelöste Mineralsalze (zu Beginn der Vegetationsperiode auch mobilisierte organische Reservestoffe) von den Wurzeln in die übrigen Pflanzenteile zu leiten. Die charakteristischen Elemente dieses Gewebes sind die Tracheen und Tracheiden. Dies sind tote, häufig langgestreckte Zellen mit reich getüpfelten, verholzten Wänden. Da beim Wassertransport in diesen Gefäßen Unterdruck herrscht, können die Wände auch durch schrauben-, ring- oder netzförmige Verstärkungen der Sekundärwand vor einem Kollabieren geschützt sein (Schrauben-, Ring-, Netztracheiden). Um den Leitungswiderstand in Längsrichtung herabzusetzen, grenzen die Tracheiden mit schräggestellten, zwar reich getüpfelten aber nie gänzlich durchbrochenen Querwänden aneinander. Tracheen oder Gefäße dagegen bestehen aus Längsreihen mehr oder weniger gestreckter, tonnenförmiger Einzelzellen. Die Querwände sind weitgehend oder völlig aufgelöst. Dadurch entstehen zusammenhängende Röhrensysteme von häufig beträchtlicher Länge.

Phylogenetisch lassen sich verschiedene Stufen der Entwicklung von den Tracheiden hin zu den Tracheen beobachten:

Bei den Farnen entstehen durch sekundäre Auflösung der Querwand große Tüpfelfelder, die eine Verbindung von Tracheide zu Tracheide herstellen. Aufgrund dieser Auflösung der Trennwand und bei einigen besonders hoch entwickelten Farnen (z.B. *Pteridium aquilinum*) auch der Schließhaut, erscheint die Querwand im mikroskopischen Bild treppen- oder leiterförmig (Treppentracheiden bzw. Leitergefäße).

Bei primitiven Gymnospermen (Cycadales) werden große Tüpfel in zwei oder mehr kleinere Tüpfel unterteilt. Es kommen noch keine Hoftüpfel vor.

Bei den Magnoliaceae und Trochodendraceae gibt es Hoftüpfel mit schräggestelltem Porus.

Bei den Betulaceae (z.B. *Alnus*) ist die Querwand zwischen zwei Tracheiden bis auf dünne Stege völlig aufgelöst.

Bei *Quercus* ist keine Querwand mehr vorhanden. Es entstehen dadurch zusammenhängende lange Gefäße mit Ringwülsten an den Zellgrenzen.

Bis zu den Gymnospermen wird das Holz der Stämme überwiegend aus Tracheiden, und zwar den Hoftüpfeltracheiden, aufgebaut, denen sowohl Leit- als auch Stützfunktion zukommt. Die Jahresringe des Sproßquerschnittes kommen dadurch zustande, daß die Zellen des Frühholzes ein größeres Lumen, dünnere Wände und eine reichlichere Tüpfelung besitzen als die des Spätholzes. Das Frühholz dient vorwiegend der Wasserleitung, im Spätholz mit seinen dickeren Zellwänden tritt die Stützfunktion mehr in den Vordergrund. Erst bei den Magnoliaten wurden diese Funktionen voneinander getrennt und auf verschiedene Gewebe, Leit- und Stützgewebe, verteilt. Es entwickeln sich nun die hochspezialisierten Formen querwandloser Röhrensysteme, die Tracheen. Aber auch bei den Magnoliaten kommen neben den Tracheen noch regelmäßig tracheidale Elemente vor.

Bei Pflanzen mit verholzten Sprossen besteht der Gefäßteil nicht nur aus leitenden Elementen. Er enthält auch Holzparenchym, das überwiegend der Speicherung von Reservestoffen (z.B. Kohlenhydrate) dient. Daher ist es in funktionstüchtigem Zustand auch hauptsächlich im Spätholz zu finden. Bei Gymnospermen kommt fast kein Holzparenchym vor, bei Angiospermen ist es jedoch überall im Holz verteilt.

Entsprechend seiner Lage zu den Gefäßen unterscheidet man eine
- **apotracheale Verteilung**, d.h. die Lage ist nicht an die Tracheen gebunden. Dabei kann das Holzparenchym z.B. am Ende eines Jahresringes gebildet werden (terminale Anordnung).
- **paratracheale Verteilung**, d.h. die Zellen liegen z.B. ringförmig um die Tracheen (vasizentrische Anordnung) oder radial ausgehend von den Tracheen (abaxiale Anordnung). Sie haben Verbindung zu den Tracheen. Dadurch ist eine schnellere Ableitung der Reservestoffe im Frühjahr gewährleistet.

4.2 Holzfaserzellen

Bei den Angiospermen wird in den tracheidalen Elementen die Anzahl der Tüpfel reduziert. Sie verlieren ihren Hof, die Zellwand nimmt an Dicke zu.

In den schmalen, zugespitzten Fasertracheiden von *Trochodendron* ist ein Übergang von doppelt behoften zu einfachen Tüpfeln festzustellen. Diese Zellen dienen wohl mehr der Festigung als der Leitung von Stoffen.

Prosenchymatisch verlängerte Holzfaserzellen können nach mehreren Querteilungen dünne Querwände besitzen (gekammerte Holz- oder Libriformfasern) und Speicherfunktion übernehmen. Sie verteilen sich so wie Holzparenchymzellen. Pflanzen mit höherem Anteil an Holzfaserzellen enthalten dementsprechend weniger Holzparenchymzellen. Bei manchen Harthölzern macht der Anteil der Holzfaserzellen an der gesamten Holzmasse bis zu 90% aus, bei der Buche liegt er bei ca. 70%. Neben der Festigkeit wirkt sich dies auch auf die Dichte des Holzes aus. So besitzt Lindenholz eine Dichte von 0,5, Eichenholz 0,75 und Eisenhölzer 1,2.

4.3 Markstrahlen

Sie halten die Verbindung zwischen zentralem Mark und peripherer Rinde aufrecht und besitzen sowohl Leit- als auch Speicherfunktion. Mit Hilfe von Amyloplasten wird mit Beginn der Spätholzbildung Stärke in die Zellen eingelagert, die im Frühjahr wieder mobilisiert wird. Primäre Markstrahlen werden mit Beginn des Wachstums angelegt. Sekundäre Markstrahlen werden dagegen erst mit Beginn des Dickenwachstums ausgebildet. Sie enden ebenfalls im Phloem, beginnen aber nicht wie die primären im Mark.

Markstrahlen lassen sich in zwei Gruppen einteilen: **Heterogene Markstrahlen** enthalten zwei Zelltypen, in der Mitte 'radialliegende' Zellen und in den Spitzen 'stehende' Zellen. Sie können mehrschichtig oder einschichtig sein. Bei **homogenen Markstrahlen** (z.B. bei Betulaceae und Fabaceae) fallen die stehenden Zellen in der Spitze weg, es kommen nur noch radialliegende Zellen vor. Auch sie können mehrschichtig oder einschichtig sein. Gymnospermen haben bei der Markstrahlentwicklung einen Sonderweg eingeschlagen, bei den Pinaceae sind sie immer einschichtig.

Objekte

- *Pteridium aquilinum:* (Hypolepidaceae) — Leitertracheide

- *Stangeria paradoxa:* (Stangeriaceae) — Übergangsstadium von Leiter- zu Tüpfeltracheide

- *Pinus sylvestris:* (Pinaceae) — Hoftüpfeltracheide im Sproß

- *Magnolia soulangiana:* (Magnoliaceae) — Übergang von der Treppenform zu Hoftüpfeln in der schräggestellten Querwand

- *Trochodendron aralioides:* (Trochodendraceae) — Hoftüpfel mit schräggestellten Pori im Sproß

- *Alnus incana:* (Betulaceae) — Trachee mit fast völlig aufgelöster Querwand

- *Magnolia soulangiana:* (Magnoliaceae) — Holzparenchym im Sproß - apotracheale-terminale Anordnung

- *Gonystylus bancanus:* (Thymelaeaceae) — Holzparenchym im Sproß - paratracheale-abaxiale Anordnung

- *Fraxinus excelsior:* (Oleaceae) — Holzparenchym im Sproß - paratracheale-vasizentrische Anordnung

- *Trochodendron aralioides:* (Trochodendraceae) — Tüpfeltypen und Wanddickenverhältnisse im Holz

- *Tilia cordata:* (Tiliaceae) — Mazeriertes Holz Zelltypen im Holz

- *Quercus robur:* (Fagaceae) — Zelltypen im Holz

- *Drimys winteri:* (Winteraceae) — Heterogener mehrschichtiger Markstrahl

- *Platanus hybrida:* (Platanaceae) — Heterogener mehrschichtiger Markstrahl

- *Laburnum anagyroides:* (Fabaceae) — Homogener mehrschichtiger Markstrahl

- *Alnus incana:* (Betulaceae) — Homogener einschichtiger Markstrahl

- *Betula pendula:* (Betulaceae) — Homogener gemischter Markstrahl

Pteridium aquilinum

Hypolepidaceae

Leitertracheide

- radialer Längsschnitt -

Tracheide (netzartige
Wandversteifungen nicht
dargestellt)

leiterartig durchbrochene
Querwände zwischen
zwei Tracheiden

Mittellamelle

Zellwand

Tracheide

Zellwände angrenzender
Gefäße

Strangeria paradoxa

Stangeriaceae

Übergangsstadium von Leiter- zu Tüpfeltracheide

- radialer Längsschnitt -
(Färbung : Phloroglucin + HCl)

Tracheide

schräggestellte und durchbrochene Querwand zwi-
schen zwei Tracheiden
(Zwischenstufe zwischen
Leiter- und Tüpfelform)

Zellwand

Mittellamelle

Tracheide (Zellwandstruk-
turen nicht dargestellt)

Zellwände
angrenzender Gefäße

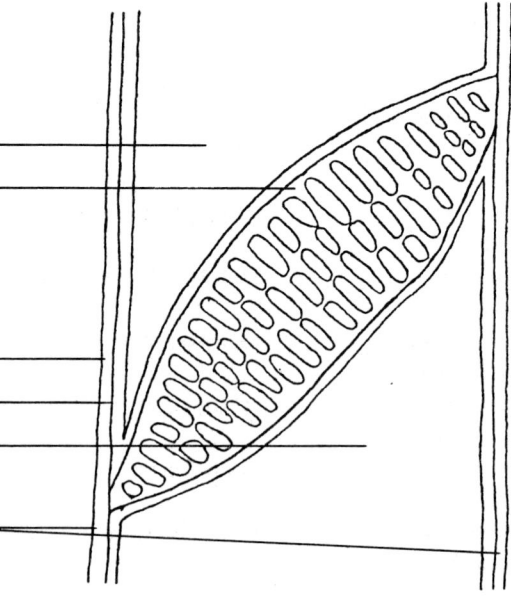

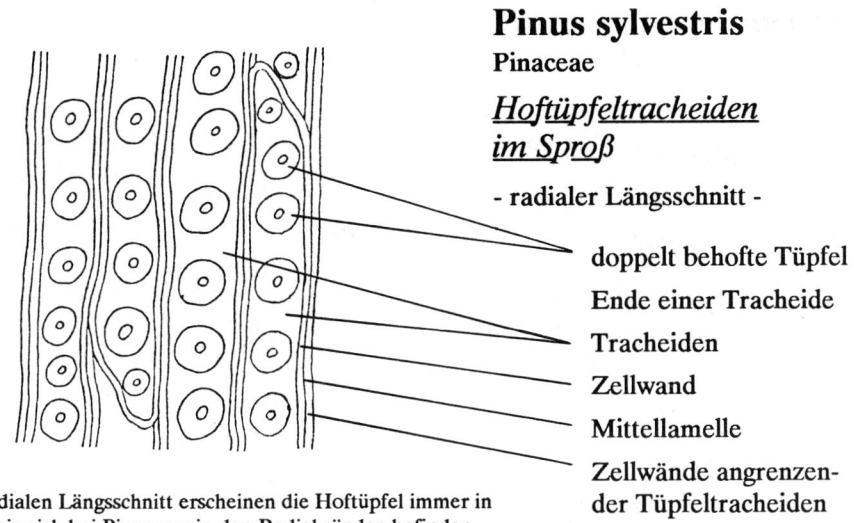

Pinus sylvestris
Pinaceae

Hoftüpfeltracheiden im Sproß

- radialer Längsschnitt -

doppelt behofte Tüpfel

Ende einer Tracheide

Tracheiden

Zellwand

Mittellamelle

Zellwände angrenzen-
der Tüpfeltracheiden

- bei einem radialen Längsschnitt erscheinen die Hoftüpfel immer in
Aufsicht, da sie sich bei Pinus nur in den Radialwänden befinden -

Magnolia soulangiana
Magnoliaceae

Übergang von der Treppenform zu Hoftüpfeln in der schräg-gestellten Querwand

- radialer Längsschnitt -

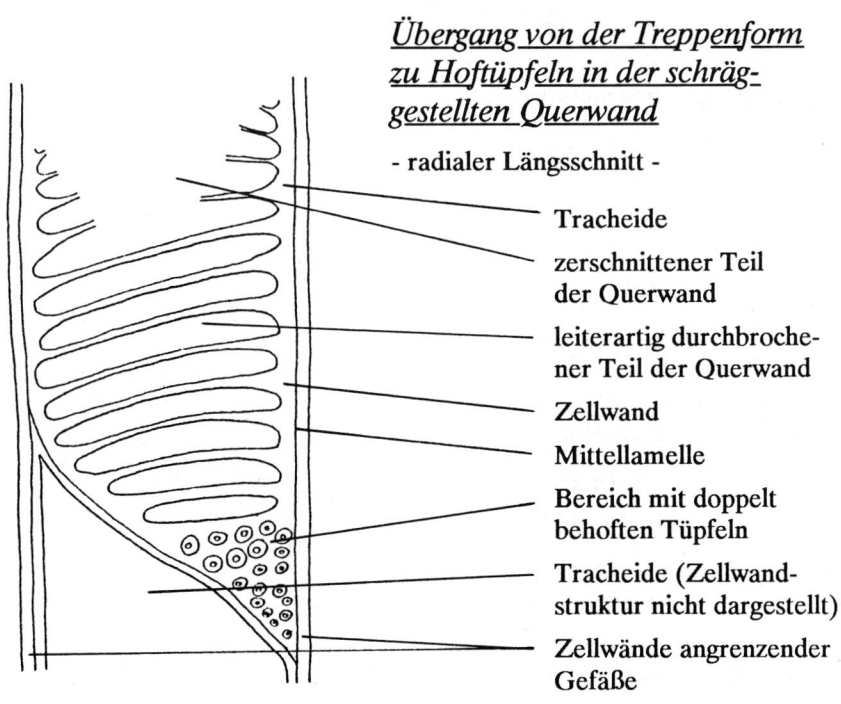

Tracheide

zerschnittener Teil
der Querwand

leiterartig durchbroche-
ner Teil der Querwand

Zellwand

Mittellamelle

Bereich mit doppelt
behoften Tüpfeln

Tracheide (Zellwand-
struktur nicht dargestellt)

Zellwände angrenzender
Gefäße

Trochodendron aralioides
Trochodendraceae

Hoftüpfel mit schräg-gestellten Pori im Sproß

- radialer Längsschnitt -

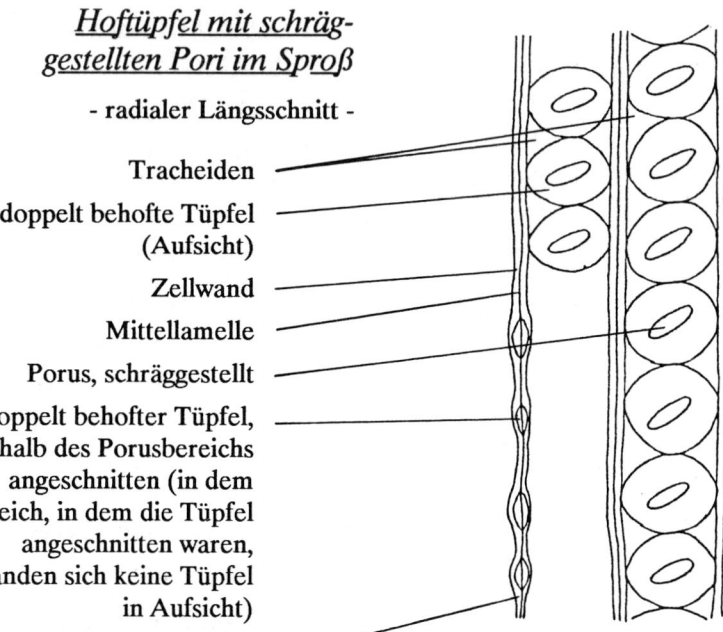

Tracheiden

doppelt behofte Tüpfel
(Aufsicht)

Zellwand

Mittellamelle

Porus, schräggestellt

doppelt behofter Tüpfel,
außerhalb des Porusbereichs
angeschnitten (in dem
Bereich, in dem die Tüpfel
angeschnitten waren,
befanden sich keine Tüpfel
in Aufsicht)

Zellwand eines
angrenzenden Gefäßes

Alnus incana
Betulaceae

Trachee mit fast völlig aufgelöster Querwand

- radialer Längsschnitt -

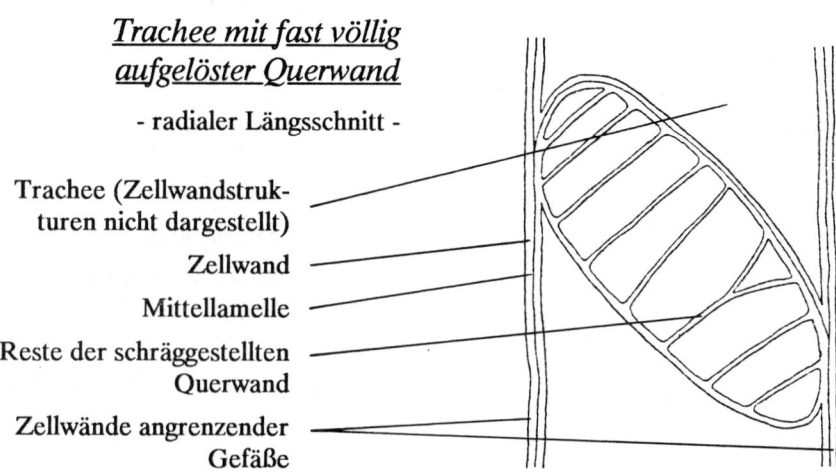

Trachee (Zellwandstruk-
turen nicht dargestellt)

Zellwand

Mittellamelle

Reste der schräggestellten
Querwand

Zellwände angrenzender
Gefäße

Magnolia soulangiana
Magnoliaceae

Holzparenchym im Sproß apotracheale-terminale Anordnung

- Querschnitt -
(Färbung: Iod-Kaliumiodid)

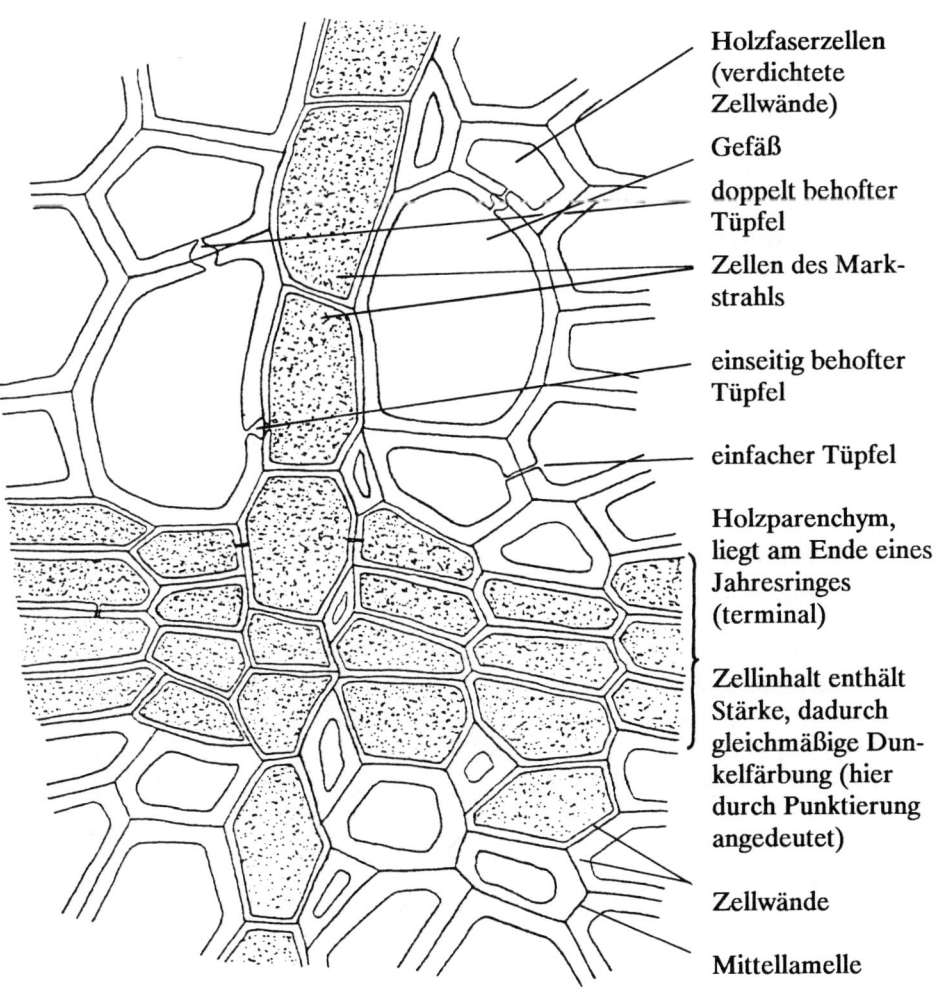

Holzfaserzellen
(verdichtete
Zellwände)

Gefäß

doppelt behofter
Tüpfel

Zellen des Mark-
strahls

einseitig behofter
Tüpfel

einfacher Tüpfel

Holzparenchym,
liegt am Ende eines
Jahresringes
(terminal)

Zellinhalt enthält
Stärke, dadurch
gleichmäßige Dun-
kelfärbung (hier
durch Punktierung
angedeutet)

Zellwände

Mittellamelle

Gonystylus bancanus
Thymelaeaceae

Holzparenchym im Sproß paratracheale-abaxiale Anordnung

- Querschnitt -
(Färbung: Iod-Kaliumiodid)

einfacher Tüpfel

einseitig behofter
Tüpfel

Holzfaserzelle

Markstrahl

Holzparenchymzelle

Stärke in den Zellen
durch Iod dunkel
gefärbt (durch Punk-
tierung dargestellt)

Gefäßlumen

Wand des Gefäßes

Mittellamelle

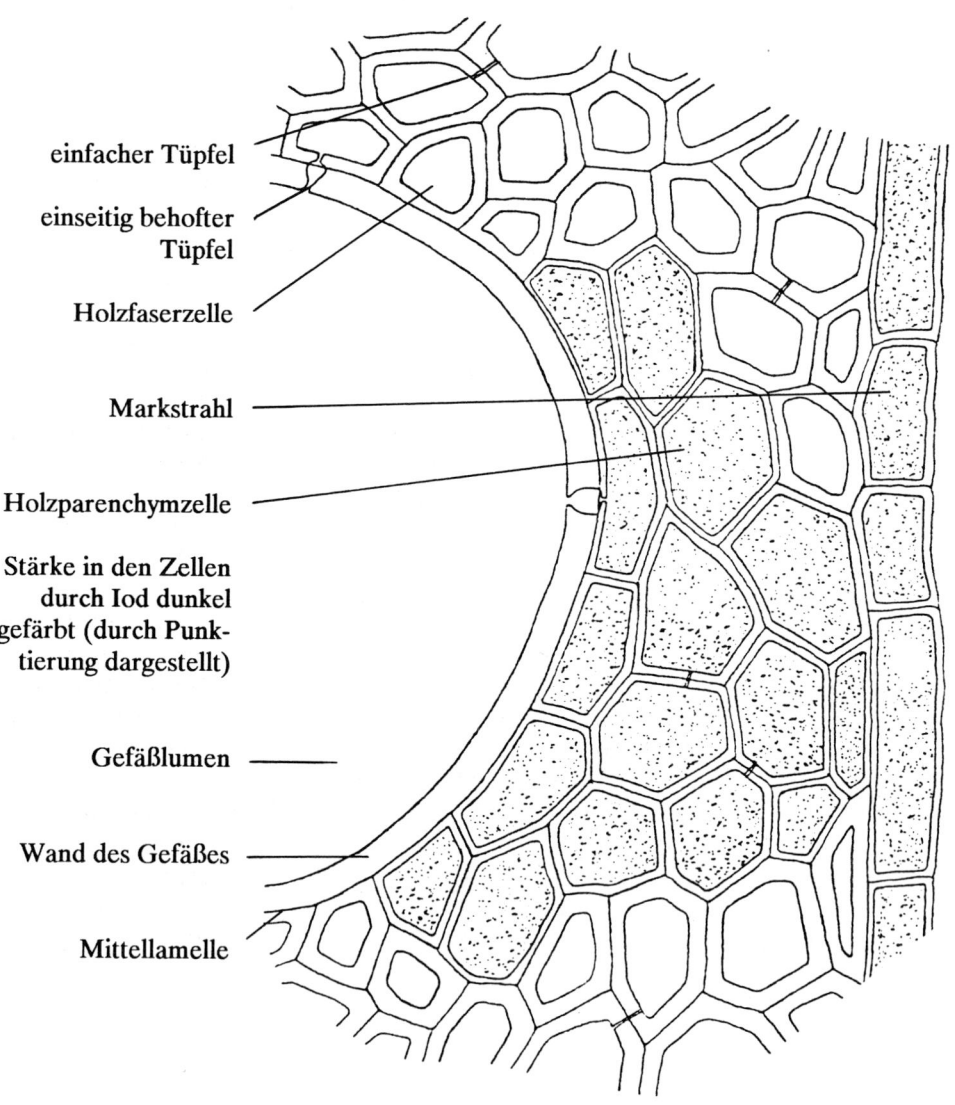

Fraxinus excelsior
Oleaceae

Holzparenchym im Sproß paratracheale-vasizentrische Anordnung

- Querschnitt -
(Färbung: Iod-Kaliumiodid)

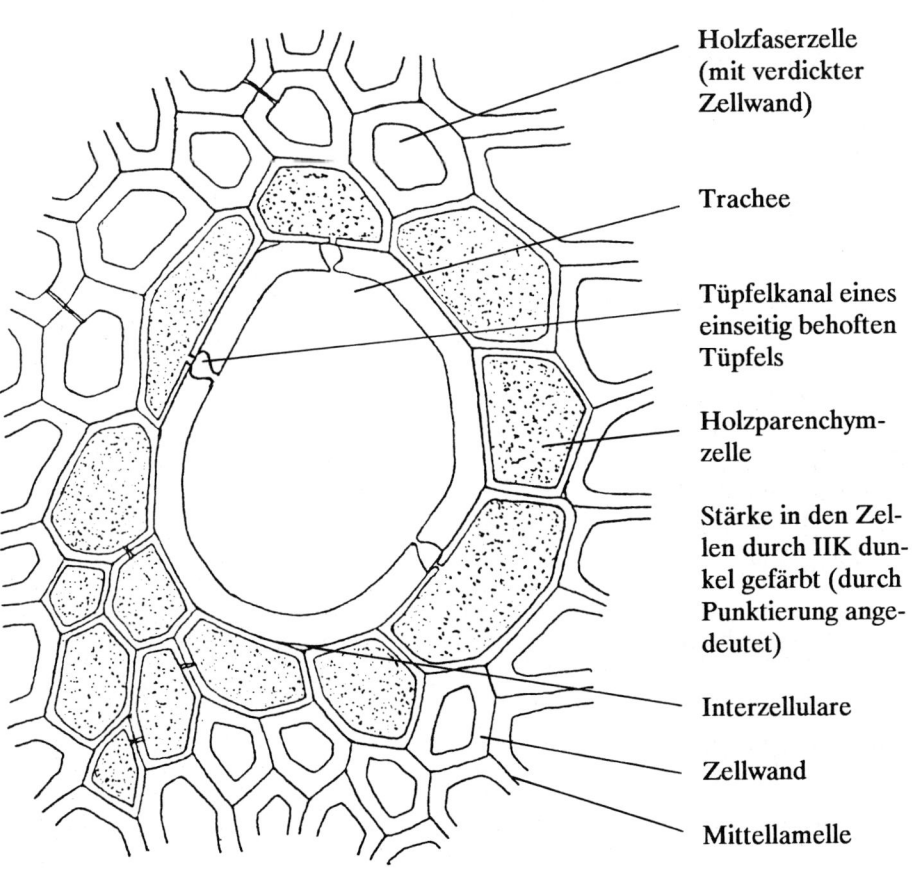

Holzfaserzelle
(mit verdickter
Zellwand)

Trachee

Tüpfelkanal eines
einseitig behoften
Tüpfels

Holzparenchym-
zelle

Stärke in den Zel-
len durch IIK dun-
kel gefärbt (durch
Punktierung ange-
deutet)

Interzellulare

Zellwand

Mittellamelle

Trochodendron aralioides

Trochodendraceae

Tüpfeltypen und Wand-dickenverhältnisse im Holz

- Querschnitt -
(Färbung: Phloroglucin + HCl)

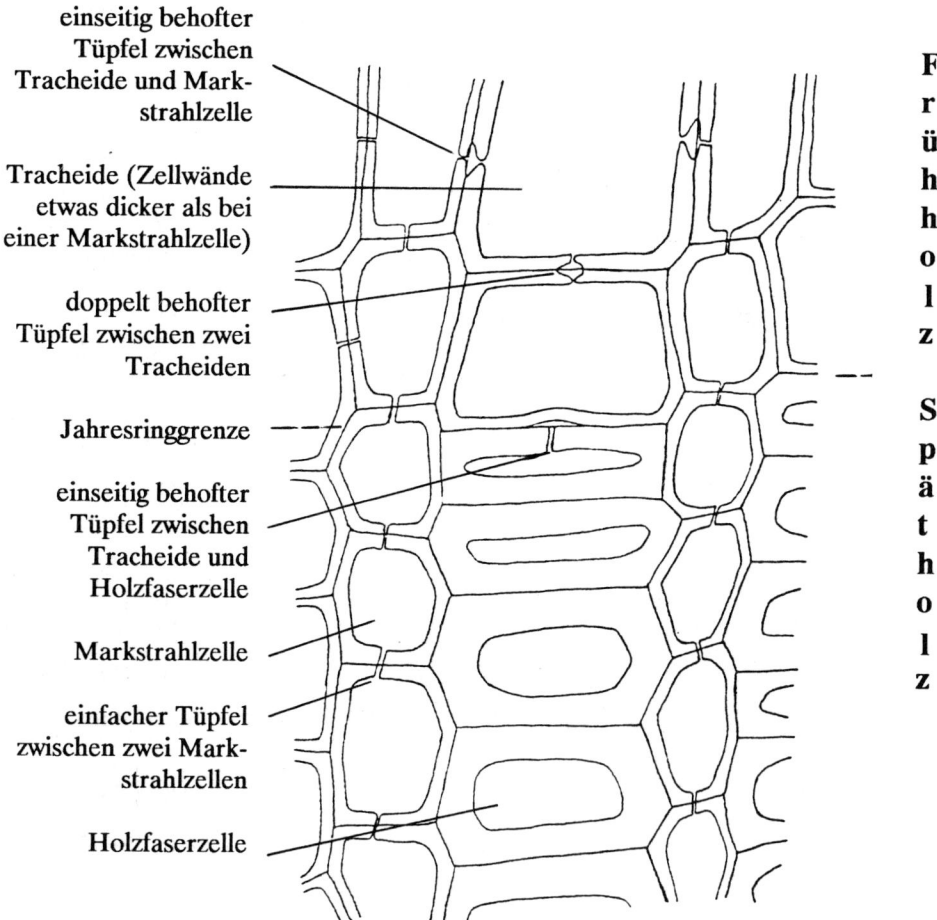

einseitig behofter
Tüpfel zwischen
Tracheide und Mark-
strahlzelle

Tracheide (Zellwände
etwas dicker als bei
einer Markstrahlzelle)

doppelt behofter
Tüpfel zwischen zwei
Tracheiden

Jahresringgrenze

einseitig behofter
Tüpfel zwischen
Tracheide und
Holzfaserzelle

Markstrahlzelle

einfacher Tüpfel
zwischen zwei Mark-
strahlzellen

Holzfaserzelle

F
r
ü
h
h
o
l
z

S
p
ä
t
h
o
l
z

Tilia cordata
Tiliaceae

Mazeriertes Holz

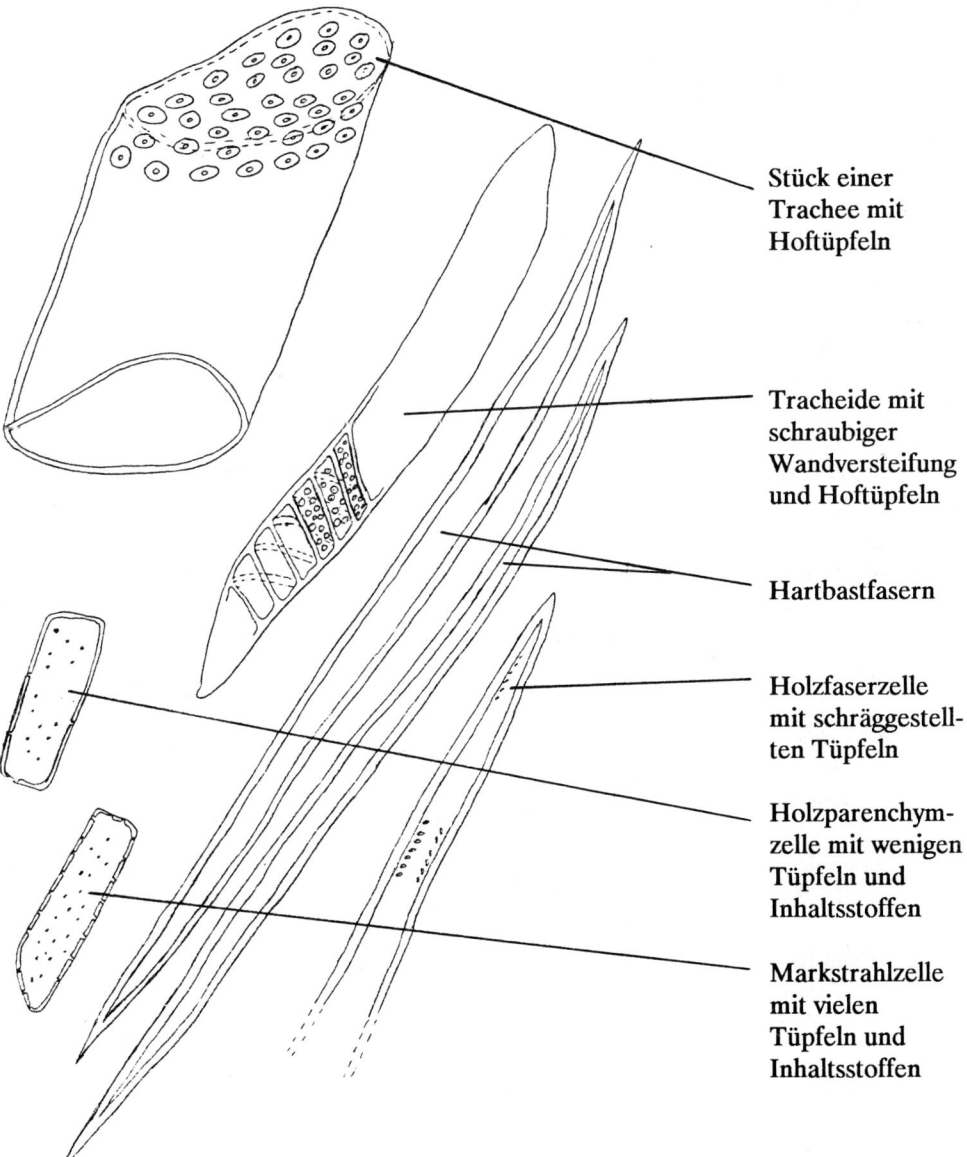

Stück einer
Trachee mit
Hoftüpfeln

Tracheide mit
schraubiger
Wandversteifung
und Hoftüpfeln

Hartbastfasern

Holzfaserzelle
mit schräggestell-
ten Tüpfeln

Holzparenchym-
zelle mit wenigen
Tüpfeln und
Inhaltsstoffen

Markstrahlzelle
mit vielen
Tüpfeln und
Inhaltsstoffen

Tilia cordata

Tiliaceae

Zelltypen im Holz

- Querschnitt -
(Färbung: Phloroglucin + HCl)

Markstrahl (zwei
Zellreihen)

Holzfaserzellen
(verdickte
Zellwände)

Holzparenchym-
zellen (mit
Zellplasma)

einfache Tüpfel

Jahresringgrenze

Tracheenlumen

Tracheiden

einseitig behofter
Tüpfel

doppelt behofter
Tüpfel

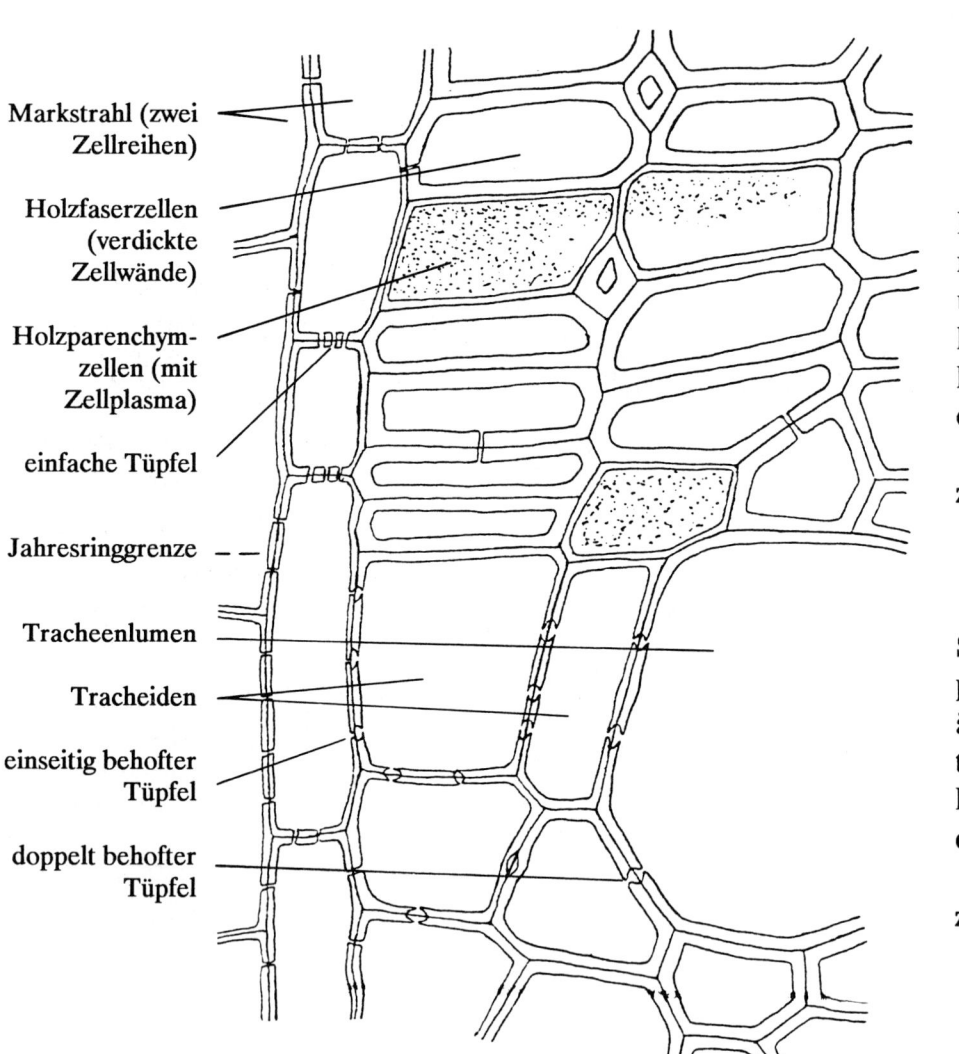

F
r
ü
h
h
o
l
z

S
p
ä
t
h
o
l
z

Tilia cordata

Tiliaceae

Zelltypen im Holz

- Längsschnitt -
(Färbung: Phloroglucin + HCl)

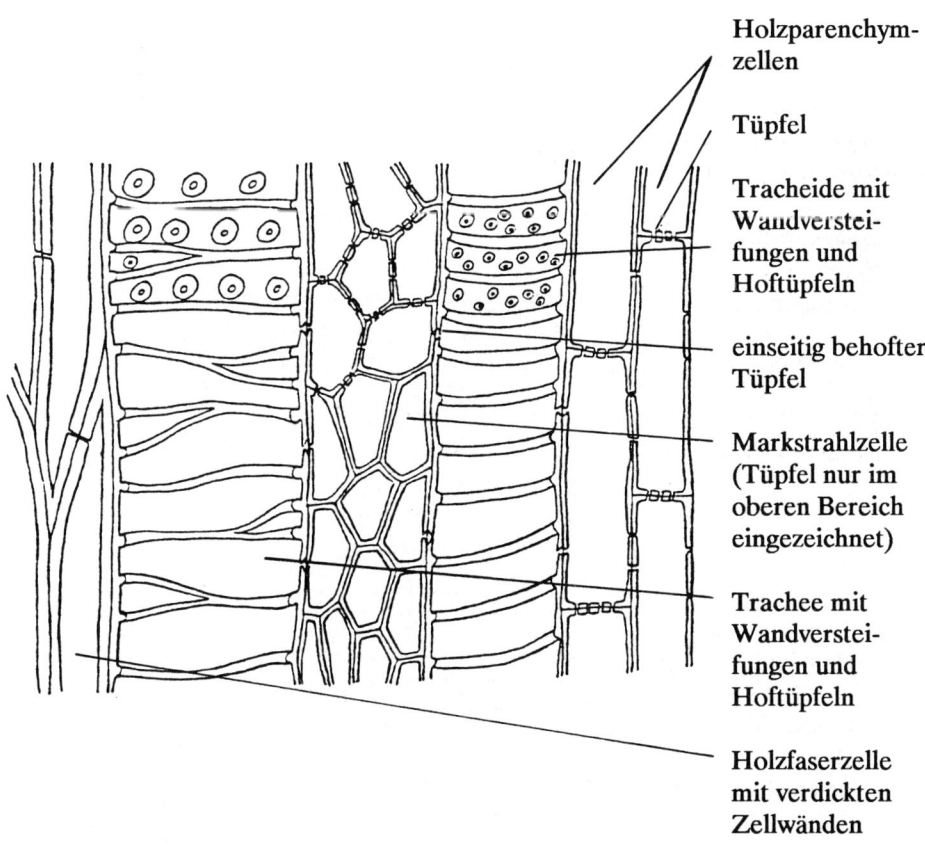

Holzparenchym-
zellen

Tüpfel

Tracheide mit
Wandverstei-
fungen und
Hoftüpfeln

einseitig behofter
Tüpfel

Markstrahlzelle
(Tüpfel nur im
oberen Bereich
eingezeichnet)

Trachee mit
Wandverstei-
fungen und
Hoftüpfeln

Holzfaserzelle
mit verdickten
Zellwänden

Quercus robur

Fagaceae

Zelltypen im Holz

(Färbung: Phloroglucin + HCl)

- Längsschnitt -

Trachee mit Hoftüpfeln

Holzparenchymzelle

einseitig behofter
Tüpfel (angeschnitten)

Holzfaserzelle (verdick-
te Zellwand zur Ver-
deutlichung schraffiert)

- Querschnitt -

einseitig behofter
Tüpfel

Tracheide mit
doppelt behoften
Tüpfeln (Porus
nicht angeschnitten)

Jahresringgrenze – – –

Holzparenchymzelle
mit Amyloplasten

Markstrahlzelle
(Amyloplasten nur
in einer Zelle
eingezeichnet)

sehr dickwandige
Holzfaserzelle

Tüpfelkanal

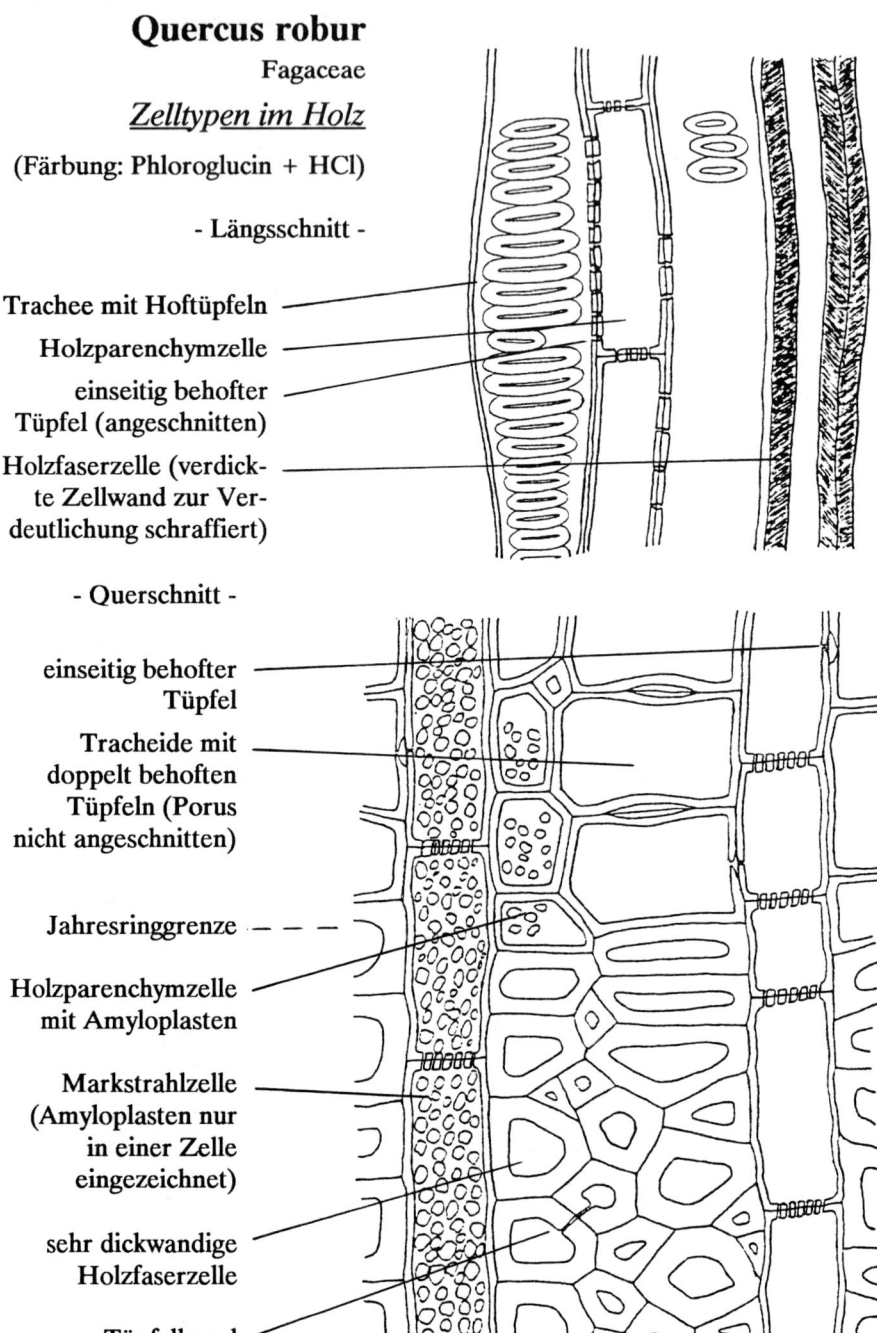

F
r
ü
h
h
o
l
z

S
p
ä
t
h
o
l
z

Drimys winteri

Winteraceae

Heterogener mehrschichtiger Markstrahl im Holz

- Tangentialschnitt -
(Färbung: Phloroglucin + HCl)

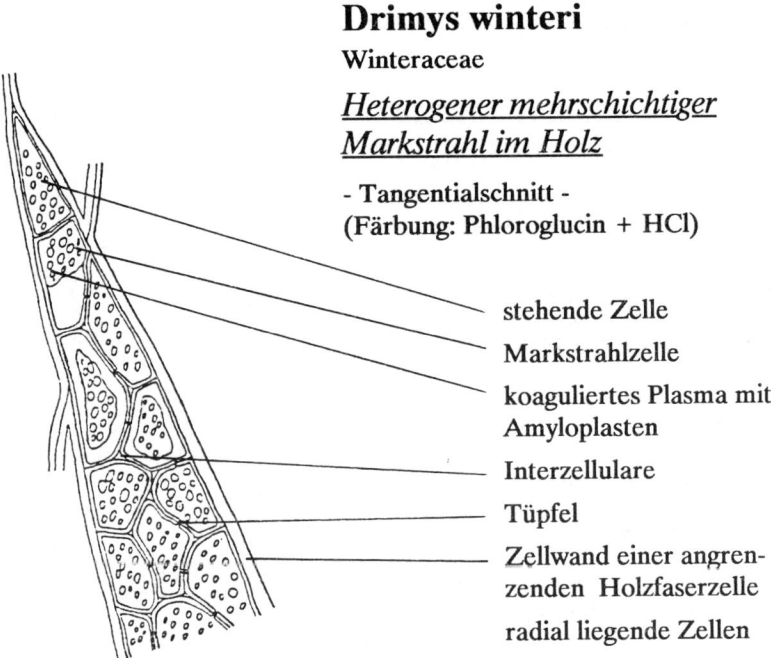

stehende Zelle

Markstrahlzelle

koaguliertes Plasma mit Amyloplasten

Interzellulare

Tüpfel

Zellwand einer angrenzenden Holzfaserzelle

radial liegende Zellen

Platanus hybrida

Platanaceae

Heterogener mehrschichtiger Markstrahl im Holz

- Tangentialschnitt -
(Färbung: Phloroglucin + HCl)

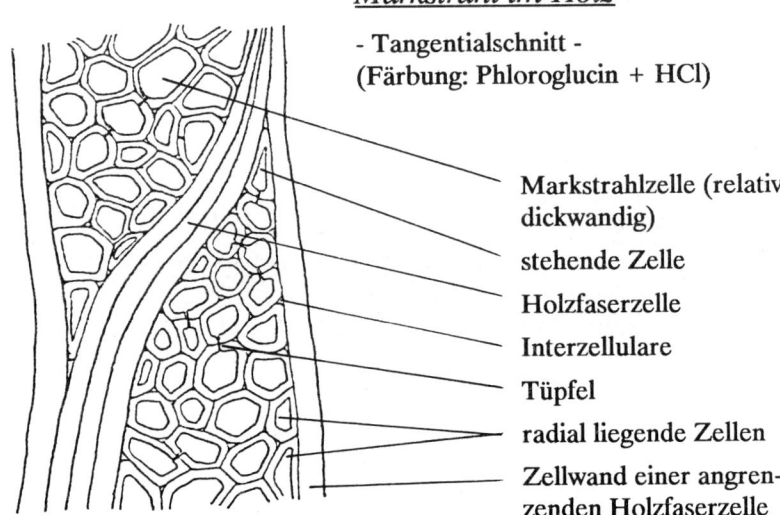

Markstrahlzelle (relativ dickwandig)

stehende Zelle

Holzfaserzelle

Interzellulare

Tüpfel

radial liegende Zellen

Zellwand einer angrenzenden Holzfaserzelle

Laburnum anagyroides

Fabaceae

Homogener mehrschichtiger Markstrahl im Holz

- Tangentialschnitt -
(Färbung: Phloroglucin + HCl)

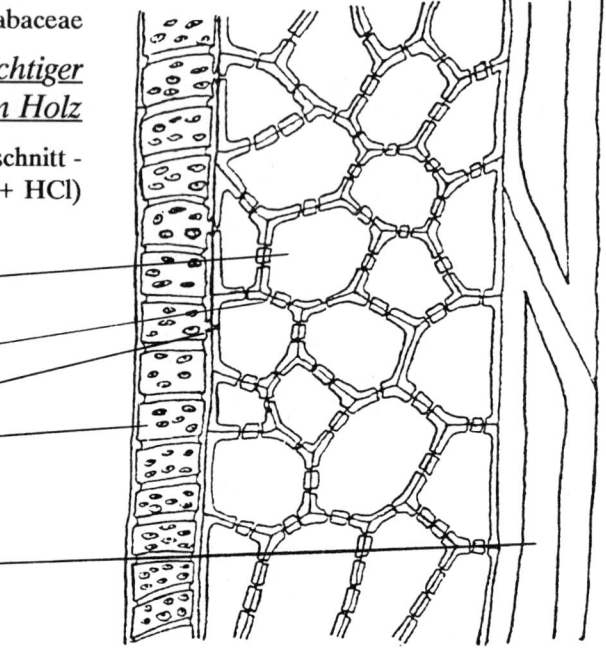

Markstrahlzelle
(stark getüpfelt)

einfacher Tüpfel

einseitig behofter Tüpfel

Tracheide mit ringförmi-
gen Wandversteifungen
und Hoftüpfeln

Holzfaserzelle mit
verstärkter Zellwand

Alnus incana

Betulaceae

Homogener einschichtiger Markstrahl im Holz

- Querschnitt -
(Färbung: Phloroglucin + HCl)

Markstrahlzelle mit
Amyloplasten

Holzfaserzelle mit
verdickten Zellwänden

einfacher Tüpfel

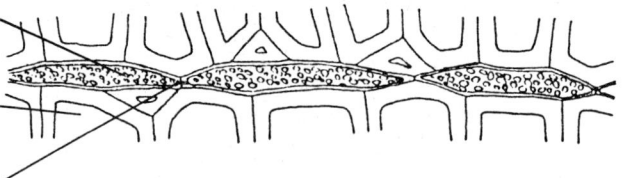

Betula pendula

Betulaceae

Homogener gemischter Markstrahl im Holz

(Färbung: Phloroglucin + HCl)

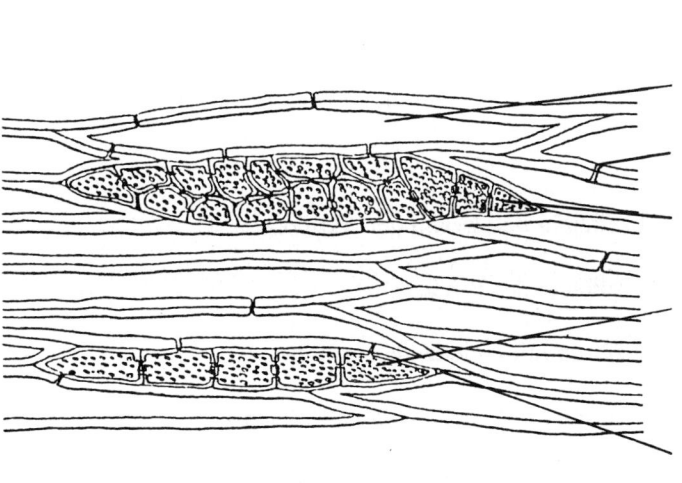

- Querschnitt -

mehrschichtiger Markstrahl

einschichtiger Markstrahl

(Markstrahlzellen dicht mit Amyloplasten angefüllt)

Interzellulare

Holzparenchymzelle (mit Amyloplasten)

Holzfaserzelle

einfacher Tüpfel

- Tangentialschnitt -

Holzfaserzelle

einfacher Tüpfel

mehrschichtiger Markstrahl

einschichtiger Markstrahl

(Zellen mit Amyloplasten dicht angefüllt)

Interzellulare

4.4 Leitungsbahnen für Assimilate

Im Gegensatz zu den Zellen der Wasserleitungssysteme enthalten die Zellen, in denen die Assimilate geleitet werden, lebende Protoplasten. Bei den Farnen und Gymnospermen sind es langgestreckte und an beiden Enden zugespitzte Siebzellen, die den Transport organischer Stoffe übernehmen. Bei den Angiospermen entstehen durch inäquale Teilung jeweils aus einer Mutterzelle eine Siebröhre und eine Geleitzelle. Letztere streckt sich prosenchymatisch und kann sich mehrfach querteilen. Geleitzellen sind viel englumiger als die Siebröhren, sehr plasmareich und besitzen große, zuweilen hochpolyploide Zellkerne. Ihre mitochondrienreichen Protoplasten stehen über viele Plasmodesmen mit den Protoplasten der Siebröhren in engster Verbindung. Die Siebröhren haben einen ähnlichen Aufbau wie die Gefäße, sie besitzen jedoch immer einen lebenden Protoplasten, dessen Kern und Tonoplast allerdings frühzeitig aufgelöst werden. Das Plasma lockert sich auf und bildet ein Maschenwerk aus röhrenförmigen Eiweißfibrillen. Ihre Zellwand besteht aus Zellulose. Sie ist nie verholzt, erreicht aber z.T. eine beträchtliche Dicke, jedoch selten an den Querwänden. Ihren Namen haben sie, ebenso wie die Siebzellen, von den lokalen siebartigen Durchbrechungen der Quer- und Längswände. Bei hochentwickelten Pflanzen sind die Siebfelder in den Längswänden zurückgebildet, nur noch in den Querwänden finden sich Siebplatten bei gleichzeitiger Vergrößerung des Durchmessers der Siebröhren. Bei Cucurbitaceen kommen beispielsweise sehr große Siebporen in den Querwänden der besonders weitlumigen Siebröhren vor. Sie stellen sekundäre direkte Verbindungen dar; die Schließhaut in den Poren ist aufgelöst. Am Ende der Vegetationsperiode wird die Siebplatte durch einen Kallosepfropf verschlossen, der im Frühjahr wieder aufgelöst werden kann. Meist werden aber neue Siebröhren angelegt, da die alten kollabieren (Siebröhrenkollaps).

Bei Pflanzen mit sekundärem Dickenwachstum befinden sich die Siebröhren im sekundären Phloem, das bei langlebigen Pflanzen sehr umfangreich ist und den Bast oder die sekundäre Rinde bildet. Neben den Siebröhren und ihren Geleitzellen finden sich dort u.a. Bastparenchymzellen, die Reservestoffe speichern und die Verbindung zu den Markstrahlen herstellen sowie Sklerenchymzellen mit Stützfunktion.

Objekte

- *Psilotum nudum:* (Psilotaceae)	Siebzellen in den Ecken der Aktinostele
- *Pinus sylvestris:* (Pinaceae)	Siebzellen in der Rinde
- *Magnolia soulangiana:* (Magnoliaceae)	Siebröhren mit Geleitzellen im Phloem
- *Lagenaria siceraria:* (Cucurbitaceae)	Siebröhren mit Geleitzellen im Phloem
- *Tilia cordata:* (Tiliaceae)	Siebröhren mit Geleitzellen im Bast

Psilotum nudum
Psilotaceae

Siebzellen in den Ecken der Aktinostele

- Querschnitt -
(Färbung: Iod-Kaliumiodid)

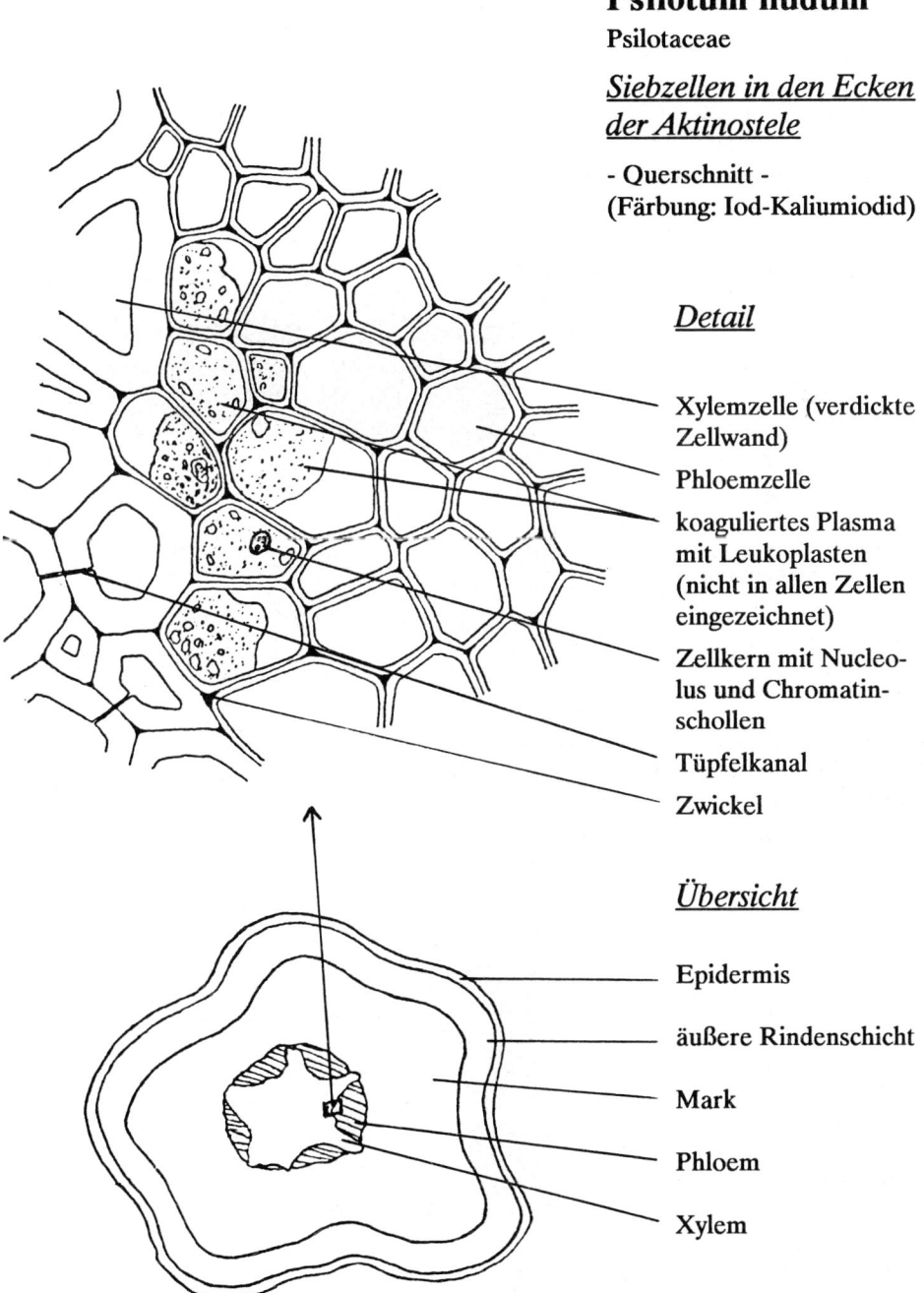

Detail

Xylemzelle (verdickte Zellwand)

Phloemzelle

koaguliertes Plasma mit Leukoplasten (nicht in allen Zellen eingezeichnet)

Zellkern mit Nucleolus und Chromatinschollen

Tüpfelkanal

Zwickel

Übersicht

Epidermis

äußere Rindenschicht

Mark

Phloem

Xylem

Pinus sylvestris
Pinaceae
Siebzellen in der Rinde
- Querschnitt -

Siebzelle mit
Gerbstoffen
(Phlobaphene)

Siebzellen

Markstrahlzelle
mit Leukoplasten
und Amyloplasten

Kambium

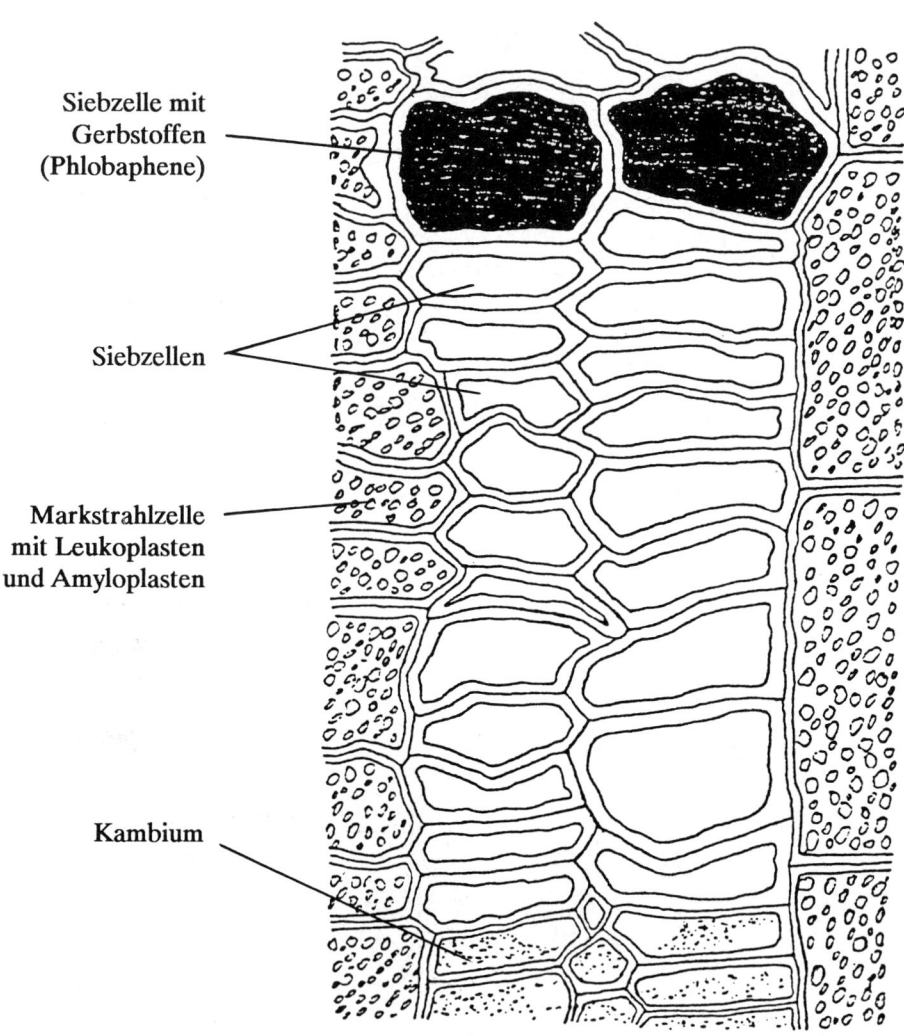

Magnolia soulangiana
Magnoliaceae

Siebröhren mit Geleitzellen im Phloem

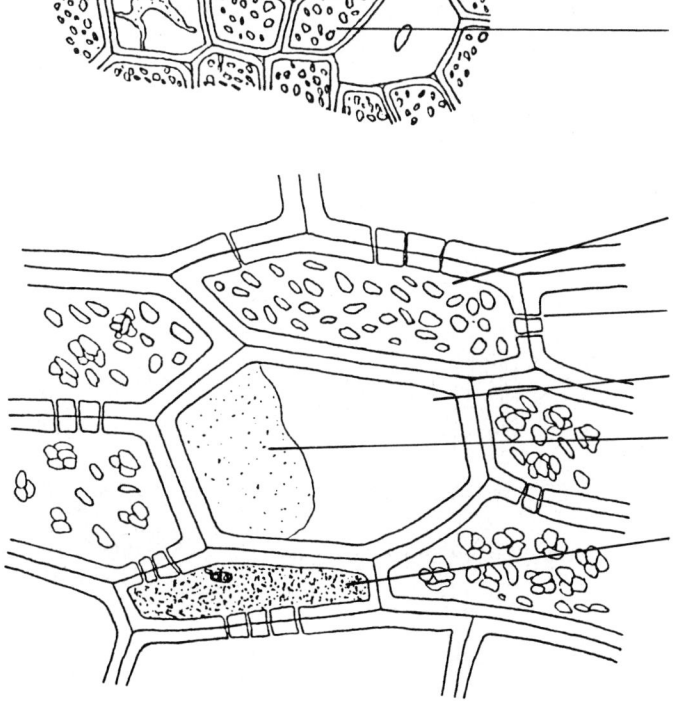

- Querschnitt -

Bastfaserzelle (sehr englumig)

Bastparenchymzelle mit Amyloplasten

Siebröhre mit koaguliertem Plasma

Tüpfel mit Plasmodesmen

Geleitzelle, sehr plasmareich

Bastparenchym

- Radialschnitt -

Bastparenchymzelle mit Stärkekörnern

einfacher Tüpfel

Siebröhre

Kallosepfropf (verstopft die Siebplatte)

Geleitzelle mit Kern und sehr dichtem Plasma

Lagenaria siceraria
Cucurbitaceae

Siebröhren mit Geleit-zellen im Phloem

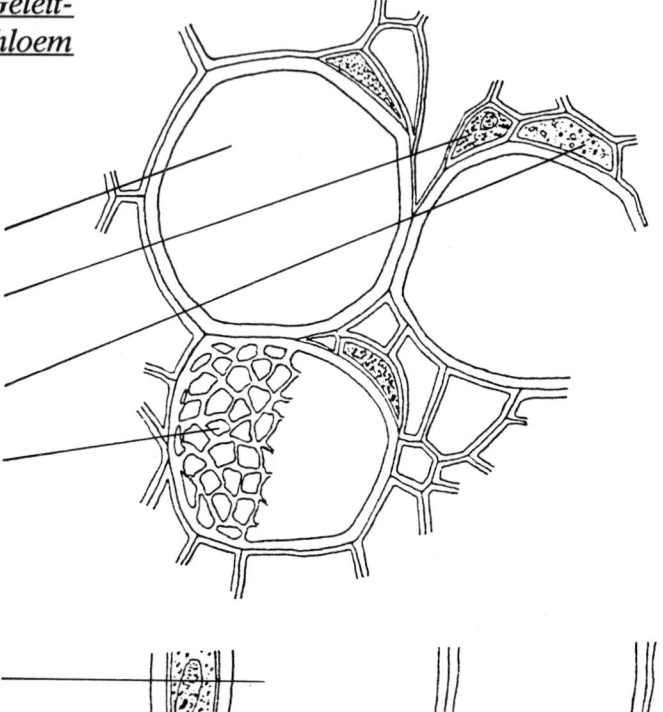

- Querschnitt -

Siebröhre

Geleitzelle mit
Zellkern und Plasma

Bastparenchymzelle

angeschnittene
Querwand
mit Siebporen

- Längsschnitt -

Siebröhre

Geleitzelle
mit Plasma

Zellkern einer
Geleitzelle

Querwand, siebartig
durchbrochen

Kallosepfropfen

Zellwand einer
angrenzenden
Parenchymzelle

Tilia cordata
Tiliaceae

Siebröhren mit Geleit-zellen im Phloem

- Querschnitt -

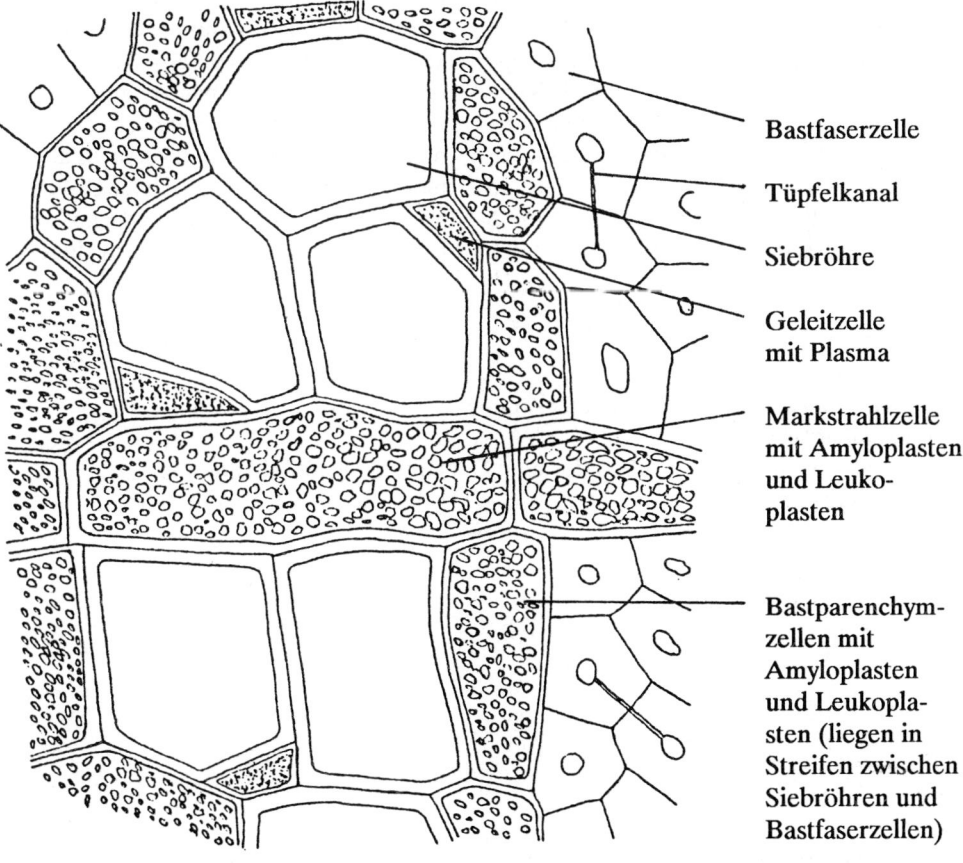

Bastfaserzelle

Tüpfelkanal

Siebröhre

Geleitzelle
mit Plasma

Markstrahlzelle
mit Amyloplasten
und Leuko-
plasten

Bastparenchym-
zellen mit
Amyloplasten
und Leukopla-
sten (liegen in
Streifen zwischen
Siebröhren und
Bastfaserzellen)

5. Bildungsgewebe

Bildungsgewebe oder Meristem sitzt an der Spitze des Sprosses, meist in kugeliger Form, als Apikal- oder Urmeristem (Vegetationskegel). Bei den Dikotyledonen ist sein äußerster Bereich mehrschichtig (bis zu sechs Schichten). Dort werden die Blattanlagen gebildet und die Seitenknospen in den Blattachseln. Unter der äußersten Schicht, der Tunica, liegt der vielschichtige Corpus. In der Tunica treten nur antikline Teilungen auf. Im Corpus können sich die Zellen sowohl antiklin als auch periklin teilen. Die Blattanlagen bilden sich in akropetaler Richtung aus und legen sich schützend über den Vegetationskegel.Auch Zellen, die bereits ausdifferenziert waren, können ihre Teilungsfähigkeit wiedererhalten. In diesem Fall spricht man von Folgemeristem. Beispiele dafür sind das Kambium zwischen den Leitbündeln (interfaszikuläres Kambium) oder das Korkkambium. Bei *Sambucus* erhalten beispielsweise subepidermale Zellen ihre Teilungsfähigkeit wieder und bilden Korkschichten.

Das Kambium kann entweder nur nach außen Zellen abgeben (Bsp. Korkkambium von *Sambucus*) oder nach innen und außen, wie etwa das Kambium innerhalb von Leitbündeln oder zwischen diesen. In den Leitbündeln differenzieren sich die Zellen nach innen zum Holzteil und nach außen zum Bastteil, dazwischen zu Markstrahlgewebe.

Objekte

- *Elodea canadensis:*   Apikalmeristem
  (Hydrocharitaceae)
- *Sambucus nigra:*   Subepidermale Entstehung des Korkkambiums
  (Caprifoliaceae)

Elodea canadensis

Hydrocharitaceae

Apikalmeristem

- Längsschnitt -

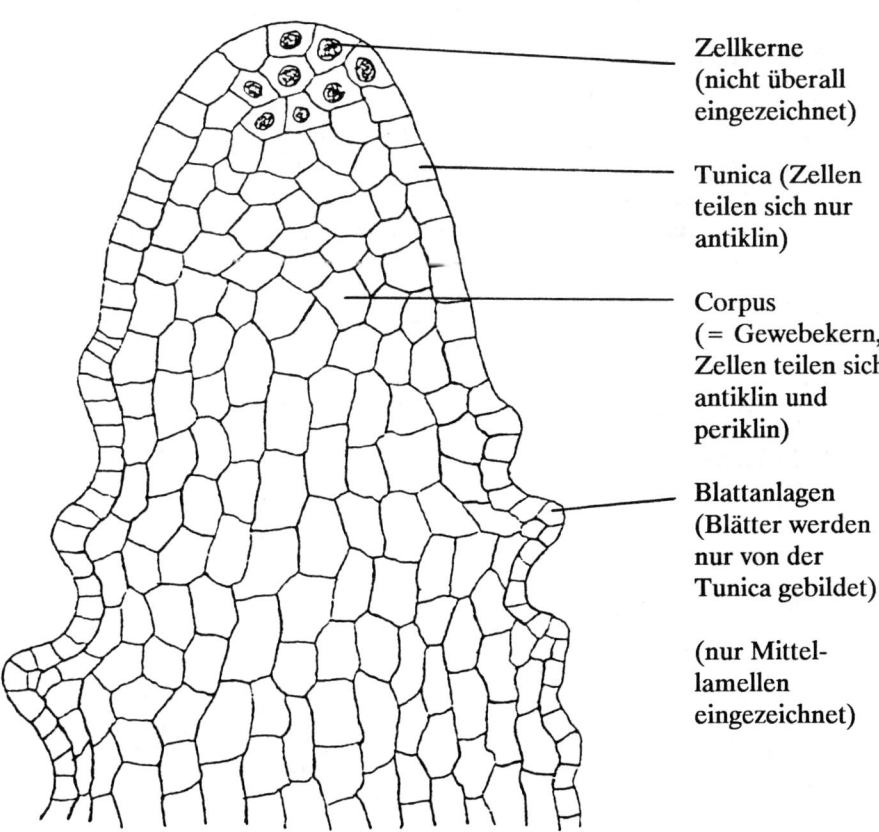

Zellkerne
(nicht überall
eingezeichnet)

Tunica (Zellen
teilen sich nur
antiklin)

Corpus
(= Gewebekern,
Zellen teilen sich
antiklin und
periklin)

Blattanlagen
(Blätter werden
nur von der
Tunica gebildet)

(nur Mittel-
lamellen
eingezeichnet)

Sambucus nigra
Caprifoliaceae

Folgemeristem - subepidermale Entstehung des Korkkambiums

- Querschnitt -

Junges Stadium

Cuticula und cutinisierte
Schicht

Epidermis

verdickte Tangentialwand
(oberer Teil der
periklin abgeteilten
Plattenkollenchymzelle)

Phellem

Phellogen

unterer Teil der
periklin abgeteilten
Plattenkollenchymzelle

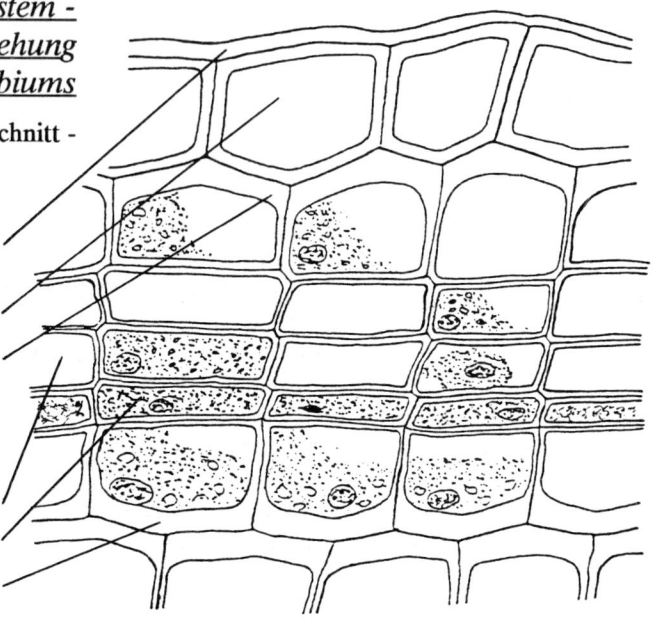

Älteres Stadium

Epidermis abgerissen

oberer Teil der
periklin abgeteilten
Plattenkollenchymzelle

Phellem

Phellogen

unterer Teil der
periklin abgeteilten
Plattenkollenchymzelle

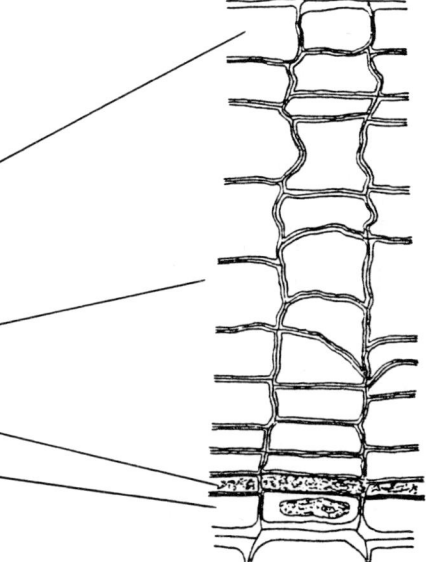

IV. Organe der Pflanze

1. Das Blatt

Blätter entstehen als exogene Ausstülpungen am Vegetationskegel. In der Regel beteiligt sich nur die Tunica an ihrer Bildung. Sie sind dorsiventral angelegt, die Oberseite wird als Bauchseite und die Unterseite als Rückenseite bezeichnet. Aus den Geweben des Oberblattes entstehen Blattstiel und Blattspreite, aus den Geweben des Unterblattes Blattgrund und Nebenblätter. In Ausnahmefällen kann auch der Blattstiel aus dem Unterblatt gebildet werden. Beim Wachsen eines Blattes wird zuerst die Spreite voll ausgebildet, dann erst der Stiel. Junge Blätter können daher als sitzend angesehen werden.

Die Hauptfunktionen des Blattes sind die Photosynthese, die Ableitung der Assimilate und die Abgabe von Wasserdampf. Dementsprechend besteht das Blatt zu 90% aus Assimilationsgewebe (Mesophyll) und zu 10% aus Leitgewebe, das in den Blattrippen (Costae) eingelagert ist. Die Intercostalfelder zwischen den Blattrippen sind wiederum von kleinen Venen (Nerven) durchzogen.

1.1 Nervatur des Blattes

Bei der Nervatur unterscheidet man verschiedene Typen. Bei der offenen Gabeladerung haben die Adern keine Querverbindungen (Bsp.: *Ginkgo biloba*, einige Farne). Bei der Parallelnervatur stehen die parallel verlaufenden Nerven durch feine Querverbindungen (Kommissuralnerven) untereinander in Kontakt. Eine Abwandlung davon ist die Bogennervatur mit einer Art Mittelrippe. Es handelt sich jedoch nicht um eine echte Mittelrippe, da die Nerven in ihr parallel verlaufen und durch Aerenchym voneinander getrennt sind. Eine echte Mittelrippe (Medianus) tritt bei der geschlossenen Nervatur auf. Die Costae münden alle in einen Randnerv und sind durch netzartige Verzweigungen untereinander verbunden (Bsp.: Magnoliatae). Die feinsten Verzweigungen enden immer in Tracheidenform frei im Mesophyll.

Objekte

- *Ginkgo biloba:* (Ginkgoaceae)	Offene Gabeladerung
- *Agapanthus africanus:* (Liliaceae)	Parallelnervatur
- *Zantedeschia aethiopica:* (Araceae)	Bogennervatur
- *Syringa vulgaris:* (Oleaceae)	Blattaderung mit frei endenden Nerven
- *Impatiens parviflora:* (Balsaminaceae)	Freie Nervenendigung im Parenchym

Ginkgo biloba
Ginkgoaceae
Offene Gabeladerung
- Übersicht -

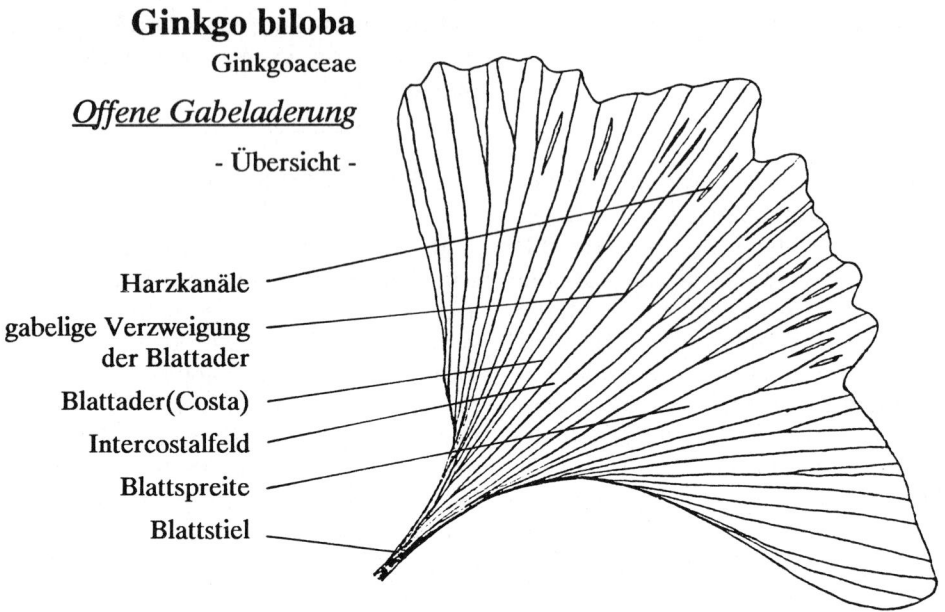

Harzkanäle

gabelige Verzweigung
der Blattader

Blattader(Costa)

Intercostalfeld

Blattspreite

Blattstiel

Agapanthus africanus
Liliaceae
Parallelnervatur
- Aufsicht -

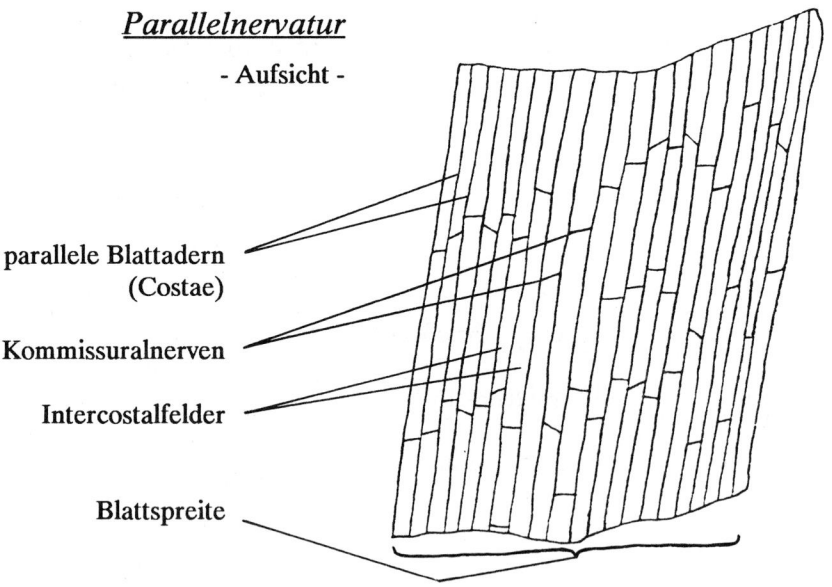

parallele Blattadern
(Costae)

Kommissuralnerven

Intercostalfelder

Blattspreite

Zantedeschia aethiopica

Araceae

Bogennervatur

- Aufsicht -

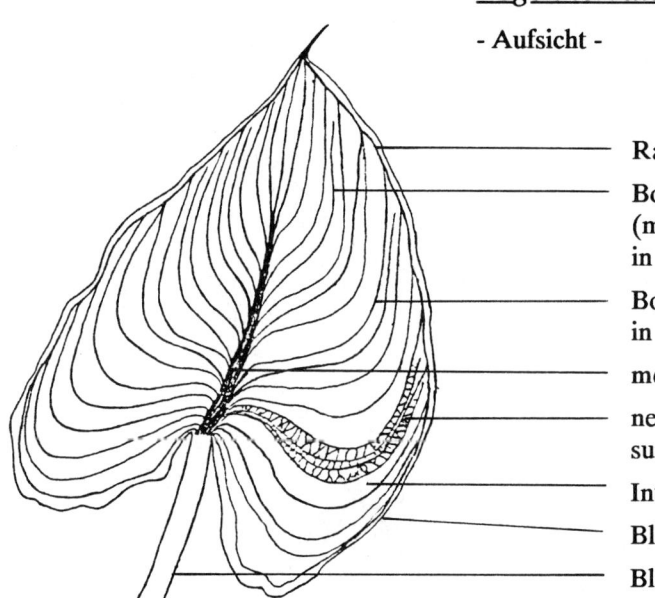

Randader

Bogennerv
(mündet nicht
in die Randader)

Bogennerv (mündet
in die Randader)

medianer Scheinnerv

netzartige Kommis-
suralnerven

Intercostalfeld

Blattspreite

Blattstiel

Querschnitt durch den medianen Nerv

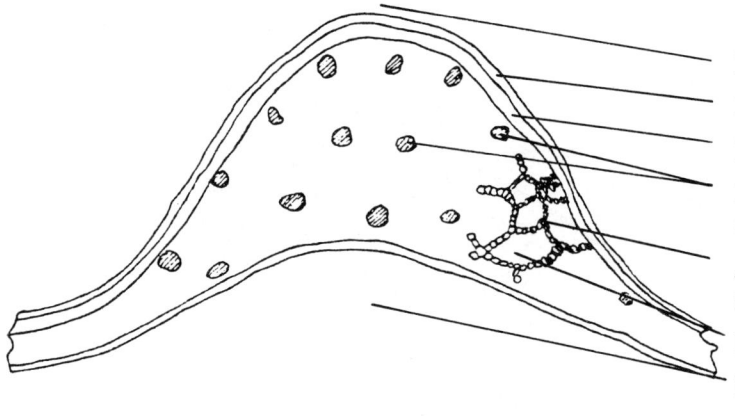

Blattunterseite

Epidermis

Eckenkollenchym

Leitbündel
(Blattnerven)

Aerenchym (nur
teilweise dargestellt)

Lakunen

Blattoberseite

Syringa vulgaris
Oleaceae

Blattaderung mit frei endenden Nerven

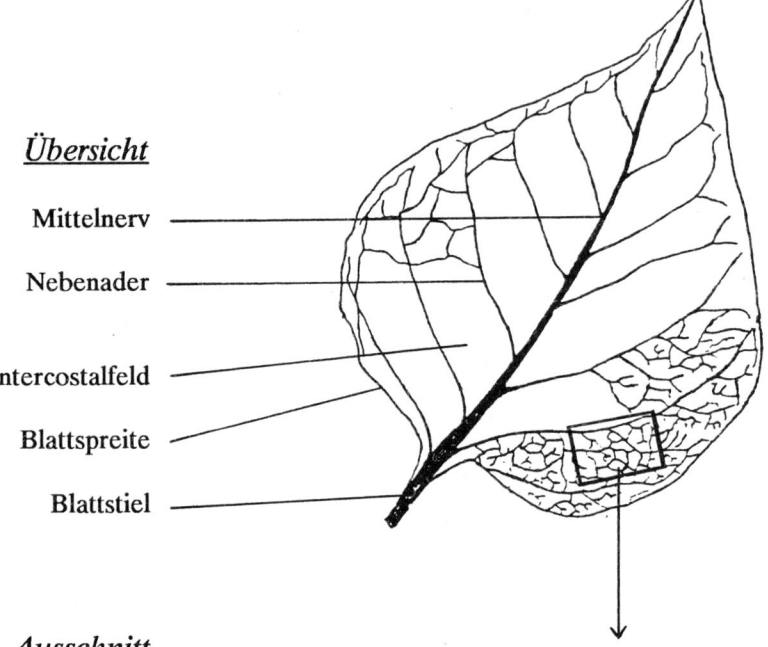

Übersicht

Mittelnerv

Nebenader

Intercostalfeld

Blattspreite

Blattstiel

Ausschnitt

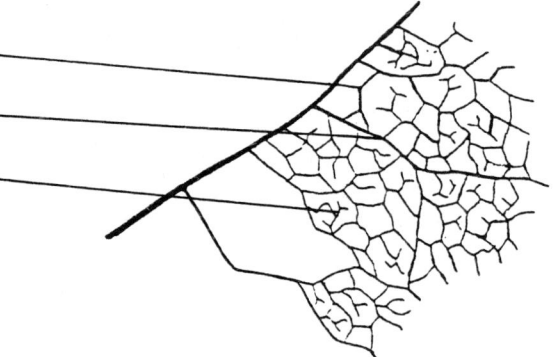

Nebenader

Kommissuralnerv

frei im Parenchym
endender Blattnerv

Impatiens parviflora
Balsaminaceae

Freie Nervenendigungen im Parenchym

- Flächenschnitt -
(Färbung: Phloroglucin + HCL)

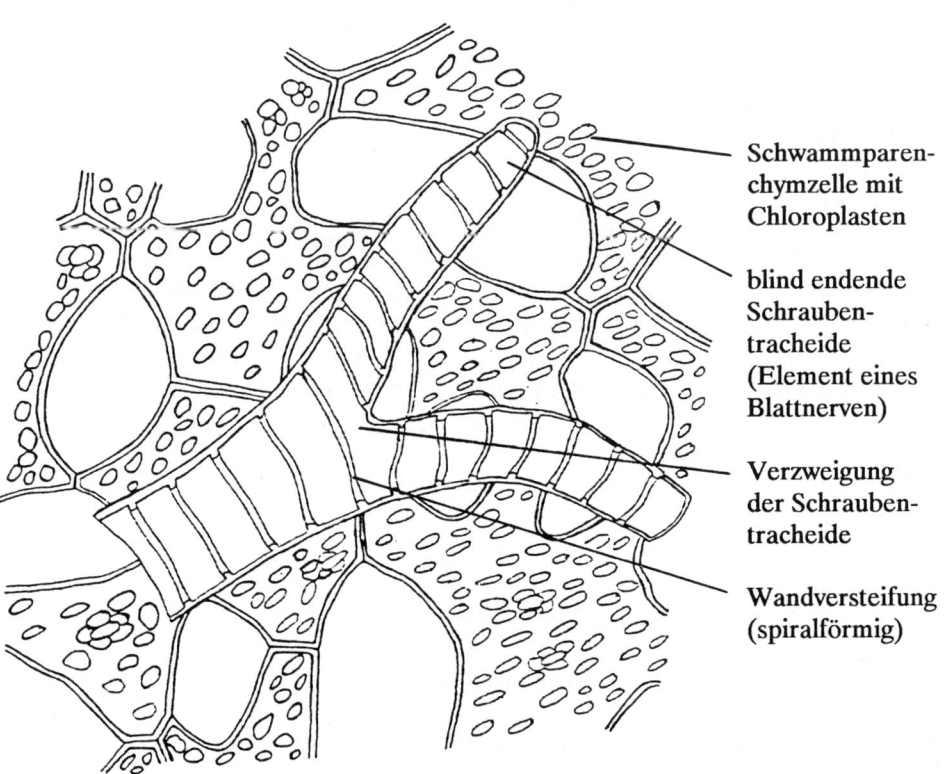

Schwammparen-
chymzelle mit
Chloroplasten

blind endende
Schrauben-
tracheide
(Element eines
Blattnerven)

Verzweigung
der Schrauben-
tracheide

Wandversteifung
(spiralförmig)

1.2 Blatttypen

Ober- und Unterseite eines Blattes werden meist von einschichtigen Epidermen abgeschlossen. Dazwischen liegen Mesophyll und Leitgewebe. Letztere sind wiederum von Sklerenchymgewebe umgeben. Die Ausdifferenzierung der Blätter ist abhängig von Lichtmenge und Wasserangebot im Lebensraum einer Pflanze. Eine zentrale Rolle für die Abgabe von Wasserdampf und den Austausch der Atemgase spielen die Spaltöffnungen. In der Regel liegen sie in der Epidermis der Unterseite.

Je nachdem, wie die Gewebe im Blattinnern angeordnet sind, unterscheidet man verschiedene Blatttypen:

- Im **'bifazialen Blatt'** liegen im Mesophyll das Palisadenparenchym oben und das Schwammparenchym unten, das Xylem im Leitbündel oben und das Phloem unten.
- Im **'invers bifazialen Blatt'** sind die Verhältnisse im Mesophyll umgedreht, das Palisadenparenchym liegt unten und das Schwammparenchym oben (z.B. bei Blättern, die eng dem Sproß anliegen).
- Das **'äquifaziale Blatt'** besitzt außen rundherum Palisadenparenchym und im Innern Schwammparenchym (z.B. Blätter der Kompaßpflanze). Abwandlungen davon sind das 'äquifaziale Rundblatt', bei dem das Mesophyll zu wasserspeicherndem Gewebe umgewandelt ist und die Interzellularen eingeengt sind sowie das 'subäquifaziale Blatt' mit mehr Palisadenparenchymschichten an der Oberseite als an der Unterseite.
- Beim **'unifazialen Blatt'** ist nur die morphologische Unterseite entwickelt. Da seine Entwicklung von einem invers bifazialen Blatt ausgeht, liegt außenherum eine Schicht Palisadenparenchym. Das unifaziale Rundblatt ist zylindrisch bis fadenförmig und das unifaziale Flachblatt schwertförmig gestaltet (z.B. bei *Iris*).

Objekte

- *Fagus sylvatica:* (Fagaceae)	Bifaziales Blatt
- *Cupressus sempervirens:* (Cupressaceae)	Invers bifaziales Blatt
- *Callistemon citrinus:* (Myrtaceae)	Äquifaziales Blatt
- *Eucalyptus globulus:* (Myrtaceae)	Subäquifaziales Blatt mit lysigenem Sekretbehälter
- *Sedum album:* (Crassulaceae)	Äquifaziales Rundblatt
- *Hypericum perforatum:* (Hypericaceae)	Bifaziales Blatt mit schizogenem Sekretbehälter
- *Allium schoenoprasum:* (Liliaceae)	Unifaziales Rundblatt
- *Iris pumila:* (Iridaceae)	Unifaziales Flachblatt

Fagus sylvatica

Fagaceae

Bifaziales Blatt

- Querschnitt -

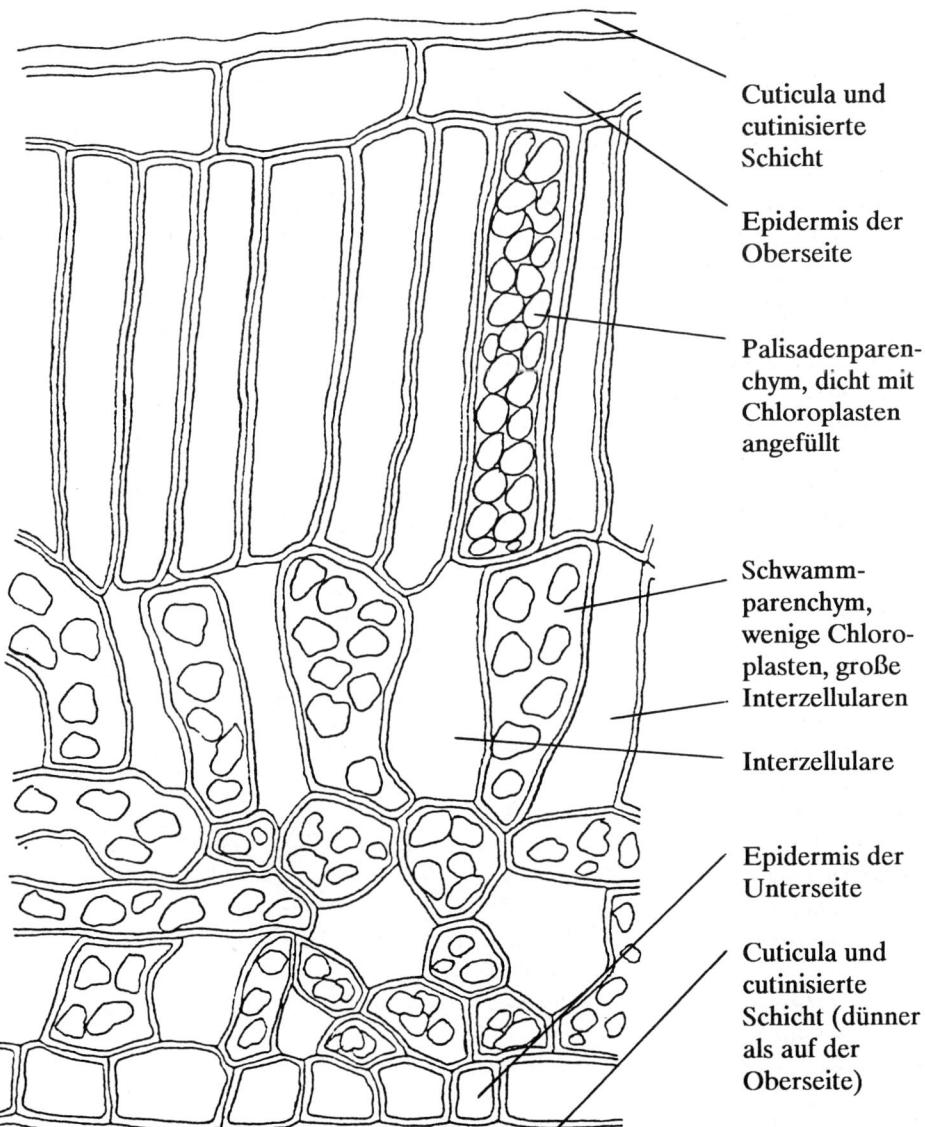

Cuticula und
cutinisierte
Schicht

Epidermis der
Oberseite

Palisadenparen-
chym, dicht mit
Chloroplasten
angefüllt

Schwamm-
parenchym,
wenige Chloro-
plasten, große
Interzellularen

Interzellulare

Epidermis der
Unterseite

Cuticula und
cutinisierte
Schicht (dünner
als auf der
Oberseite)

Cupressus sempervirens

Cupressaceae

Invers bifaziales Blatt

- Querschnitt -

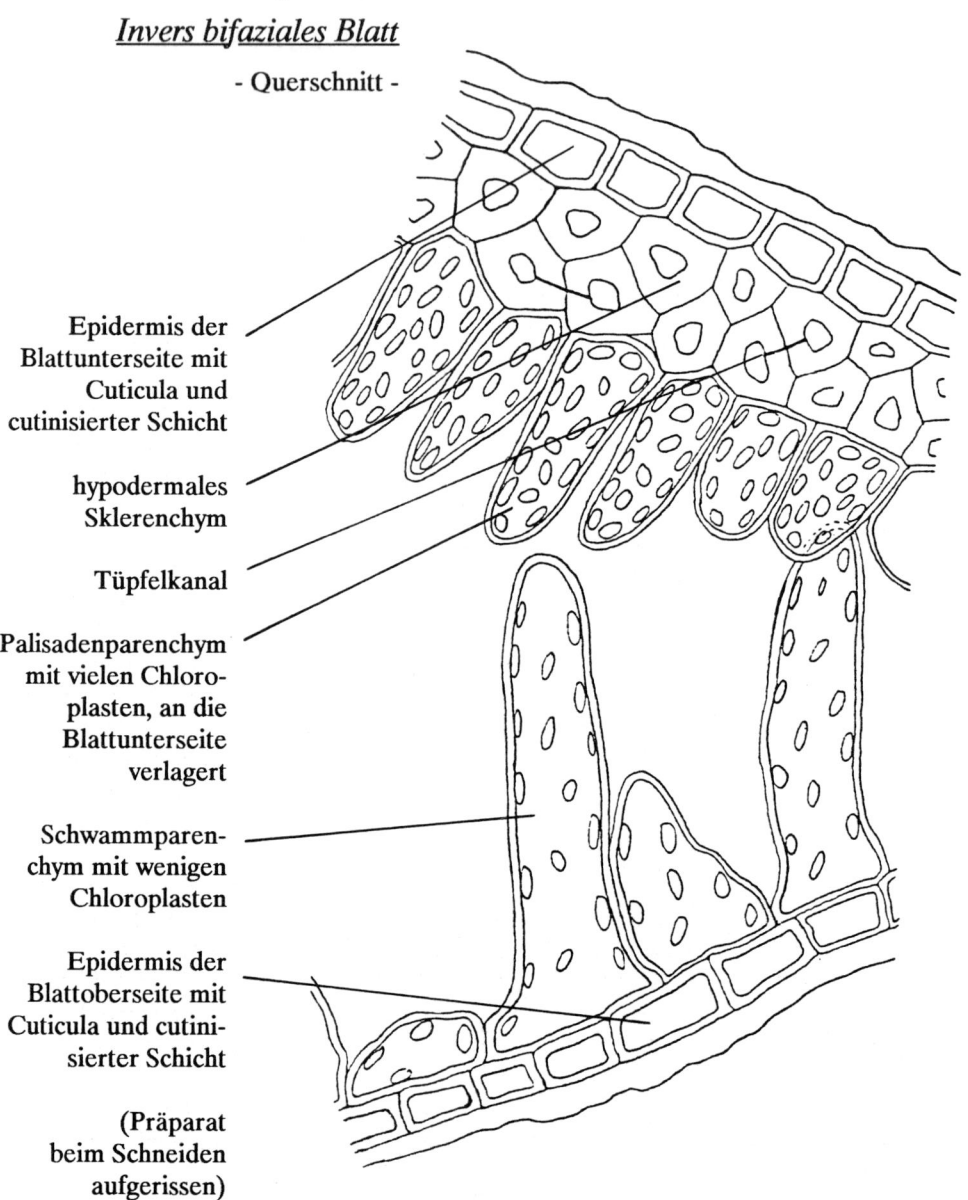

Epidermis der
Blattunterseite mit
Cuticula und
cutinisierter Schicht

hypodermales
Sklerenchym

Tüpfelkanal

Palisadenparenchym
mit vielen Chloro-
plasten, an die
Blattunterseite
verlagert

Schwammparen-
chym mit wenigen
Chloroplasten

Epidermis der
Blattoberseite mit
Cuticula und cutini-
sierter Schicht

(Präparat
beim Schneiden
aufgerissen)

Die Blätter liegen mit ihrer Oberseite dicht dem Sproß an. Da wenig Licht an die Oberseite kommt, wurde das Palisadenparenchym an die Blattunterseite verlagert.

Callistemon citrinus

Myrtaceae

Äquifaziales Blatt

- Querschnitt -

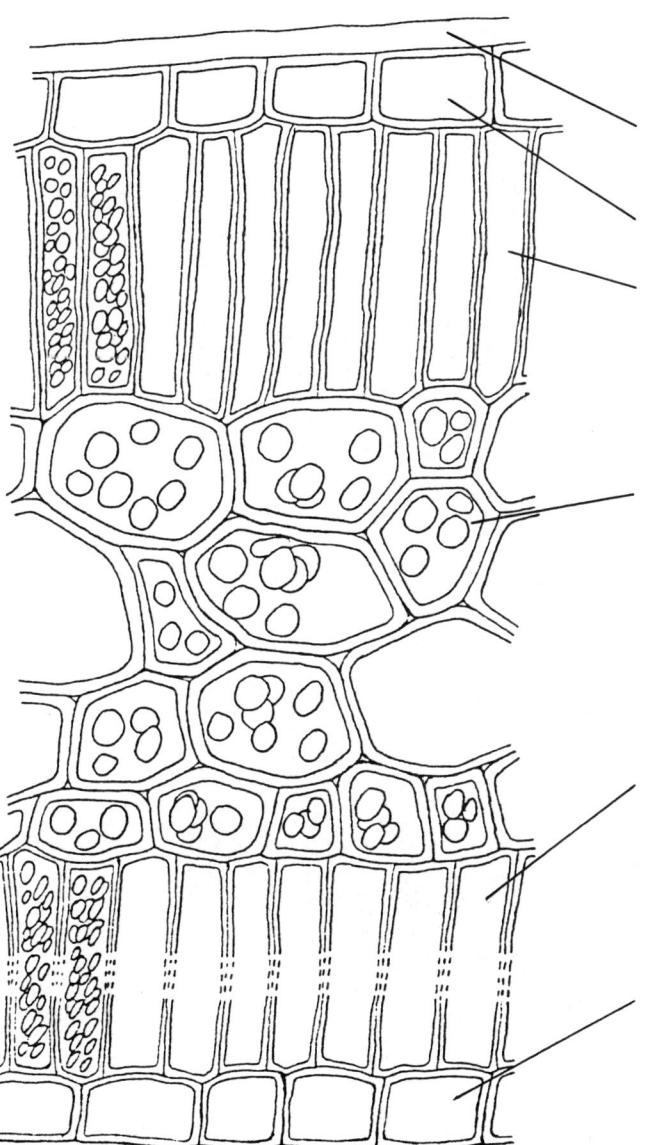

Cuticula und
cutinisierte Schicht

Epidermis

Palisadenparenchym,
Zellen dicht mit Chlo-
roplasten angefüllt

Schwammparenchym,
Zellen sekundär
erweitert, daher kleine
Interzellularen; Zellen
haben verdickte Zell-
wände und Speicher-
funktion, daher große
Amyloplasten

Palisadenparenchym,
Zellen dicht mit Chlo-
roplasten angefüllt
(Zellgröße etwa gleich
der des oberen Palisa-
denparenchyms)

Epidermis mit Cuticula
und cutinisierter Schicht

Eucalyptus globulus
Myrtaceae

Subäquifaziales Blatt mit lysigenem Ölbhälter

- Querschnitt -

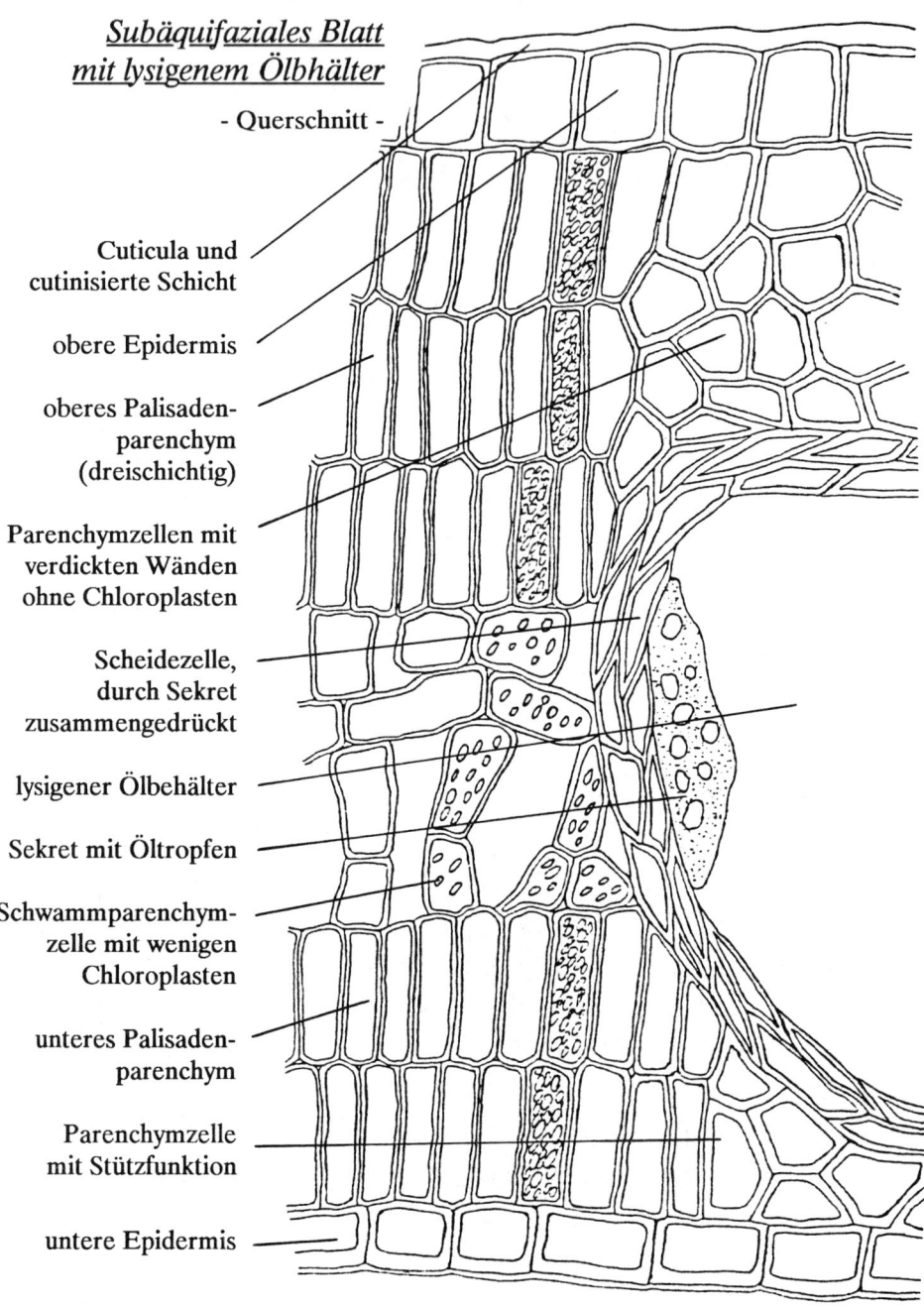

Cuticula und
cutinisierte Schicht

obere Epidermis

oberes Palisaden-
parenchym
(dreischichtig)

Parenchymzellen mit
verdickten Wänden
ohne Chloroplasten

Scheidezelle,
durch Sekret
zusammengedrückt

lysigener Ölbehälter

Sekret mit Öltropfen

Schwammparenchym-
zelle mit wenigen
Chloroplasten

unteres Palisaden-
parenchym

Parenchymzelle
mit Stützfunktion

untere Epidermis

Sedum album

Crassulaceae

Äquifaziales Rundblatt

- Querschnitt -

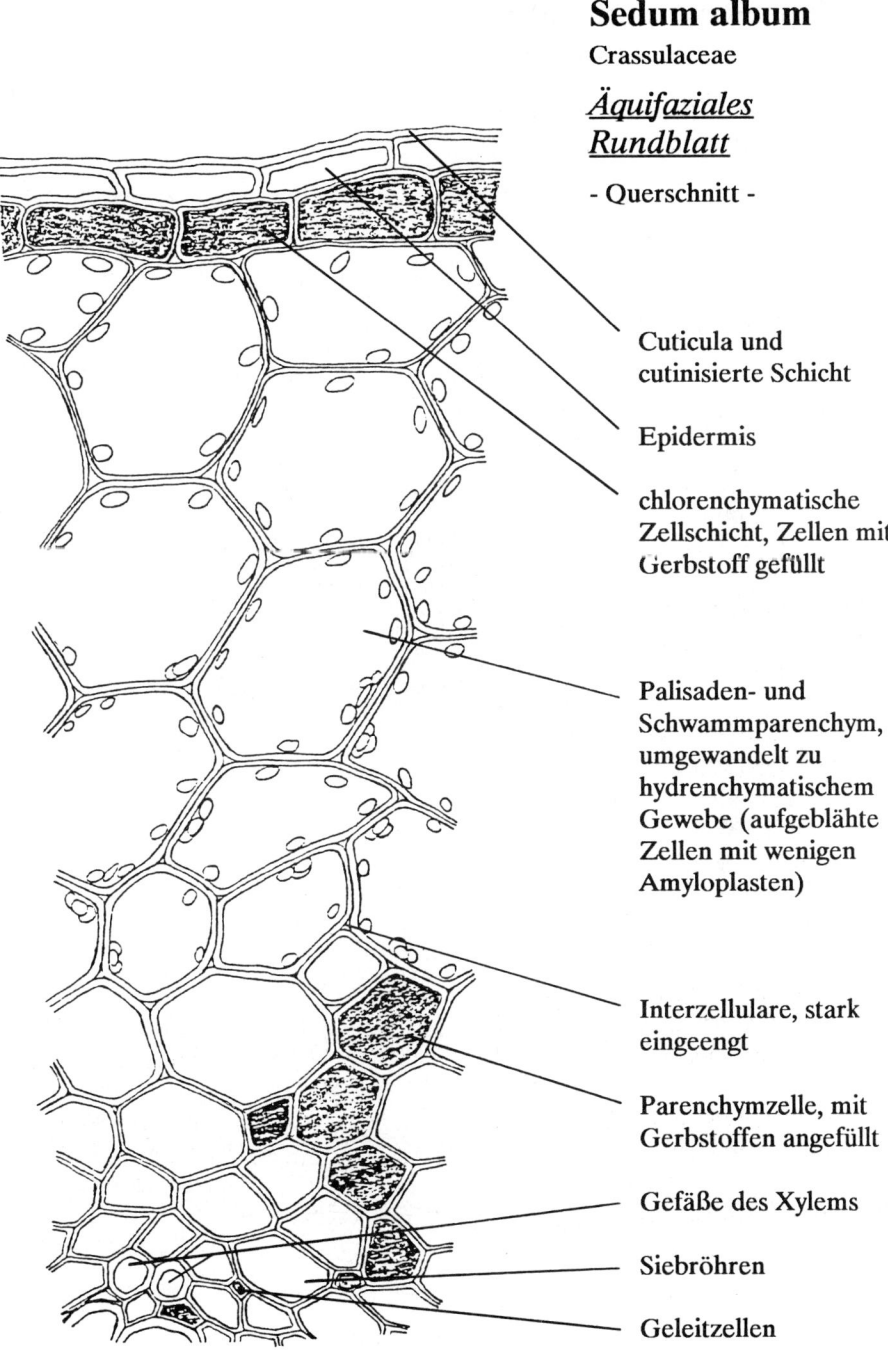

Cuticula und
cutinisierte Schicht

Epidermis

chlorenchymatische
Zellschicht, Zellen mit
Gerbstoff gefüllt

Palisaden- und
Schwammparenchym,
umgewandelt zu
hydrenchymatischem
Gewebe (aufgeblähte
Zellen mit wenigen
Amyloplasten)

Interzellulare, stark
eingeengt

Parenchymzelle, mit
Gerbstoffen angefüllt

Gefäße des Xylems

Siebröhren

Geleitzellen

Hypericum perforatum
Hypericaceae

Bifaziales Blatt mit schizogenem Ölbehälter

- Querschnitt -

Cuticula und cuti-
nisierte Schicht

obere Epidermis

Palisadenpar-
enchym, Zellen
dicht mit Chloro-
plasten gefüllt

Schwammparen-
chym, Zellen mit
wenigen
Chloroplasten

Interzellulare

sezernierende
Zelle, durch
Exkret zusam-
mengedrückt

schizogener
Ölbehälter

untere Epidermis

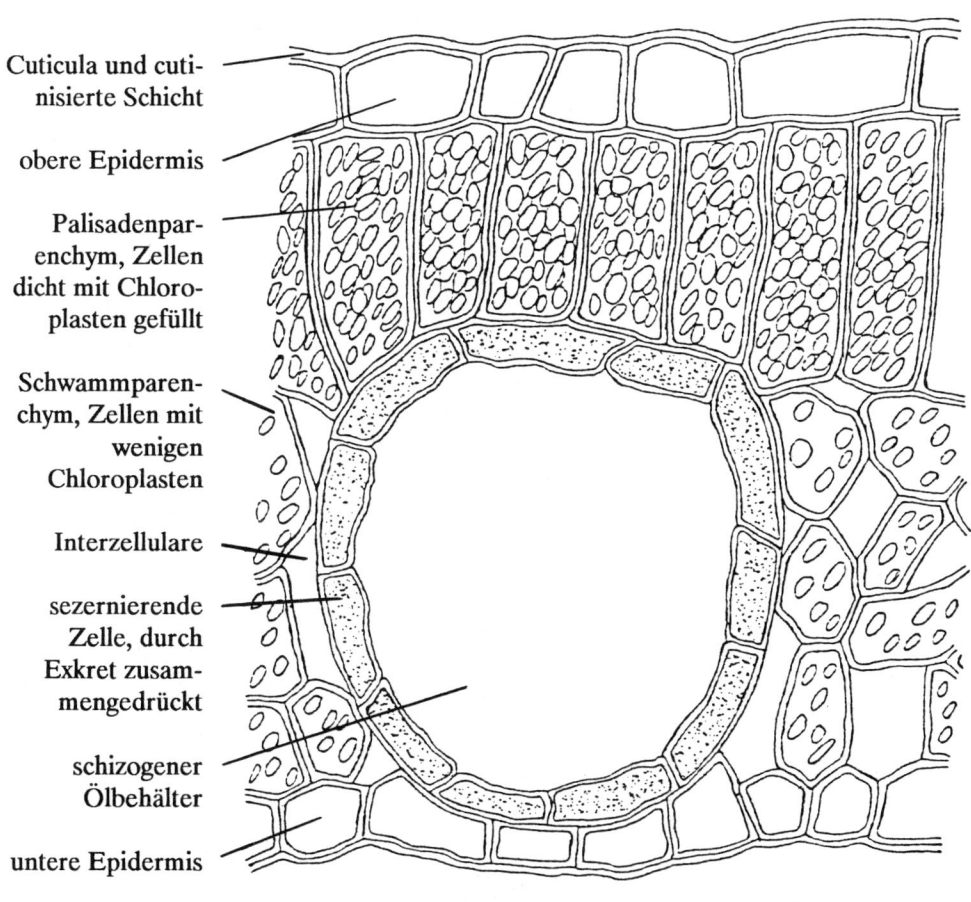

Allium schoenoprasum

Liliaceae

Unifaziales Rundblatt

- Querschnitt -

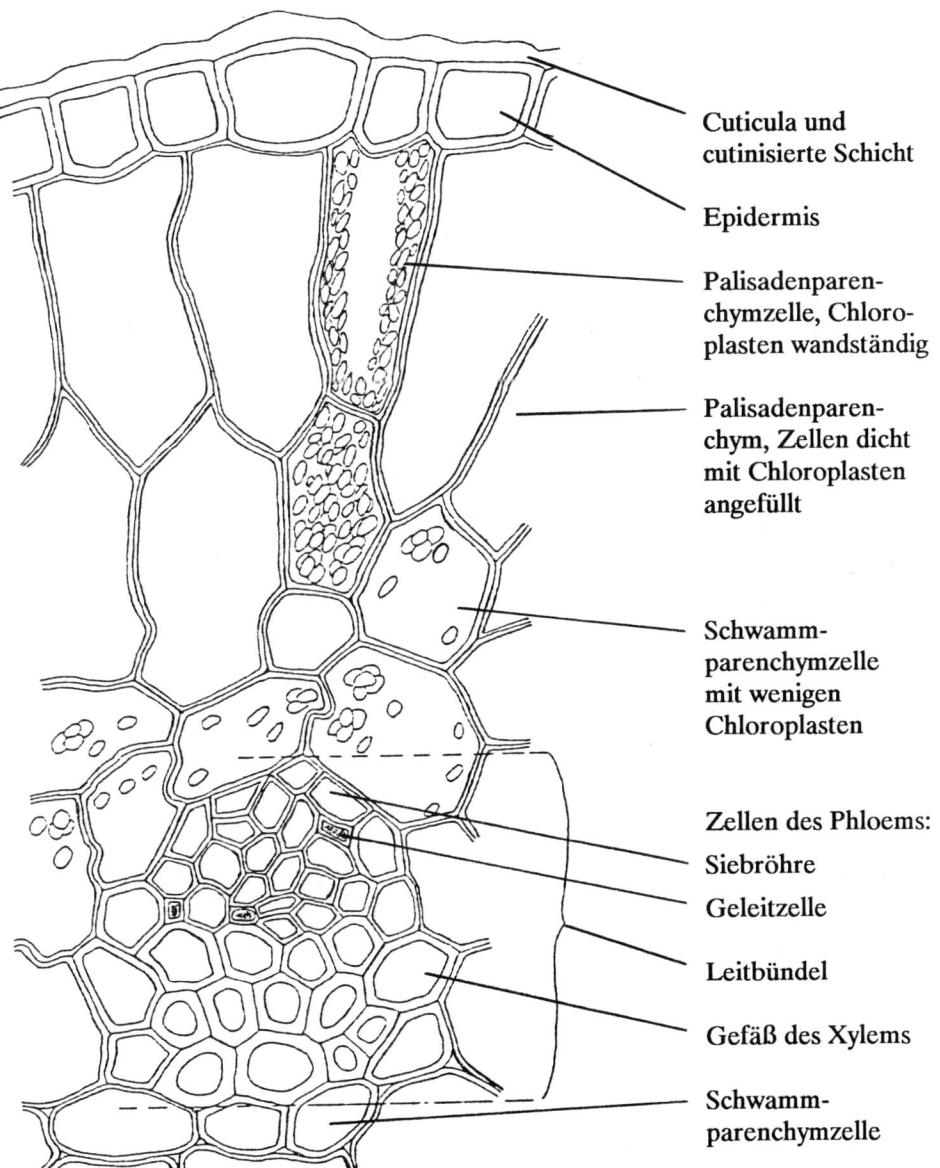

Cuticula und
cutinisierte Schicht

Epidermis

Palisadenparen-
chymzelle, Chloro-
plasten wandständig

Palisadenparen-
chym, Zellen dicht
mit Chloroplasten
angefüllt

Schwamm-
parenchymzelle
mit wenigen
Chloroplasten

Zellen des Phloems:

Siebröhre

Geleitzelle

Leitbündel

Gefäß des Xylems

Schwamm-
parenchymzelle

Iris pumila
Iridaceae

Unifaziales Flachblatt

- Querschnitt -

Cuticula und
cutinisierte Schicht

Epidermis

koaguliertes Plasma
mit Chloroplasten

Mesophyll, Übergang
zwischen Palisaden-
und Schwamm-
parenchym nicht
eindeutig feststellbar

Die Gewebe setzen
sich im Querschnitt
spiegelbildlich bis zur
anderen
Epidermis fort

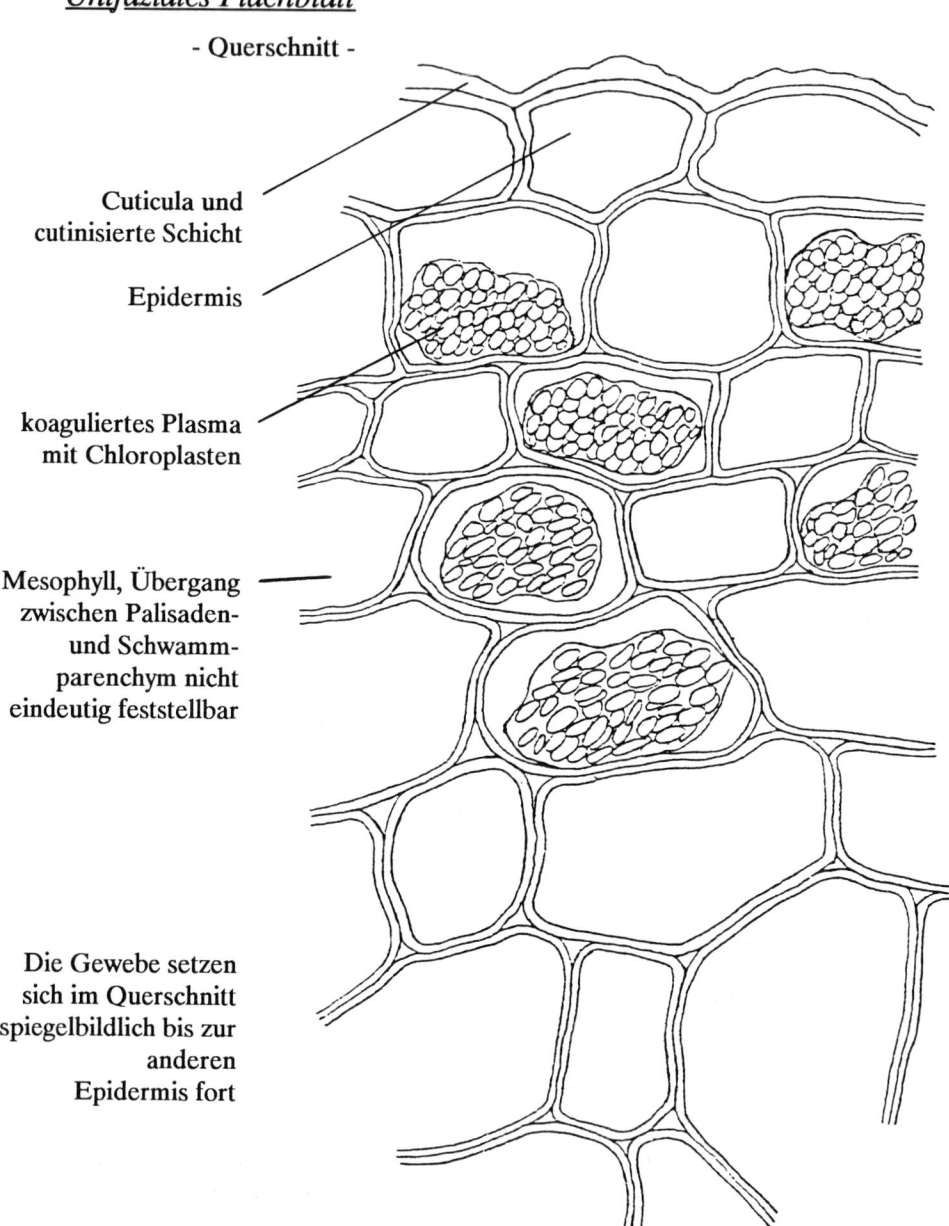

1.3 Spaltöffnungen

1.3.1 Aufbau und Typen

In der Regel liegen sie in der Epidermis der Unterseite (hypostomatische Blätter). Sie können aber auch auf der Oberseite (epistomatische Blätter) oder auf beiden Seiten (amphistomatische Blätter) liegen. Ihre Dichte kann beträchtlich sein: 200-400/mm^2 bis zu maximal ca. 1500/mm^2. Bei amphistomatischen Blättern liegen auf der Unterseite mehr Spaltöffnungen als auf der Oberseite, z.B. *Pisum* 100:220, *Zea mays* 95:160. Damit sie ihre Funktionen, Gasaustausch und Transpiration, erfüllen können, haben sie direkten Anschluß an das Interzellularennetz des Blattes. Das Öffnen und Schließen des Zentralspaltes wird durch Änderung des Turgordruckes in den Schließzellen bewirkt. Die Schwankungen des Turgordruckes werden bewirkt durch Licht, CO_2-Gehalt der Luft sowie den Dampfdruck in der Luft. Der Zentralspalt der Schließzellen mündet nach außen in den Vorhof und nach hinten in den Hinterhof. Beide Höfe sind im geschlossenen Zustand völlig voneinander getrennt. Der Hinterhof erweitert sich zu der größeren Atemhöhle, die durch das Auseinanderweichen der Zellen des Schwammparenchyms entstanden ist.

Vom Aufbau her können drei Spaltöffnungstypen unterschieden werden:

Der **Mnium-Typ** ist besonders bei Moosen und Farnen verbreitet. Die dem Spalt zugekehrten Bauchwände der beiden bohnenförmigen Schließzellen sind dünn, während die Rücken-, Außen- und Innenwände verdickt sein können. Bei Zunahme des Turgordruckes entfernen sich die Außen- und Innenwände voneinander, die Bauchwände weichen auseinander und geben den Spalt frei.

Beim **Poaceen-Typ**, der bei Süß- und Sauergräsern vorkommt, besitzen die Schließzellen eine annähernd hantelförmige Gestalt. Ihre erweiterten Enden sind dünnwandig. Das schmale mittlere Verbindungsstück hingegen hat stark verdickte Ober- und Unterwände. Nimmt durch Zuckerbildung bei der Assimilation der Turgor in den Schließzellen zu, so werden die dünnwandigen Enden prall gespannt. Dadurch rücken die starren Mittelstücke der Zellen zwangsläufig auseinander.

Der **Helleborus-Typ** findet sich bei zahlreichen Mono- und Dikotyledonen. Die Schließzellen sind wiederum bohnenförmig, wie beim Mnium-Typ. Im Gegensatz zu diesem ist jedoch die Bauchwand an ihrer oberen und unteren Seite durch zwei kräftige Verdickungsleisten verstärkt, während die Rückenwand relativ dünn und elastisch ausgebildet ist. Bei Zunahme des Turgordruckes weicht die elastische Rückenwand in Richtung auf die Nebenzellen zurück und zieht dabei die verstärkte und daher wenig elastische Bauchwand nach, so daß sich der Spalt öffnet. Dabei weichen die zumeist mit einem etwas verdünnten Gelenk in die Epidermis übergehenden Schließzellen gleichzeitig entweder nach oben oder nach unten ein wenig aus der Epidermisebene aus. Die Bewegung verläuft hier diagonal.

1.3.2 Rückbildungen

Die Spaltöffnungen können sekundär reduziert sein. Beispielsweise fallen bei Hochblättern, wie etwa der Spatha von *Arum maculatum*, die Spaltöffnungen aus, und an ihre Stelle treten Interzellularen (**Lückenepidermis**).

Wasserspalten (Hydathoden) entsprechen phylogenetisch den Spaltöffnungen. Die Schließzellen sterben früh ab, nachdem sich die Zellwand zum Zentralspalt hin stark verdickt hat. Dadurch bleibt der Spalt immer offen. Hydathoden sind verantwortlich für die Wasserausscheidung in Tröpfchenform (Guttation) und treten in Aktion, wenn bei starker Wasseraufnahme die Wasserabgabe über Transpiration nicht mehr ausreicht.

'Aktive Hydathoden' liegen gehäuft am Ende von Leitbündeln (Blattadern). Unterhalb der Wasserspalte liegt ein plasmareiches, fast interzellularenfreies Wasserdrüsengewebe (Epithem). Dieses ist aus dem Leitbündel entstanden. Schrauben- und Ringtracheiden münden frei in ihm ein. Es enthält keine Chloroplasten und ist von der Bündelscheide überzogen. Die Atemhöhle wird zu einer mit salzhaltigem Wasser gefüllten Höhle. Nach Verdunstung des Wassers außerhalb der Wasserspalte bleibt das Salz am Blattrand zurück und bildet z.T. kleine Schüppchen.

Bei 'passiven Hydathoden' ist der Bereich unterhalb der Wasserspalte aus einfachem, sehr interzellularenreichem Gewebe aufgebaut. Das Wasser wird durch einen einfachen Filtrationsvorgang ausgepreßt. Es liegt also kein Drüsengewebe vor. Passive Hydathoden kommen z.B. vor bei Frauenmantel, Kapuzinerkresse und Erdbeere.

Objekte

- *Polypodium spec.:*   Spaltöfnungen - Mnium-Typ
  (Polypodiaceae)
- *Zea mays:*   Spaltöffnungen - Poaceen-Typ
  (Poaceae)
- *Helleborus foetidus:*   Spaltöffnungen - Helleborus-Typ
  (Ranunculaceae)
- *Arum maculatum:*   Lückenepidermis in der Halsregion der Spatha
  (Araceae)
- *Tropaeolum majus:*   Passive Hydathode
  (Tropaeolaceae)
- *Saxifraga paniculata:*   Aktive Hydathode
  (Saxifragaceae)

Polypodium spec.

Polypodiaceae

Spaltöffnungen - Mnium-Typ

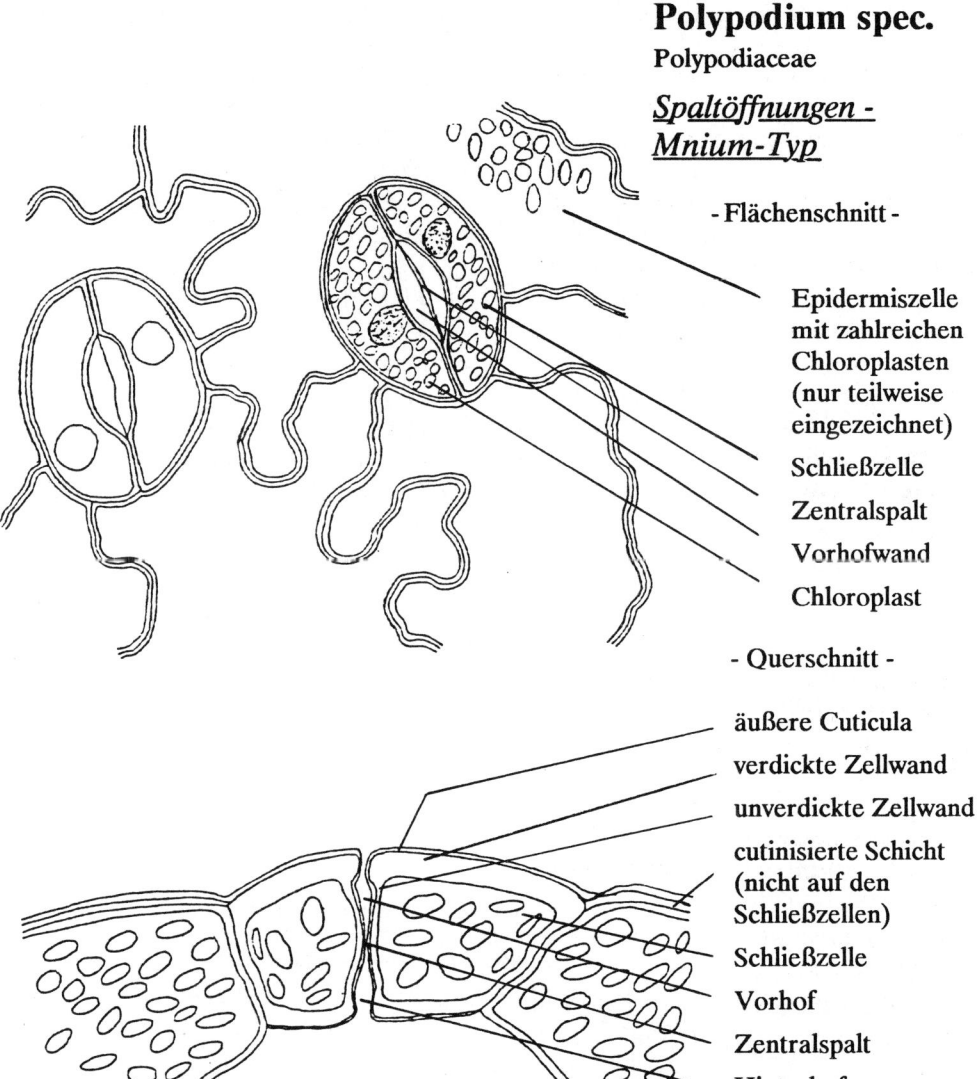

- Flächenschnitt -

Epidermiszelle
mit zahlreichen
Chloroplasten
(nur teilweise
eingezeichnet)

Schließzelle

Zentralspalt

Vorhofwand

Chloroplast

- Querschnitt -

äußere Cuticula

verdickte Zellwand

unverdickte Zellwand

cutinisierte Schicht
(nicht auf den
Schließzellen)

Schließzelle

Vorhof

Zentralspalt

Hinterhof

Epidermiszelle
(Nachbarzelle) mit
Chloroplasten

Atemhöhle

Chlorenchymzelle
mit Chloroplasten

Zea mays
Poaceae

Spaltöffnungen - Poaceen-Typ

- Aufsicht -

Nebenzelle

Schließzelle

Zentralspalt

verdickte Zellwand

Zellumen (Plasma enthält sehr viele Einschlüsse)

Nachbarzelle

- Längsschnitt -
(Schnitt a)

Schnittlegung:

a

b

c

Cuticula

cutinisierte Schicht (nicht auf Schließzellen)

Schließzelle (Plasma mit sehr vielen Einschlüssen)

verdickte Zellwand

Ampulle

Nebenzelle

Atemhöhle

Schwammparenchym

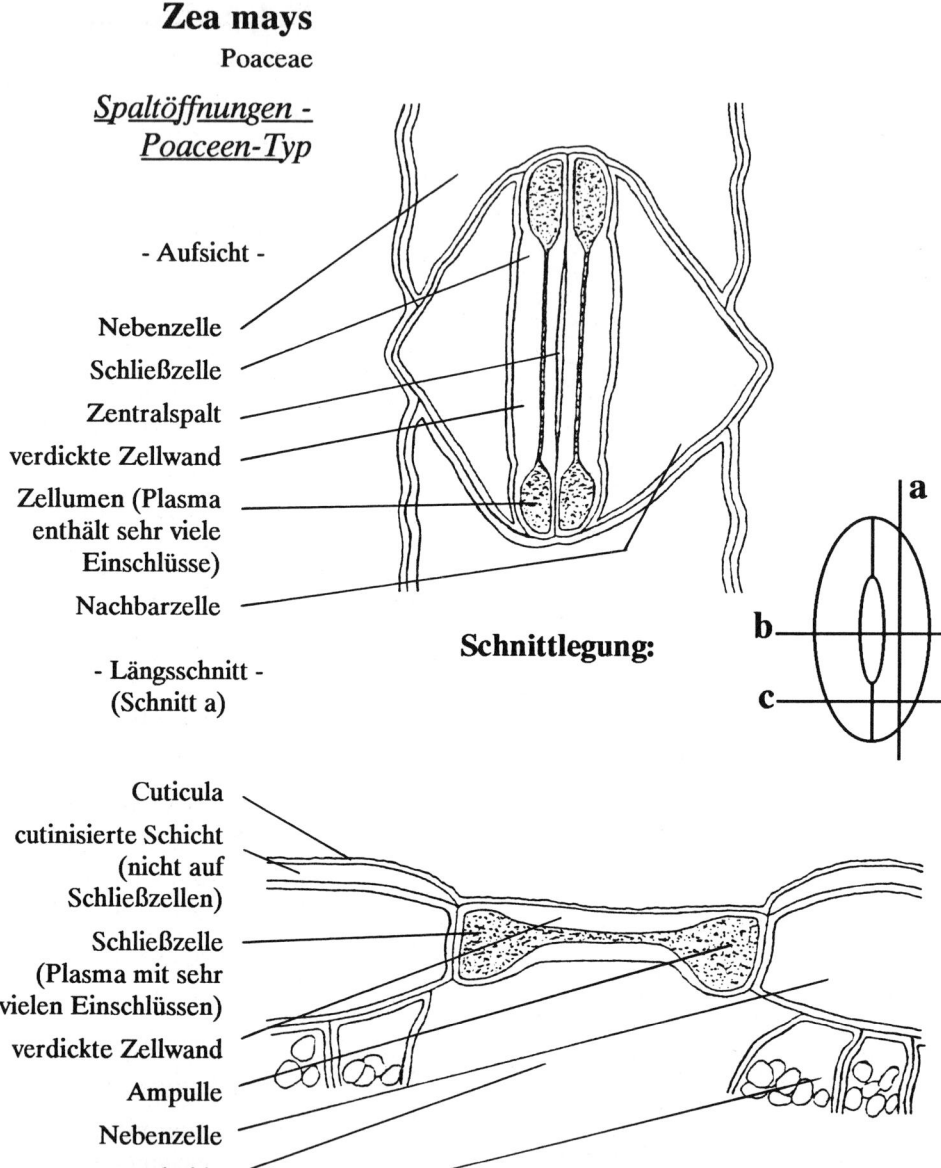

Zea mays

Poaceae

Spaltöffnungen -
Poaceen-Typ

- Querschnitt -
(Schnitt b)

Vorhof

Zentralspalt

Cuticula und
cutinisierte Schicht

Zellwand

Lumen der Schließzelle

verdickte Zellwand

Endocuticula

Nachbarzelle
mit Leukoplasten

Hinterhof

Atemhöhle

Schwammparenchym-
zelle mit Chloroplasten

Epidermiszelle

- Querschnitt -
(Schnitt c)

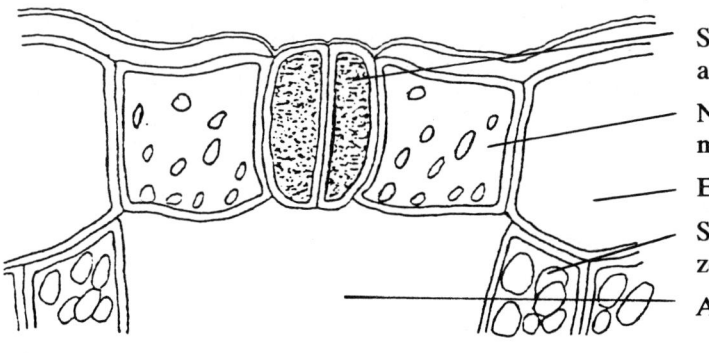

Schließzelle (Ampulle
angeschnitten)

Nachbarzelle
mit Leukoplasten

Epidermiszelle

Schwammparenchym-
zelle mit Chloroplasten

Atemhöhle

Helleborus foetidus
Ranunculaceae

Spaltöffnungen - Helleborus-Typ

- Aufsicht -

Schließzelle, dicht mit Chloroplasten angefüllt (nur teilweise dargestellt)

Vorhofwand

Zellwand der Schließzelle

Zentralspalt

unter der Zeichenebene liegende Zellwände der Schließzellen und angrenzender Epidermiszellen

lokale Zellwandverdickungen

Nebenzelle

Schnittlegung:

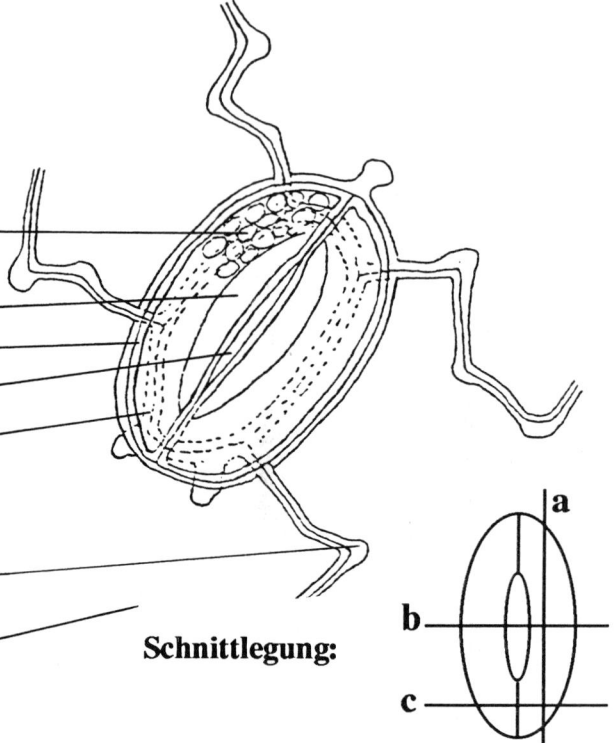

- Längsschnitt -
(Schnitt a)

Cuticula und cutinisierte Schicht

Zellwand

Nebenzelle

Schließzelle mit lokal verdickter Zellwand (hantelförmiges Zellumen)

Plasma mit Chloroplasten

Schwammparenchym

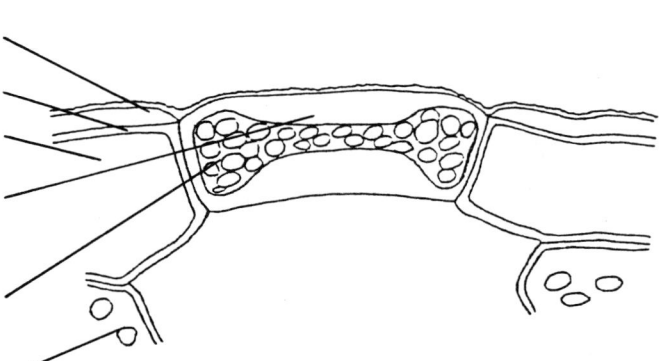

Helleborus foetidus
Ranunculaceae

Spaltöffnungen - Helleborus-Typ

- Querschnitt -
(Schnitt b)

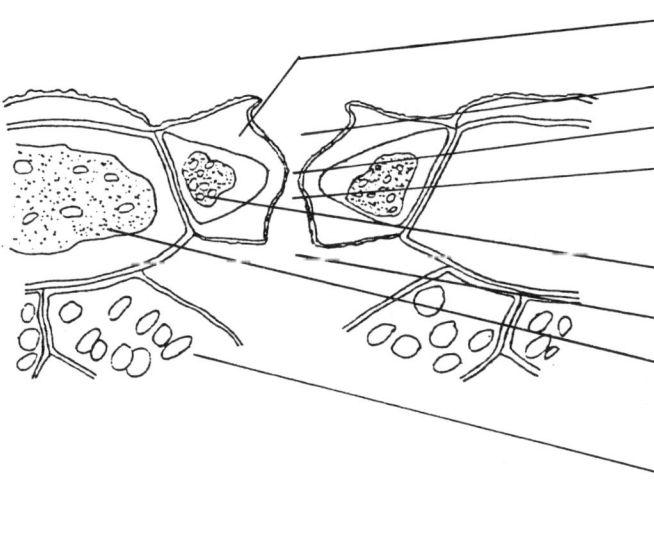

Schließzelle mit lokal verdickter Zellwand

Vorhof

Zentralspalt

Hinterhof

Endocuticula

koaguliertes Plasma mit Chloroplasten

Atemhöhle

Nachbarzelle mit koaguliertem Plasma und Leukoplasten

Schwammparenchymzelle mit Chloroplasten

- Querschnitt -
(Schnitt c)

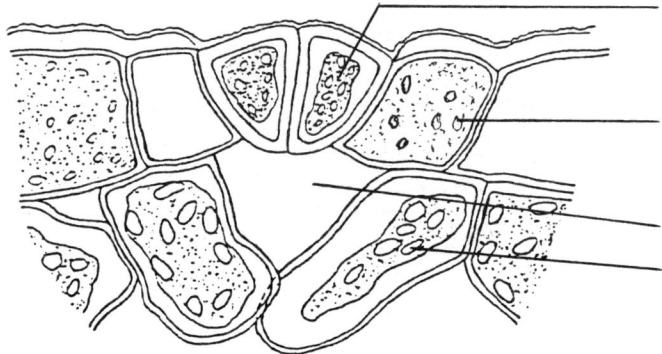

Schließzelle mit koaguliertem Plasma und Chloroplasten

Epidermiszelle mit koaguliertem Plasma und Leukoplasten

Atemhöhle

Schwammparenchymzelle mit koaguliertem Plasma und Chloroplasten

Arum maculatum
Araceae

Lückenepidermis in der Spatha

- Flächenschnitt -

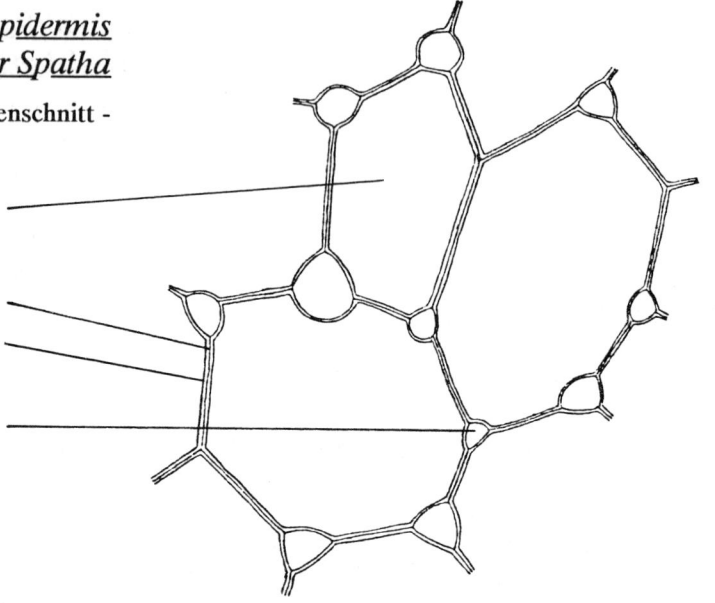

Epidermiszelle

Mittellamelle

Zellwand

Interzellulare
zwischen
Epidermiszellen
an Stelle von
Spaltöffnungen

Tropaeolum majus
Tropaeolaceae

Passive Hydathode

- Aufsicht -

Vorhofwand

abgestorbene
Schließzelle

verdickte
Zellwand

Zentralspalt
(bleibt immer
geöffnet)

Nachbarzellen,
ringförmig
angeordnet

Epidermiszelle

Saxifraga paniculata

Saxifragaceae

Aktive Hydathode

- Querschnitt durch das Blatt -
- Längsschnitt durch die Hydathode -

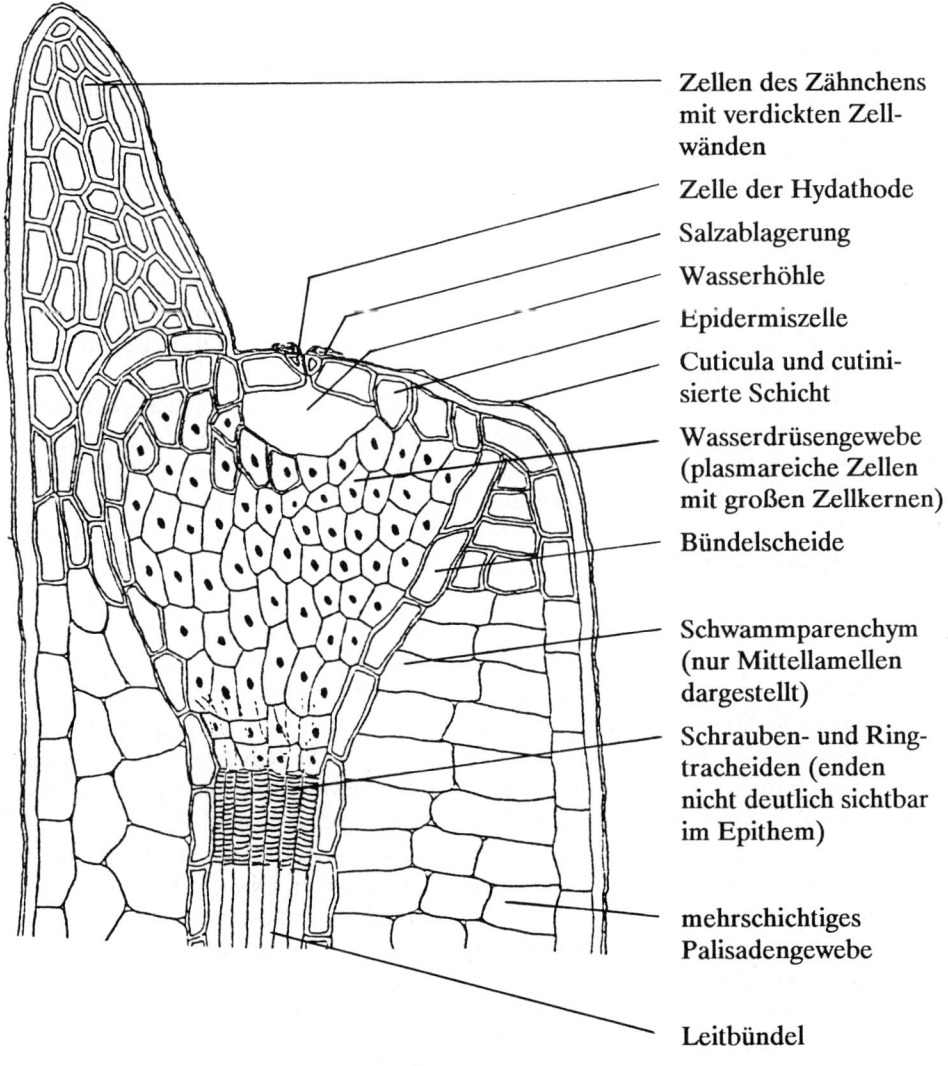

Zellen des Zähnchens
mit verdickten Zell-
wänden

Zelle der Hydathode

Salzablagerung

Wasserhöhle

Epidermiszelle

Cuticula und cutini-
sierte Schicht

Wasserdrüsengewebe
(plasmareiche Zellen
mit großen Zellkernen)

Bündelscheide

Schwammparenchym
(nur Mittellamellen
dargestellt)

Schrauben- und Ring-
tracheiden (enden
nicht deutlich sichtbar
im Epithem)

mehrschichtiges
Palisadengewebe

Leitbündel

1.4 Der Blattbau von Pflanzen extremer Standorte

1.4.1 Xerophyten

Diesen Pflanzen steht sehr wenig Wasser zur Transpiraton zur Verfügung. Sie müssen deshalb die Verdunstung auf ein Minimum reduzieren. Die Spaltöffnungen werden in "windstille Räume" verlegt, die man als Krypten bezeichnet.

Liegt in einer solchen Krypta nur eine Spaltöffnung, spricht man von einer **Mikrokrypta**. Sie kann gebildet werden durch Nebenzellen, durch eine dicke cutinisierte Schicht oder durch andere Epidermiszellen, die die Schließzellen überwallen.

Von einer **Mesokrypta** spricht man, wenn durch lokale Einsenkungen der unteren Epidermis Vertiefungen entstehen, in denen drei bis fünf Spaltöffnungen liegen. Die Windbewegung kann zusätzlich durch Haare in diesem Raum gebremst werden.

Die **Makrokrypta** wird vom gesamten Blatt durch späteres Einrollen oder Zusammenfalten gebildet. Manche Blätter verbleiben aber auch eingerollt in ihrer Jugendlage. Dadurch befinden sich viele Spaltöffnungen in dem eingeschlossenen Raum. Beim Rollblatt von *Empetrum nigrum* beispielsweise biegt sich die Blattspreite nach unten. Die Ränder lassen nur einen schmalen Spalt frei, der zusätzlich noch von Haaren verschlossen ist. Dadurch entsteht ein windstiller Raum, der von Wasserdampf erfüllt ist.

Eine weitere Herabsetzung der Transpiration kann erreicht werden durch Reduzierung der Anzahl der Spaltöfnungen um 30-80%, eine dicke Cuticula und cutinisierte Schicht, durch Verkleinerung der Blattoberfläche (z.B. bei Nadelblättern) oder durch eine besondere Blattstellung (z.B. bei Kompaßpflanzen).

Ein extrem äquifaziales Nadelblatt besitzt *Hakea suaveolens*. Das Blattinnere ist zu Speicherparenchym umgewandelt (ursprünglich Schwammparenchym). Darin verteilt liegen Bündel von faserigen Sklerenchymelementen mit Stützfunktion. Die Photosynthese findet nur noch in der äußersten Palisadenparenchymschicht statt. Osteoskleroide stützen dieses Palisadengewebe in radialer Richtung. Die innere Palisadenschicht hat ebenfalls Speicherfunktion und die Zellen sind mit Amyloplasten angefüllt. Im Palisadengewebe liegen die Interzellularen nicht an den Ecken der Zellen, sondern an ihren Längswänden und reihen sich perlschnurartig auf. Sie entstehen durch schizogenes Auseinanderweichen der Zellwände.

Das Nadelblatt von Kiefer, Tanne, Fichte usw. ist ein Beispiel für das am extremsten reduzierte Blatt. Die Epidermis ist sklerenchymatisiert und in ihre Zellwände ist Lignin eingelagert. Die Wände der Schließzellen sind stark verdickt und ebenfalls lignifiziert. Die Spaltöffnung selbst wird von den Nebenzellen überwallt, deren stark verdickte Zellwände die Mikrokrypta bilden. Unter der Epidermis liegt eine mehrere Schichten starke Hypodermis. Nach innen schließt sich Assimilationsparenchym in Form von Faltenparenchym an. Mittellamelle und Zellwand dieser Zellen bilden Falten ins Zellinnere und vergrößern damit deren innere Oberfläche beträchtlich. Interzellularen kommen hier selten vor. Die Anzahl der Spaltöffnungen ist in diesem Blatt vergrößert. In das Faltenparenchym sind Harzkanäle eingestreut, die von einer Sklerchymscheide umkleidet sind. Der innere Bereich des Blattes wird von einer Endodermis umschlossen. Sie bildet eine

Barriere zwischen Leitbündeln und Assimilationsgewebe. Die ein oder zwei kollateralen Leitbündel (Xylem nach oben, Phloem nach unten) sind umgeben von einem Transfusionsgewebe, das für den Stofftransport zwischen Gefäßbündel und Mesophyll sorgt. Dem Außenrand des Xylems folgt ein Saum toter tracheidaler Zellen mit Hoftüpfeln, den Außenrändern des Phloems ein entsprechender Saum eiweißreicher Zellen, die "Straßburger-Zellen". Zur Blattunterseite liegt den Leitbündeln ein Sklerenchymstrang an, der im Querschnittt eine sichelförmige Form besitzt. Er hilft, zusammen mit der hypodermalen Sklerenchymschicht, die Blattspreite zu festigen.

1.4.2 Hygrophyten

Sie leben in feuchter Umgebung und sind häufig auch schattenliebend. Charakteristisch sind große Epidermiszellen, die z.T. papillös ausgezogen sind und damit die Oberfläche des Blattes deutlich vergrößern. Cuticula und cutinisierte Schicht sind sehr dünn. Die Spaltöffnungen können über die Blattoberfläche emporgehoben sein. In der Epidermis kommen aktive Hydathoden vor, die teilweise als drüsenartige Haare ausgebildet sind (Wasserdrüsenhaare). Das Mesophyll ist wenigschichtig. Dadurch wird das Blatt sehr dünn. Meist liegt eine Palisadenparenchymschicht mit großen Interzellularen vor. Ihre Zellen sind dicht mit Chloroplasten angefüllt. In dem dünnen Schwammparenchym sind die Interzellularen ebenfalls sehr groß. Die Leitgewebe (Xylem und Phloem) sind stark reduziert, in der Regel kommen nur Tracheiden vor, Tracheen sind sehr selten vorhanden (auch in Sproß und Wurzel).

1.4.3 Hydrophyten

Die Wasserpflanzen besitzen in Blättern, Sproß und Wurzel große Interzellularensysteme. Xylem ist als Leitgewebe nicht mehr notwendig, daher kommt bei diesen Pflanzen primäre und sekundäre Tracheenlosigkeit vor. Teilweise werden gar keine Leitgewebe mehr ausgebildet. Die Epidermis bildet den Hauptassimilationsort. Ihre Zellen sind dicht mit Chloroplasten angefüllt. Spaltöffnungen fehlen ganz. Statt dessen findet ein Stoffaustausch durch Wasserspalten am Rande der Blätter statt. Die Cuticula ist sehr dünn, die cutinisierte Schicht kann ganz fehlen. Das ein- oder zweischichtige Mesophyll, mit großen Interzellularen, ist einförmig; eine Unterscheidung in Palisaden- und Schwammparenchym ist nicht mehr möglich. Es dient der Stärkeeinlagerung. Bei manchen Pflanzen fehlt es ganz. In diesem Fall bilden die beiden Epidermisschichten die "obere" und "untere Hautschicht".

Objekte

- *Festuca ovina:* (Poaceae)	Xeromorphes Blatt - Makrokrypta
- *Empetrum nigrum:* (Empetraceae)	Rollblatt - Makrokrypta
- *Nerium oleander:* (Apocynaceae)	Xeromorphes Blatt - Mesokrypta
- *Hakea suaveolens:* (Proteaceae)	Äqufaziales Nadelblatt - Mikrokrypta
- *Pinus sylvestris:* (Pinaceae)	Äquifaziales Nadelblatt
- *Ruellia macrantha:* (Acanthaceae)	Hygrophytenblatt
- *Stratiotes aloides:* (Hydrocharitaceae)	Hydrophytenblatt
- *Elodea canadensis:* (Hydrocharitaceae)	Hydrophytenblatt

Festuca ovina

Poaceae

Makrokrypta

- Querschnitt -

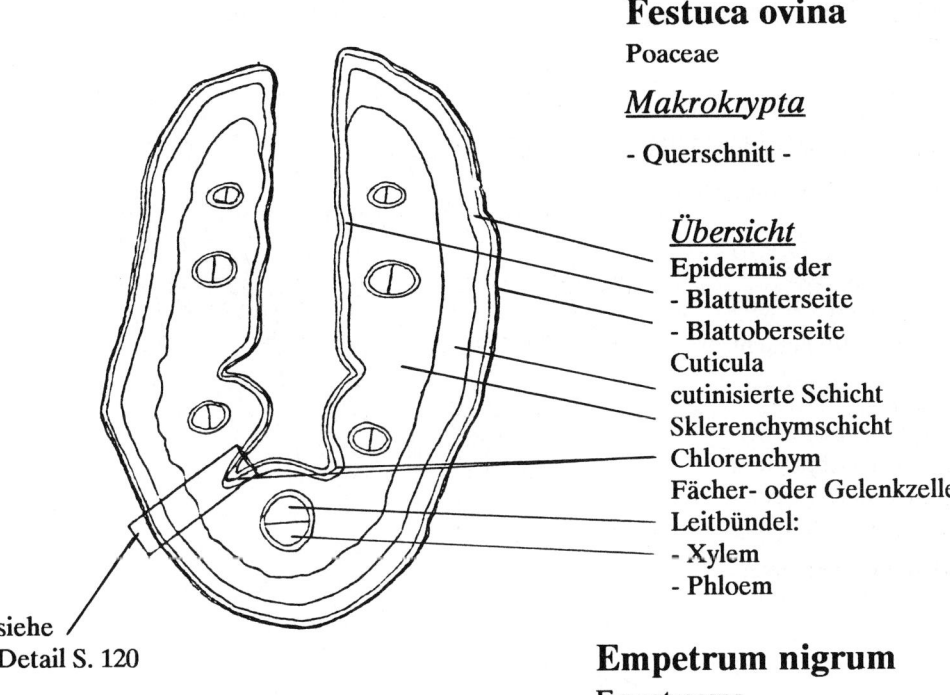

Übersicht

Epidermis der
- Blattunterseite
- Blattoberseite
Cuticula
cutinisierte Schicht
Sklerenchymschicht
Chlorenchym
Fächer- oder Gelenkzellen
Leitbündel:
- Xylem
- Phloem

siehe
Detail S. 120

Empetrum nigrum

Empetraceae

Rollblatt - Makrokrypta

-Querschnitt -

Übersicht

Leitbündel:
- Xylem
- Phloem
Blattoberseite
Cuticula
cutinisierte Schicht
Epidermis
Palisadenparenchym
Schwammgewebe
Drüsenhaare
Makrokrypta

Berührungsstelle der
Blattränder, von Haaren
verschlossen

siehe Detail S. 121

Festuca ovina
Poaceae

Xeromorphes Blatt - Makrokrypta

- Querschnitt -

Detail

Blattunterseite

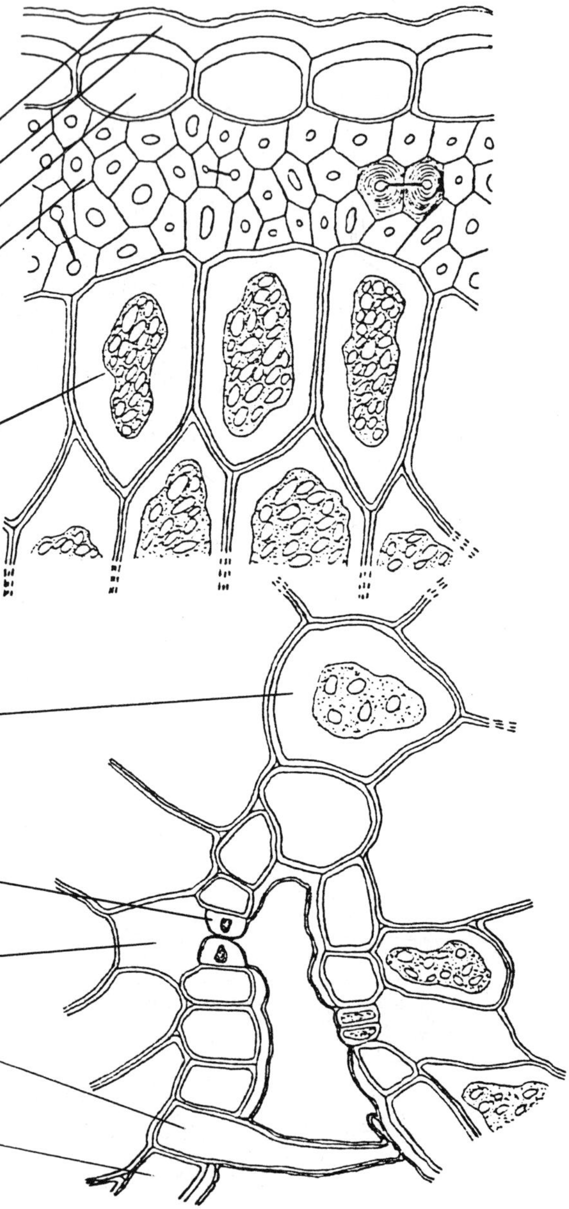

Cuticula

cutinisierte Schicht

Epidermis

Sklerenchymzellen
(Wandschichtung
nicht überall
eingezeichnet)

Palisadenparenchym-
zelle (koaguliertes
Plasma mit
Chloroplasten)

hier liegen im Präpa-
rat vier Schwamm-
parenchymzellreihen

Schwammparenchym-
zelle (koaguliertes
Plasma mit
Chloroplasten)

Schließzellen,
in unterschiedlichen
Ebenen angeschnitten

Atemhöhle

Haarzelle ohne
cutinisierte Schicht,
nur mit Cuticula

Epidermis

Blattoberseite

Empetrum nigrum
Empetraceae

Rollblatt - Makrokrypta

- Querschnitt -

Detail

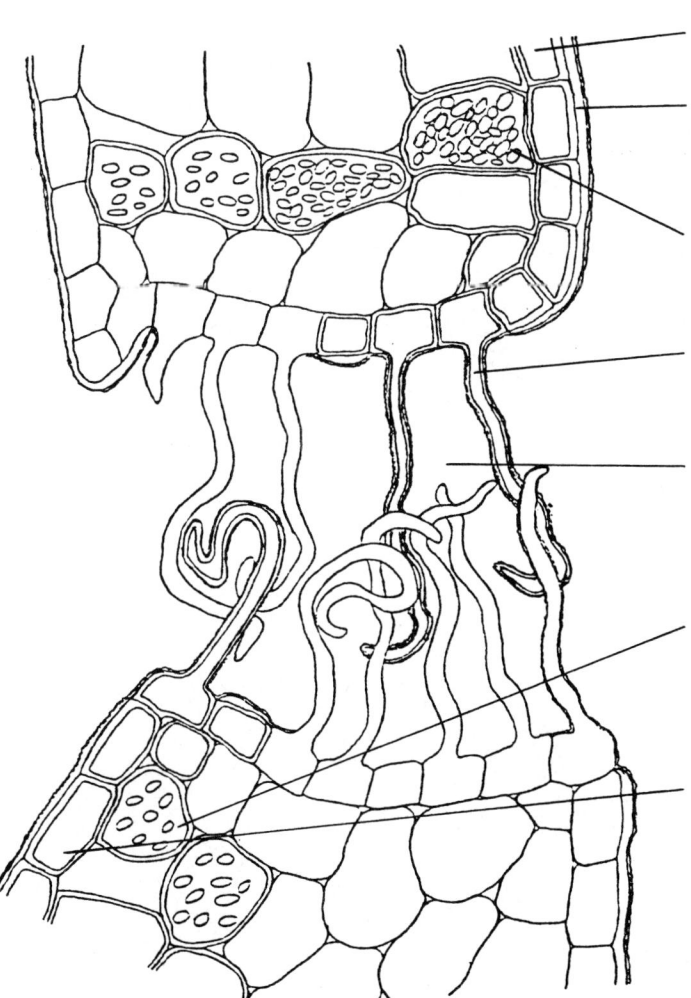

Epidermis der
Blattoberseite

Cuticula und cutini-
sierte Schicht (beide
dicker als auf der
Blattunterseite)

Palisadenparen-
chymzelle mit vielen
Chloroplasten

Haarzelle, nur von
Cuticula überzogen

Spalt zwischen den
Blatträndern, von
Haaren verschlossen

Schwammparen-
chymzelle (mit
relativ wenigen
Chloroplasten)

Epidermis der
Blattunterseite mit
dünner Cuticula und
cutinisierter Schicht

(Zellwände und
Zellinhalte sind nur
teilweise eingezeich-
net)

Nerium oleander

Apocynaceae

Xeromorphes Blatt-
Mesokrypta

- Querschnitt -

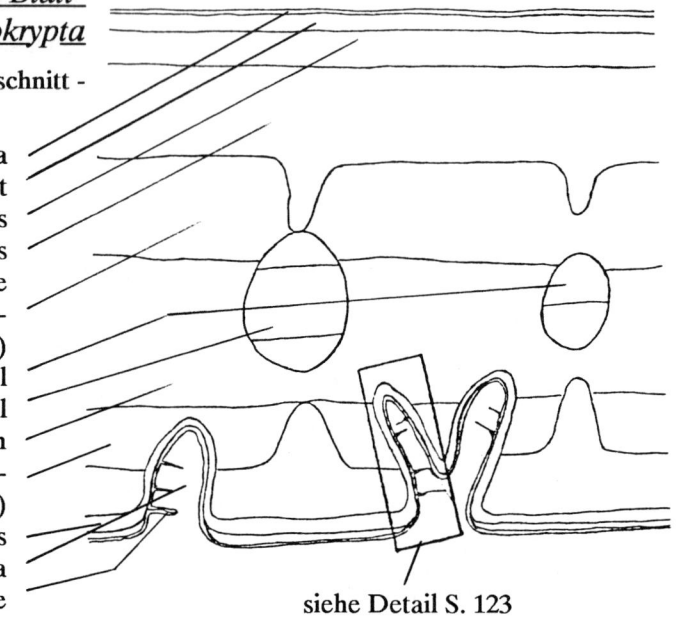

Cuticula
cutinisierte Schicht
Epidermis
subepidermales
Wasserspeichergewebe
oberes Palisaden-
parenchym (3-schichtig)
kollaterales Leitbündel
bikollaterales Leitbündel
Schwammparenchym
unteres Palisaden-
parenchym (1-schichtig)
Epidermis
Mesokrypta
Haare

siehe Detail S. 123

Hakea suaveolens

Proteaceae

Äquifaziales Nadelblatt -
Mikrokrypta

- Querschnitt -

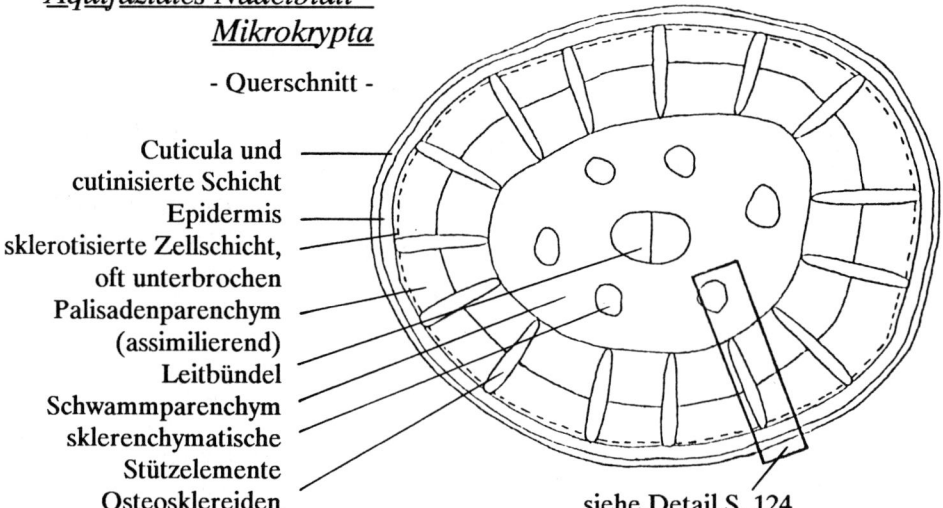

Cuticula und
cutinisierte Schicht
Epidermis
sklerotisierte Zellschicht,
oft unterbrochen
Palisadenparenchym
(assimilierend)
Leitbündel
Schwammparenchym
sklerenchymatische
Stützelemente
Osteosklereiden

siehe Detail S. 124

Nerium oleander

Apocynaceae

Xeromorphes Blatt-Mesokrypta

- Querschnitt -

Detail

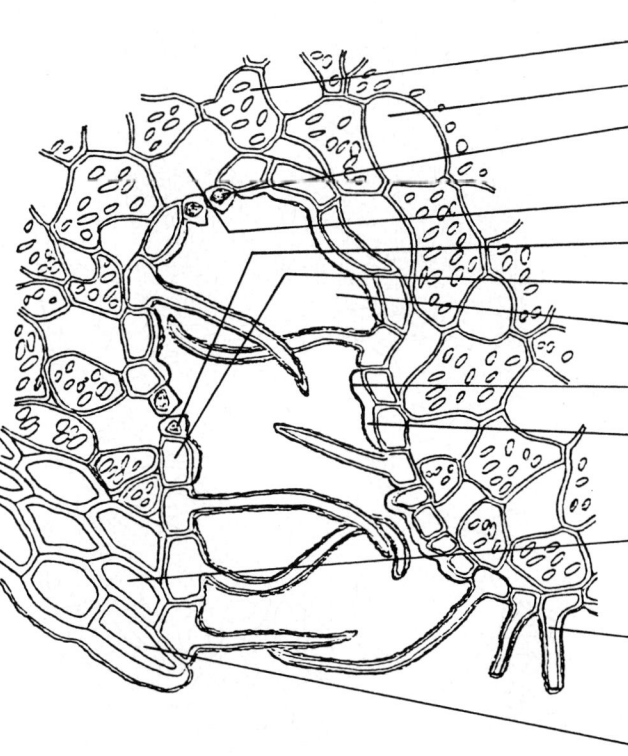

Schwammparenchymzelle

große Interzellulare

Spaltöffnung
(Helleborus-Typ)

Atemhöhle

Schließzelle

Nebenzelle

Mesokrypta

Cuticula

cutinisierte Schicht
(nicht auf den Haar- und
Schließzellen)

subepidermales Wasser-
speichergewebe (Zell-
wände etwas verdickt)

Epidermiszellen
der Mesokrypta, z.T. als
Haarzellen ausgebildet

Epidermis
(Blattunterseite)

Hakea suaveolens
Proteaceae

Äquifaziales Nadelblatt - Mikrokrypta

- Querschnitt -

Detail

Cuticula und
cutinisierte Schicht

Epidermis

Mikrokrypta

Spaltöffnung
(Poaceen-Typ)

Zelle der subepiderma-
len Sklerenchymschicht

Atemhöhle

Palisadenparenchym-
zelle mit Chloroplasten
(assimilierend)

Palisadenparenchym-
zelle mit Amyloplasten
(speichernd)

Osteosklereide

Interzellulare

sklerenchymatische
Zelle mit Tüpfel

Schwammparenchym-
zelle mit Stärkekörnern

sklerenchymatische
Stützelemente

Schwammparenchym-
zelle

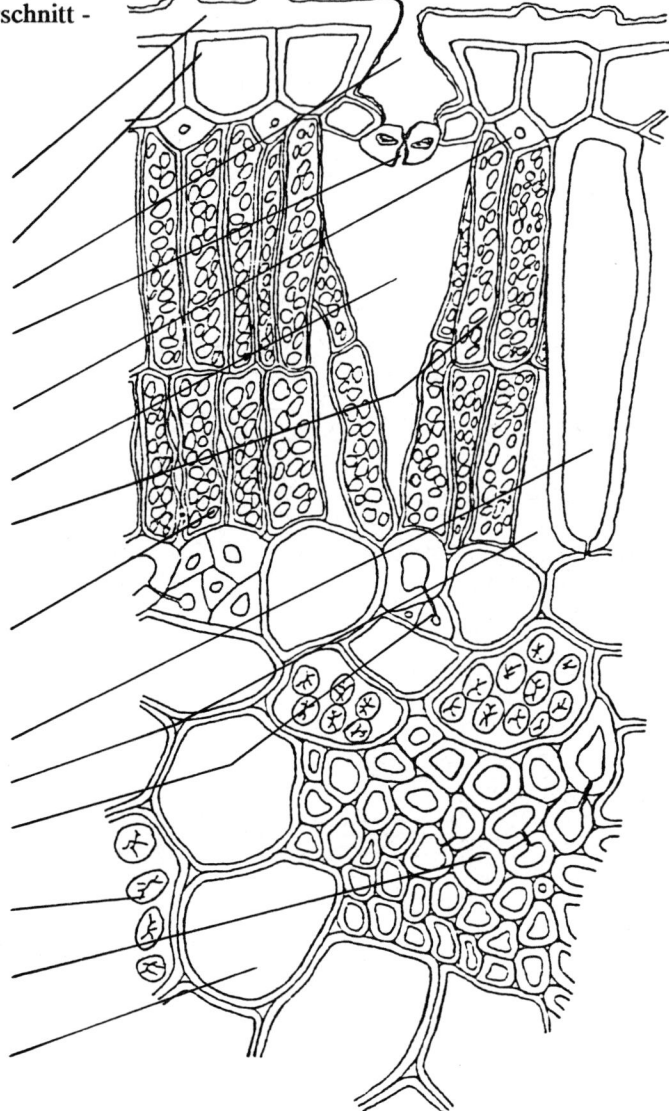

Pinus sylvestris
Pinaceae

Äquifaziales Nadelblatt

- Querschnitt -

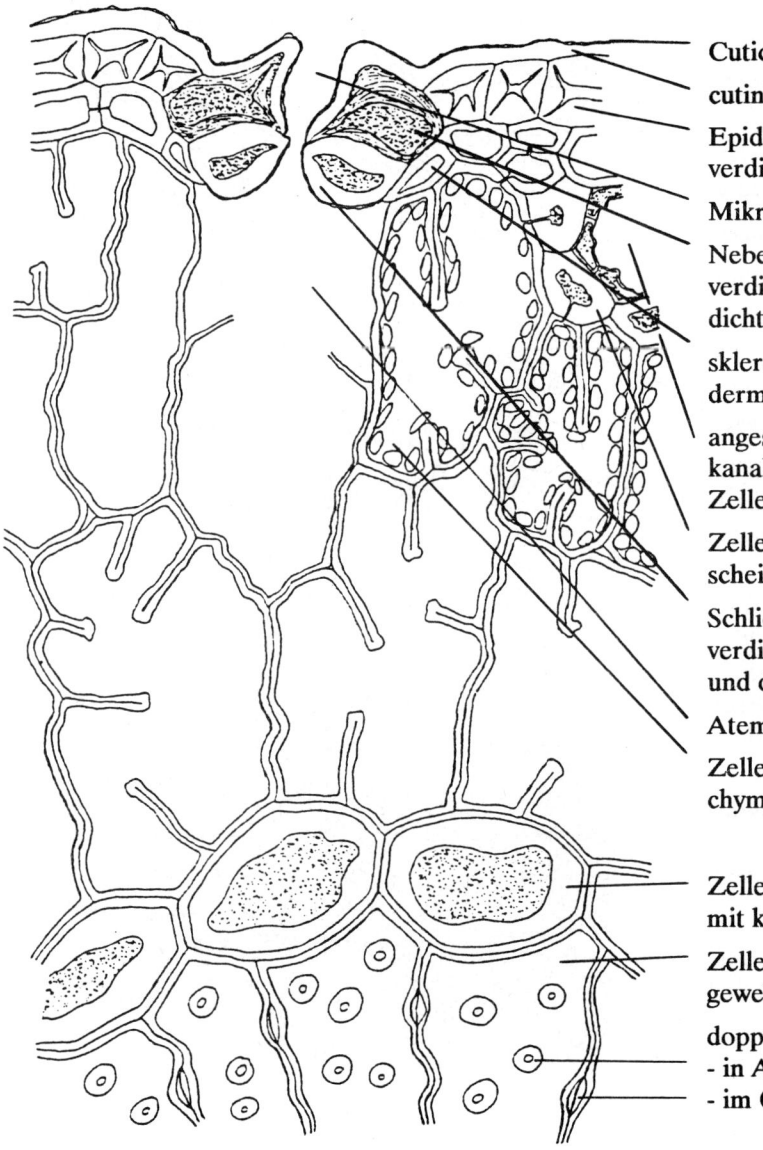

Cuticula

cutinisierte Schicht

Epidermiszelle (stark verdickte Sekundärwand)

Mikrokrypta

Nebenzelle mit stark verdickter Zellwand und dichtem Plasma

sklerotisierte Hypodermiszelle

angeschnittener Harzkanal mit sezernierenden Zellen

Zelle der Sklerenchymscheide

Schließzelle mit verdickter Zellwand und dichtem Plasma

Atemhöhle

Zelle des Faltenparenchyms mit Chloroplasten

Zelle der Endodermis mit koaguliertem Plasma

Zelle des Transfusionsgewebes

doppelt behofte Tüpfel
- in Aufsicht
- im Querschnitt

Pinus sylvestris
Pinaceae

Äquifaziales Nadelblatt

- Querschnitt -

Detail aus dem Transfusionsgewebe

Faltenparenchymzelle
mit Chloroplasten

Interzellulare

Endodermiszelle mit
koaguliertem Plasma

tracheidale Zelle des
Transfusionsgewebes

doppelt behofter Tüpfel
Querschnitt
Aufsicht

stark eiweißhaltige
Zelle (Plasma sehr dicht
mit Einschlüssen
angefüllt)

Zelle des Phloems
mit stark granuliertem
Plasma

sklerotisierte Zelle
mit Tüpfelkanal

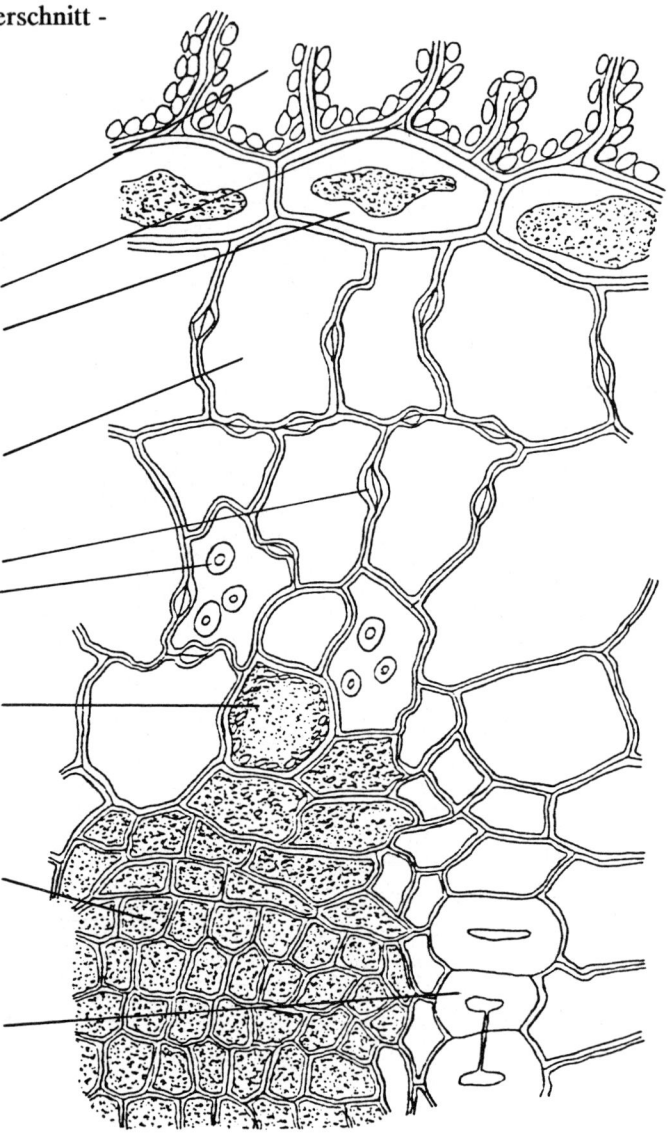

Pinus sylvestris
Pinaceae

Äquifaziales Nadelblatt

- medianer Längsschnitt -

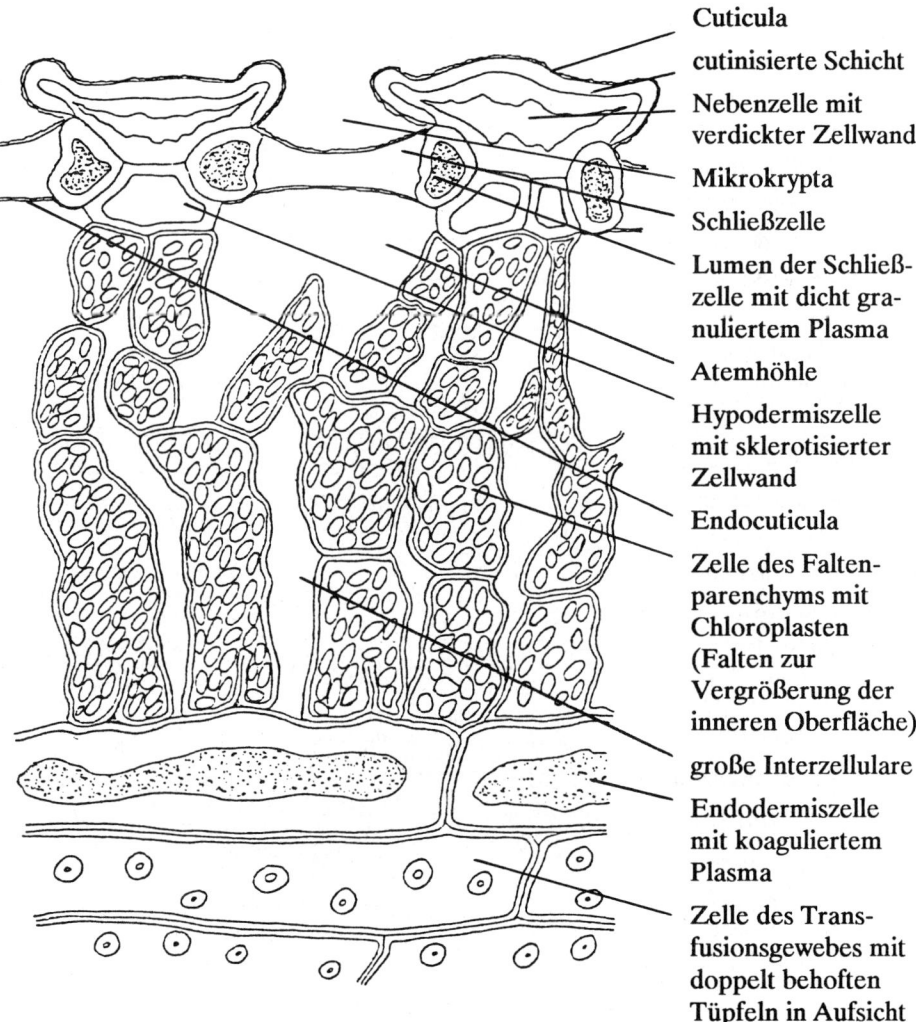

Cuticula

cutinisierte Schicht

Nebenzelle mit
verdickter Zellwand

Mikrokrypta

Schließzelle

Lumen der Schließ-
zelle mit dicht gra-
nuliertem Plasma

Atemhöhle

Hypodermiszelle
mit sklerotisierter
Zellwand

Endocuticula

Zelle des Falten-
parenchyms mit
Chloroplasten
(Falten zur
Vergrößerung der
inneren Oberfläche)

große Interzellulare

Endodermiszelle
mit koaguliertem
Plasma

Zelle des Trans-
fusionsgewebes mit
doppelt behoften
Tüpfeln in Aufsicht

Ruellia macrantha

Acanthaceae

Hygrophytenblatt

- Querschnitt -
(Färbung: Sudan III)

Cuticula
cutinisierte Schicht

Borstenhaar
mit Zellkern

Basiszelle
des Borstenhaares

Epidermiszelle,
papillenartig ausge-
zogen (Blattoberseite)

Palisadenparenchym-
zelle mit Chloroplasten

große Interzellulare

Schwammparenchym-
zelle mit Chloroplasten

Atemhöhle der auf-
gewölben Spaltöffnung

untere Epidermis

Spaltöffnung

Nebenzelle

Schließzelle

Wasserdrüsenhaar aus:

Sockelzelle

sezernierenden Zellen

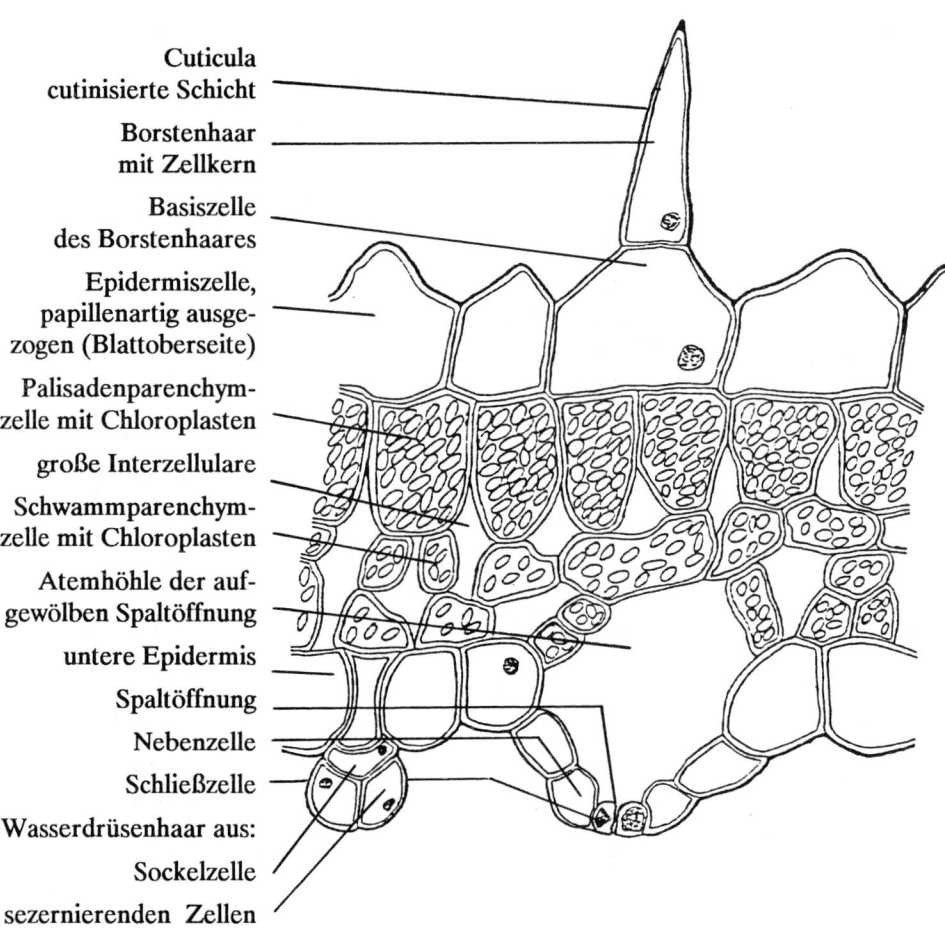

Stratiotes aloides

Hydrocharitaceae

Hydrophytenblatt

- Querschnitt -

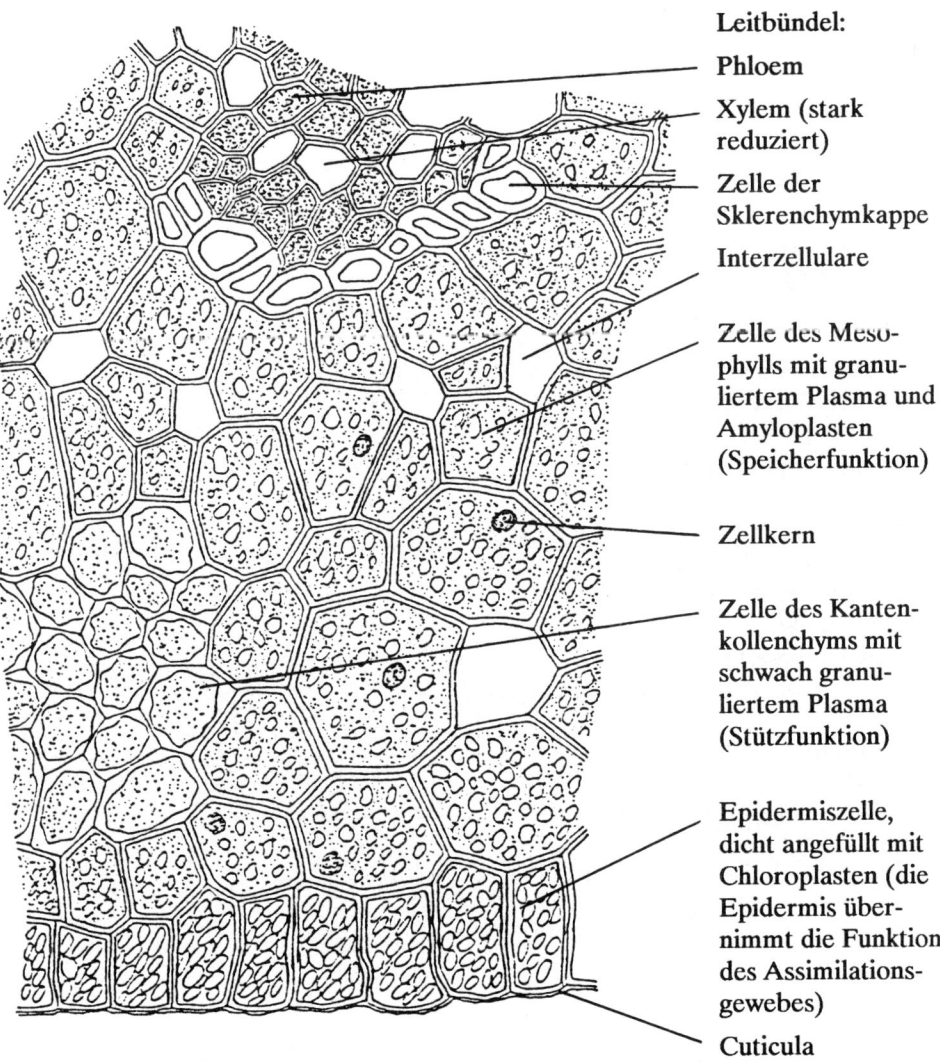

Leitbündel:

Phloem

Xylem (stark reduziert)

Zelle der Sklerenchymkappe

Interzellulare

Zelle des Mesophylls mit granuliertem Plasma und Amyloplasten (Speicherfunktion)

Zellkern

Zelle des Kantenkollenchyms mit schwach granuliertem Plasma (Stützfunktion)

Epidermiszelle, dicht angefüllt mit Chloroplasten (die Epidermis übernimmt die Funktion des Assimilationsgewebes)

Cuticula

Elodea canadensis

Hydrocharitaceae

Hydrophytenblatt

- Querschnitt -
(Färbung: Sudan III)

Cuticula
cutinisierte Schicht
(beide zusammen
sehr dünn)

Zelle der oberen
Hautschicht mit
zahlreichen
Chloroplasten

große Interzellulare

Zelle der unteren
Hautschicht, dicht
mit Chloroplasten
angefüllt

cutinisierte Schicht

Cuticula

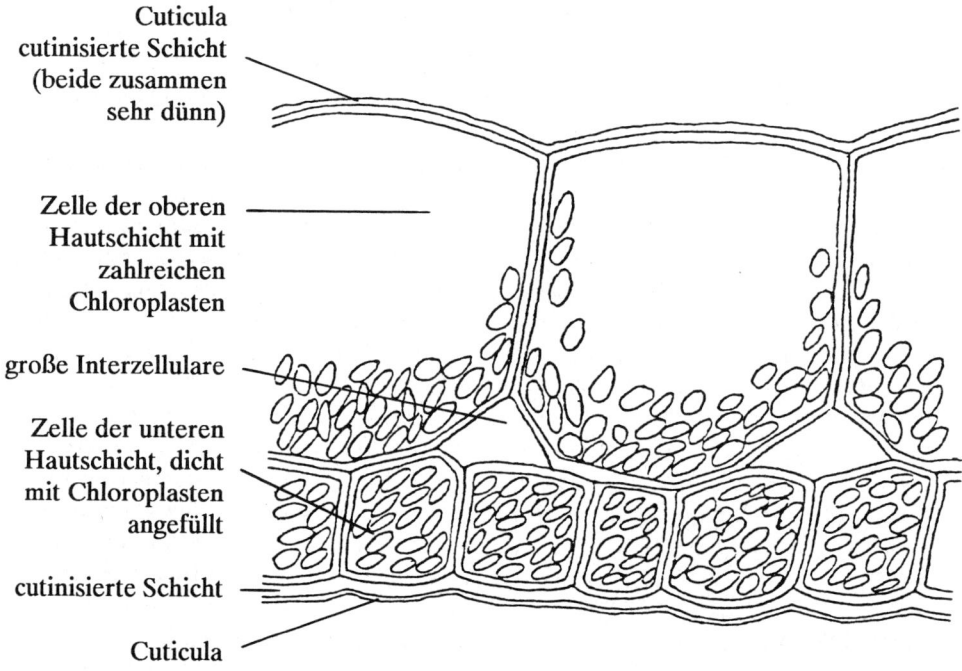

In diesem Blatt wird kein Mesophyll ausgebildet. Es liegen nur zwei Haut-schichten vor, die der oberen und der unteren Epidermis entsprechen. Es stellt damit ein Extrem in der Anpassung an das Leben im Wasser dar.

2. Der Sproß

Der Sproß einer Pflanze dient der Verbindung zwischen der Wurzel und den Blättern. Er leitet Wasser mit gelösten Mineralsalzen, speichert Assimiliate und leitet sie von den Blättern in die Wurzel. In der Regel wächst er negativ geotrop, um den Blättern die Möglichkeit der optimalen Ausrichtung im Luftraum zu geben. Er kann aber auch über das Erdreich kriechen oder als Wurzelstock (Rhizom) plagiotrop im Erdreich wachsen.

2.1 Leitbündel

Die Transportfunktion übernehmen Leitgewebe (Fasces), die überwiegend interzellularenfrei in Form von Leitbündeln vorliegen. Sie sind meistens von Scheidegewebe unterschiedlicher Funktion umschlossen. Außer der Endodermis und der Stärkescheide kommt auch eine Sklerenchymscheide vor, die zur Abstützung der Leitgewebe gegen die umliegenden dünnwandigeren Zellverbände dient. Je nachdem, wie die einzelnen Gewebe in diesen Leitbündeln angeordnet sind, lassen sich verschiedene Typen unterscheiden.

2.1.1 Leitbündeltypen

Konzentrische Leitbündel sind im Querschnitt kreisrund oder elliptisch. Bei den meisten Farnen sind sie hadrozentrisch, d.h. das Xylem liegt innen und das Phloem außen. Leptozentrisch (innen Phloem und außen Xylem) sind sie bei gewissen Erdsprossen und in den Stämmen einiger Monokotyledonen.

Bei **kollateralen Leitbündeln**, die bei Gymnospermen und Angiospermen weit verbreitet sind, liegt das Phloem der Sproßperipherie zugewandt. Die im Querschnitt kreisrunden, elliptischen oder schmal eiförmigen Bündel werden als geschlossen bezeichnet, wenn es zwischen den Leitgeweben kein Kambium mehr gibt (in der Jugend kann es noch vorhanden sein). Bei den Gymnospermen und Dikotyledonen sind sie meist offen, das heißt, das faszikuläre Kambium bleibt zeitlebens erhalten.

Die **bikollateralen Leitbündel** besitzen auch auf der der Sproßachse zugewandten Seite noch Phloem. Dieses ist weniger entwickelt als das äußere und stellt schon früh seine Tätigkeit ein. Solche Leitbündel kommen beispielsweise bei Solanaceen, Apocynaceen, Myrtaceen und Cucurbitaceen vor.

Radiale Leitbündel findet man vor allem in Wurzeln, bei Farnen aber auch im Sproß (Aktinostele). Sie enthalten mehrere getrennte Gefäß- und Siebstränge. Das zentral liegende Xylem besitzt eine Sternform. In den Winkeln der Strahlen liegen die Phloemstränge. Sie sind von den Gefäßsträngen durch eine bis mehrere Parenchymschichten getrennt. Im Zentrum des Leitbündels kann Markparenchym liegen.

Vorstufen von Leitbündeln gibt es bereits bei den Moosen. Man unterscheidet dort Hydroide, d.h. den Gefäßen des Xylems ähnliche Zellen und Leptoide, die dem Phloem ähneln. Diese Zellelemente kommen im Stämmchen (Kauloid) vor und leiten Wasser und Assimilate, aber nur, wenn sich die Pflanze in genügend feuchter Atmosphäre befindet.

2.1.2 Rückbildung von Leitbündeln

Bei Pflanzen, die an dauernd mit Feuchtigkeit übersättigten Standorten leben, z.B.

Wasserpflanzen, können die Leitbündel oder Teile davon reduziert sein. Vor allem das Xylem hat an Bedeutung verloren. Teilweise liegt nur noch ein zentraler rhexigener Interzellulargang vor, der mit Wasser gefüllt ist. Die im Protoxylem vielleicht noch angelegten Tracheiden sind sekundär wieder aufgelöst worden.

Bei *Elodea canadensis* beipielsweise liegt um das Holzparenchym Phloem, das schwach reduziert ist (sehr wenige Geleitzellen). Das gesamte Leitbündel ist von einer Endodermis eingeschlossen und in Aerenchym eingebettet. Das Xylem von *Nuphar lutea* ist vollständig reduziert, nur in einigen randständigen Leitbündeln kommen noch spärlich Tracheiden vor.

2.1.3 Entwicklung eines Leitbündels

In den Stolonen von *Chlorophytum comosum* geht die Entwicklung eines Leitbündels aus von einem Initialstrang (Prokambiumstrang). Während das Grundgewebe, in das er eingebettet ist, bald in den Dauerzustand übergeht, bewahrt er seine Teilungsfähigkeit. Durch fortgesetzte Teilung seiner Zellen entstehen kleinzellige Gewebekomplexe, aus denen erst allmählich durch zentripetale Differenzierung die fertigen Bündel hervorgehen. Auf dem Stolonenquerschnitt läßt sich diese fortschreitende Differenzierung von außen nach innen verfolgen: peripher liegen die Prokambiumstränge, und zur Sproßmitte hin sind die Bündel immer weiter ausdifferenziert. Das Protoxylem enthält in der Regel Ring- oder Schraubentracheiden und wenig Holzparenchym. Charakteristisch für das Metaxylem sind dagegen die großvolumigeren Tracheen und die Holzparenchymzellen. Die Siebzellen des Protophloems können

sich zu Siebröhren weiterentwickeln, teilweise liegen auch schon Geleitzellen vor. Das Metaphloem enthält Siebröhren und Geleitzellen. Das Protophloem wird bei der Metaentwicklung meistens zusammengedrückt und verschleimt, im Protoxylem entsteht durch Zerreißen ein Gefäßgang.

2.2 Lage der Festigungsgewebe im primären Sproß

Entscheidende Elemente für die Widerstandsfähigkeit des Sprosses gegenüber Biegebelastungen sind die Festigungsgewebe, Sklerenchym und Kollenchym. Um diese Funktion erfüllen zu können, müssen die Gewebe in ganz bestimmten Bereichen der Pflanzenorgane angeordnet sein. Diese Anordnung folgt den Prinzipien der Verbundbauweise, wie sie beispielsweise im Stahlbetonbau angewandt werden. Das statisch entscheidende Stahlgerüst der Armierungseisen ist dort in eine Füllmasse aus Beton eingelagert und zwar an den Stellen, die die höchsten mechanischen Belastungen aushalten müssen. Bei Bauwerken, die ähnlich dem Sproß einer Pflanze hoch in den Luftraum ragen (z.B. ein Fernsehturm), ist es aus physikalischen Gründen zweckmäßig, wenn die Festigungselemente peripher angeordnet sind. Im Sproß der Pflanzen liegen die Festigungsgewebe ebenfalls an der Peripherie, eingebettet in Grundgewebe oder Parenchym, das in seinen elastischen Eigenschaften dem Beton unserer Bauwerke noch deutlich überlegen ist. Da die statische Wirksamkeit mit der Entfernung von der Mitte des Sprosses zunimmt, sind vorspringende Leisten mit eingelagerten Festigungselementen besonders effektiv.

Man unterscheidet vier Typen der Verteilung der Festigungselemente:

Beim **Vitis-Typ** liegt unter der Epidermis ein dünner, meist geschlossener Kollenchymring und über dem Phloem der Leitbündel eine Sklerenchymkappe.

Der **Aristolochia-Typ** ist gekennzeichnet durch einen dünnen hypodermalen Kollenchymring, der im frühen Stadium noch unterbrochen sein kann. Tiefer im Rindenparenchym liegt ein mehrschichtiger geschlossener Sklerenchymring.

Der **Helianthus-Typ** besitzt einen dicken hypodermalen Kollenchymring und Sklerenchymkappen über den Leitbündeln.

Beim **Apiaceen-Typ** folgt auf die Epidermis ein ein- bis zweischichtiger Plattenkollenchymring. Nach innen schließt sich Assimilationsparenchym an, in das Kantenkollenchymstränge eingestreut sind. Der Sklerenchymring auf der Höhe des Kambiums der Leitbündel ist zunächst noch durch diese unterbrochen. Das Kambium differenziert sich aber schließlich ebenfalls zu sklerenchymatischen Zellen aus und schließt dadurch den Ring.

Objekte

- *Pteridium aquilinum:* (Hypolepidaceae)   Hadrozentrisches Leitbündel im Blattstiel

- *Convallaria majalis:* (Liliaceae)   Leptozentrisches Leitbündel im Rhizom

- *Cyperus alternifolius:* (Cyperaceae)   Geschlossen-kollaterales Leitbündel

- *Ranunculus repens:* (Ranunculaceae)   Offen-kollaterales Leitbündel

- *Cucurbita pepo:* (Cucurbitaceae)   Offenes bikollaterales Leitbündel im Blattstiel

- *Nuphar lutea:* (Nymphaeaceae)   Reduziertes Leitbündel

- *Elodea canadensis:* (Hydrocharitaceae)   Hadrozentrisches Leitbündel, primär tracheenlos, sekundär tracheidenlos

- *Mnium cuspidatum:* (Mniaceae)   Primitives "Leitbündel" mit Hydroiden

- *Polytrichum commune:* (Polytrichaceae)   Primitives "Leitbündel" mit Hydroiden und Leptoiden

- *Chlorophytum comosum:* (Liliaceae)   Leitbündelentwicklung im Sproß, Anlage und Ausdifferenzierung der Initialbündel

- *Vitis vinifera:* (Vitaceae)   Lage der Festigungsgewebe im primären Sproß: Vitis-Typ (Farbtafel S. 171)

- *Aristolochia littoralis:* (Aristolochiaceae)   Lage der Festigungsgewebe im primären Sproß: Aristolochia-Typ (Farbtafel S. 171)

- *Helianthus tuberosus:* (Asteraceae)   Lage der Festigungsgewebe im primären Sproß: Helianthus-Typ (Farbtafel S. 172)

- *Heracleum sphondylium:* (Apiaceae)   Lage der Festigungsgewebe im primären Sproß: Apiaceen-Typ (Farbtafel S. 172)

Pteridium aquilinum

Hypolepidaceae

Hadrozentrisches Leitbündel im Blattstiel

- Querschnitt -
(Färbung: Phloroglucin + HCl)

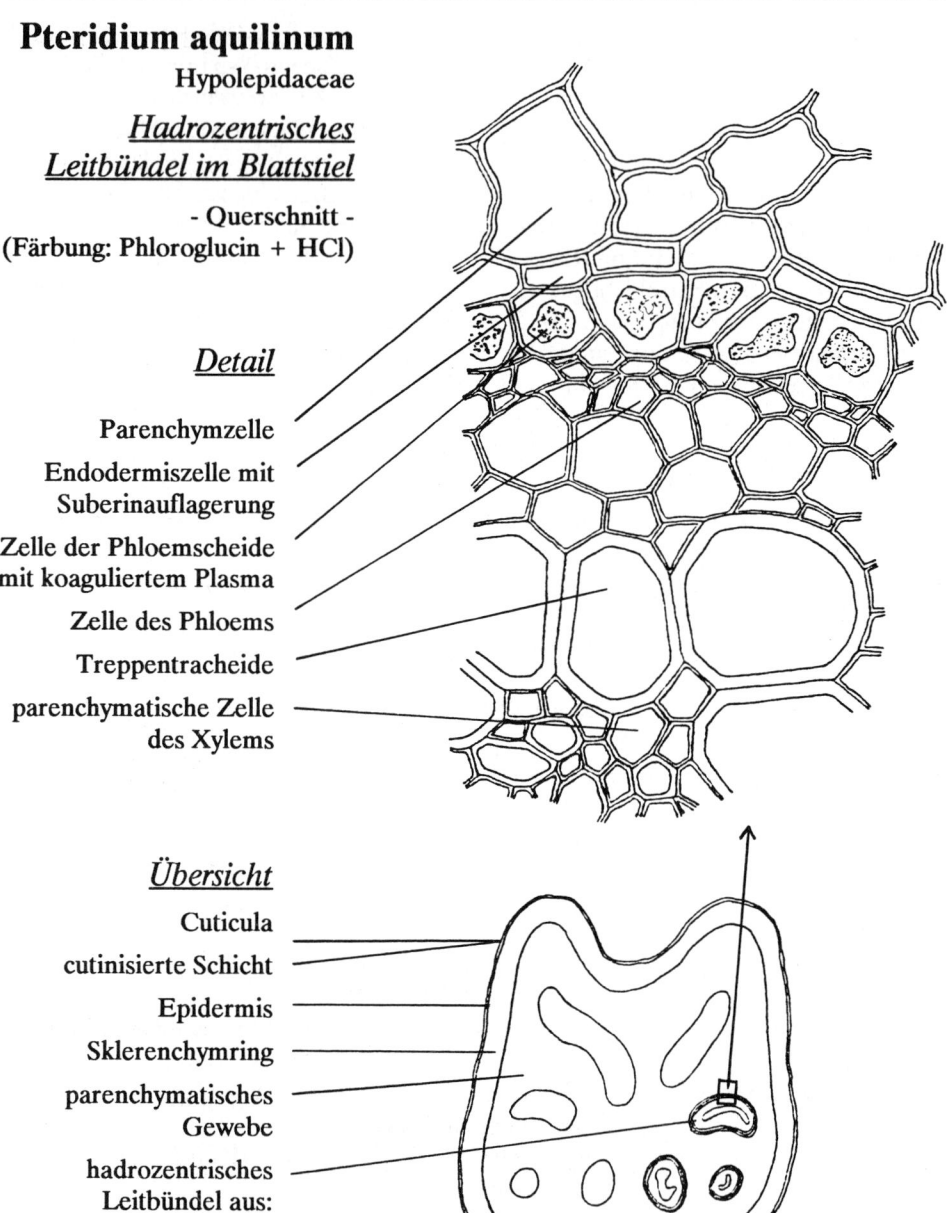

Detail

Parenchymzelle

Endodermiszelle mit Suberinauflagerung

Zelle der Phloemscheide mit koaguliertem Plasma

Zelle des Phloems

Treppentracheide

parenchymatische Zelle des Xylems

Übersicht

Cuticula

cutinisierte Schicht

Epidermis

Sklerenchymring

parenchymatisches Gewebe

hadrozentrisches Leitbündel aus:
Endodermis
Phloemscheide
Phloem
Xylem

Als Objekt wurde der Blattstiel gewählt, da der Querschnitt durch das Rhizom zu groß ist. Die Leitbündel unterscheiden sich in keiner Weise von denen des Rhizoms.

Convallaria majalis

Liliaceae

Leptozentrisches Leitbündel im Rhizom

- Querschnitt -
(Färbung: Phloroglucin + HCl)

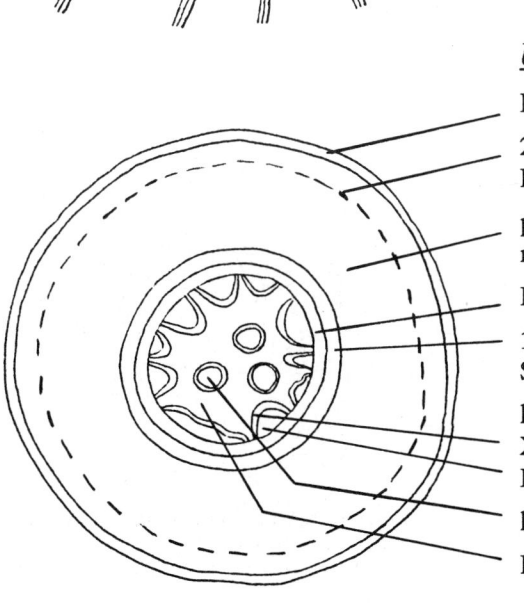

Detail

Protoxylemzelle

Xylemzelle mit
Tüpfeln (Tüpfel
nur teilweise
eingezeichnet)

Protophloem

Siebröhre

Geleitzelle

Zelle des
Speicher-
parenchyms

Übersicht

Epidermis

2-3-schichtiger
Kollenchymring

parenchymatisches Gewebe
mit Speicherfunktion

Endodermis

1-2-schichtiger
Sklerenchymring

kollaterales Leitbündel aus:
Xylem
Phloem

konzentrisches Leitbündel

Markparenchym

Cyperus alternifolius

Cyperaceae

Geschlossen-kollaterale Leitbündel im Sproß

- Querschnitt -
(Färbung: Phloroglucin + HCl)

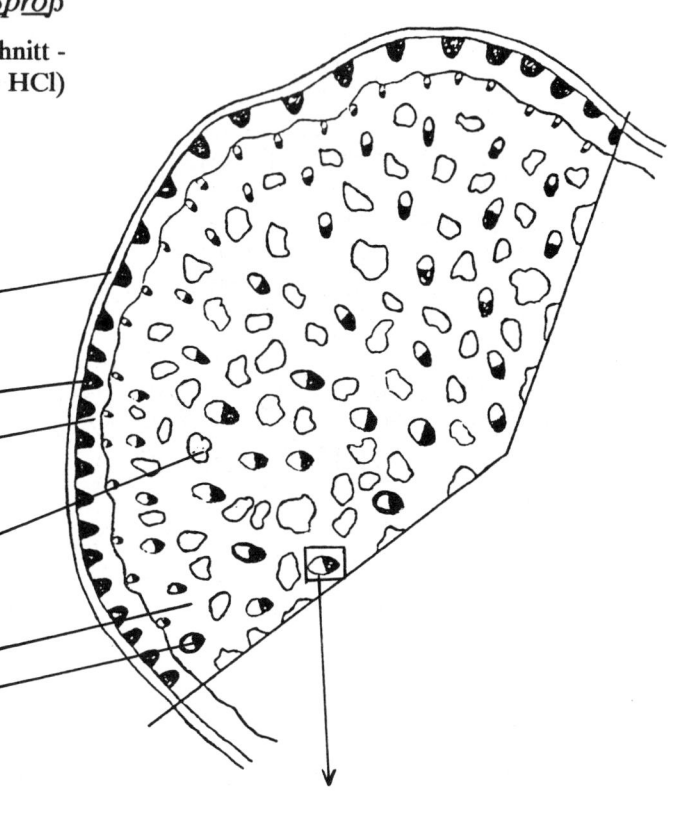

Übersicht über den Sproß

Epidermis mit dicker
Cuticula und
cutinisierter Schicht

Sklerenchymstrang

Rindenparenchym
mit Chloroplasten und
Stärkekörnern

Wasserspeicher-
parenchym aus sehr
großlumigen Zellen

Markparenchym

geschlossen-kollaterales
Leitbündel

Übersicht über ein Leitbündel

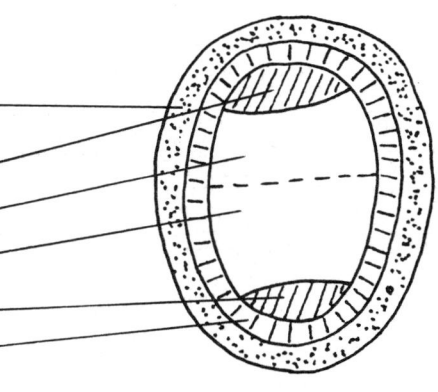

parenchymatische
Stärkescheide

Protophloem

Metaphloem

Metaxylem

Protoxylem

Sklerenchymring

Cyperus alternifolius
Cyperaceae

Geschlossen-kollaterales Leitbündel im Sproß

- Querschnitt -
(Färbung: Phloroglucin + HCl)

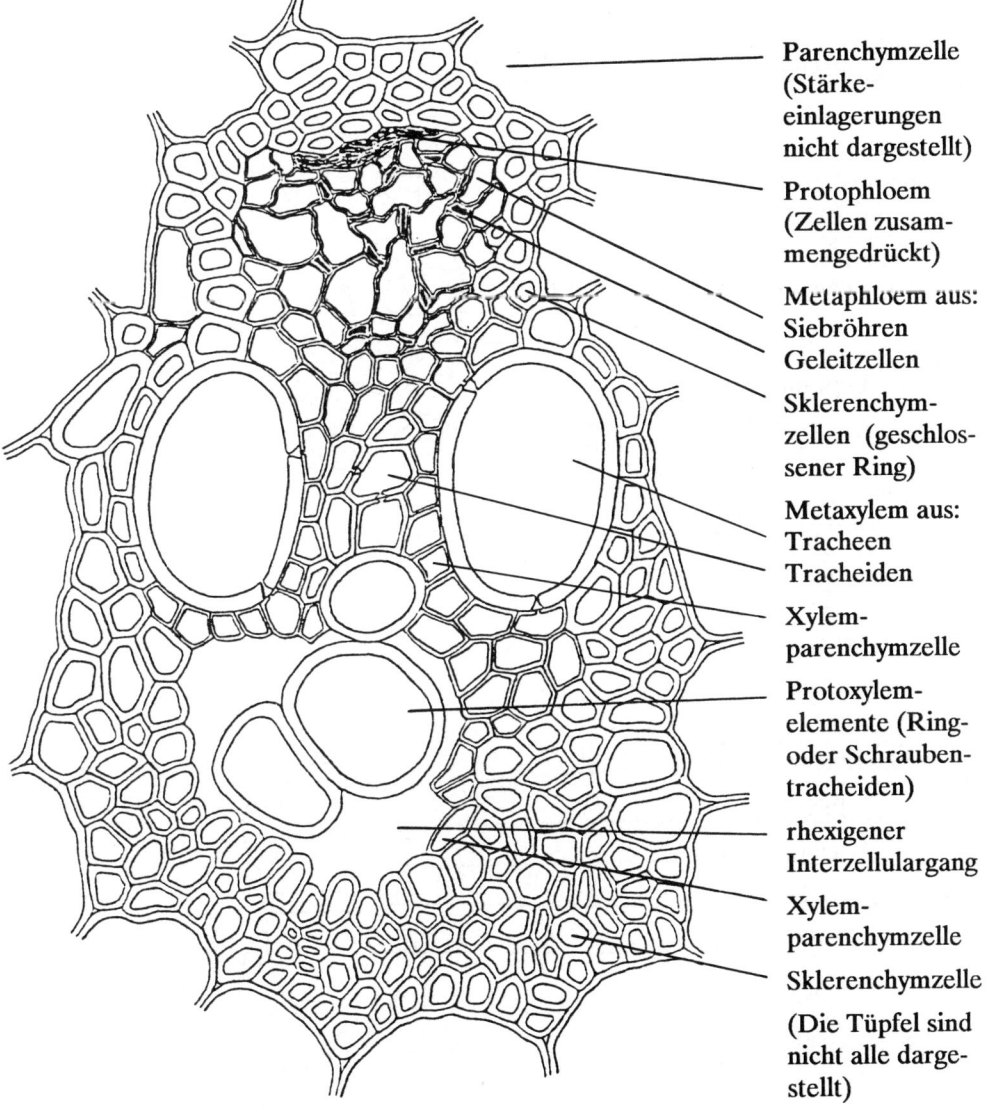

Parenchymzelle
(Stärke-
einlagerungen
nicht dargestellt)

Protophloem
(Zellen zusam-
mengedrückt)

Metaphloem aus:
Siebröhren
Geleitzellen

Sklerenchym-
zellen (geschlos-
sener Ring)

Metaxylem aus:
Tracheen
Tracheiden

Xylem-
parenchymzelle

Protoxylem-
elemente (Ring-
oder Schrauben-
tracheiden)

rhexigener
Interzellulargang

Xylem-
parenchymzelle

Sklerenchymzelle

(Die Tüpfel sind
nicht alle darge-
stellt)

Ranunculus repens

Ranunculaceae

Offen-kollaterale Leitbündel im Sproß

-Querschnitt -
(Färbung: Phloroglucin + HCl)

Übersicht über den Sproß

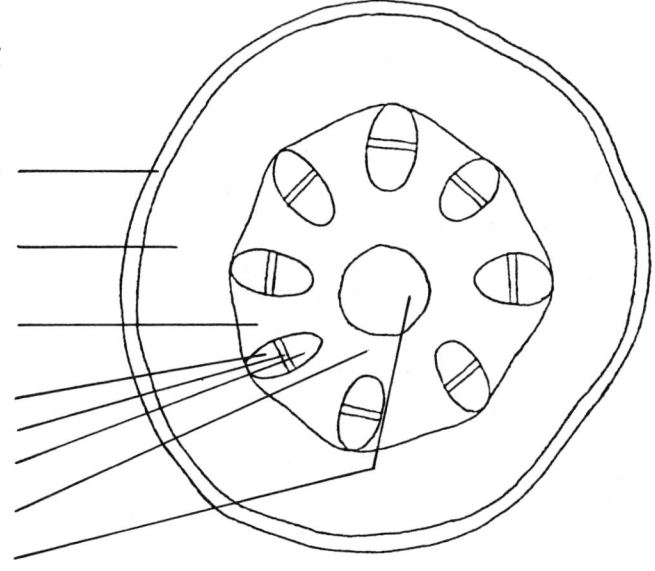

Epidermis mit Cuticula
und cutinisierter Schicht

Rindenparenchym
mit Chloroplasten

Markstrahl

Leitbündel aus:
Phloem
Kambium
Xylem

Markparenchym

rhexigene Markhöhle

Übersicht über ein Leitbündel

Sklerenchymkappe

Protophloem

Metaphloem

faszikuläres Kambium

Metaxylem

Protoxylem

Sklerenchymkappe

Ranunculus repens

Ranunculaceae

Offen-kollaterales
Leitbündel im Sproß

- Querschnitt -
(Färbung: Phloroglucin + HCl)

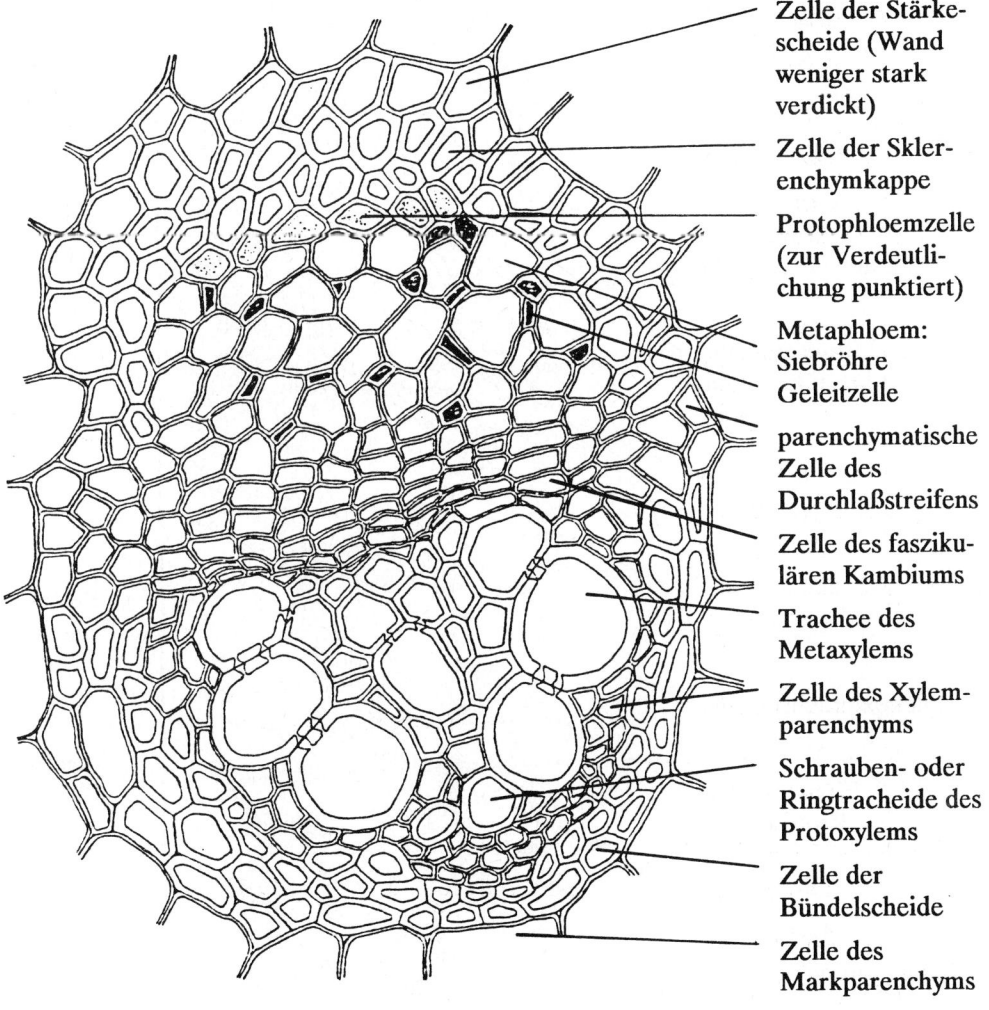

Zelle der Stärke-
scheide (Wand
weniger stark
verdickt)

Zelle der Skler-
enchymkappe

Protophloemzelle
(zur Verdeutli-
chung punktiert)

Metaphloem:
Siebröhre
Geleitzelle

parenchymatische
Zelle des
Durchlaßstreifens

Zelle des fasziku-
lären Kambiums

Trachee des
Metaxylems

Zelle des Xylem-
parenchyms

Schrauben- oder
Ringtracheide des
Protoxylems

Zelle der
Bündelscheide

Zelle des
Markparenchyms

Cucurbita pepo

Cucurbitaceae

Offenes bikollaterales Leitbündel im Blattstiel

- Querschnitt -
(Färbung: Phloroglucin + HCl)

Ausschnitt

Siebröhre

Geleitzelle (punktiert)

Kambiumzelle

Ring- oder
Schraubentracheide

Tüpfeltracheide mit
doppelt behoften
Tüpfeln

Trachee

Schrauben- oder
Ringtracheide

Xylemparenchymzelle

Elemente des
Protoxylems

Siebröhre

Geleitzelle

Markparenchymzelle

Peripherie des Sprosses

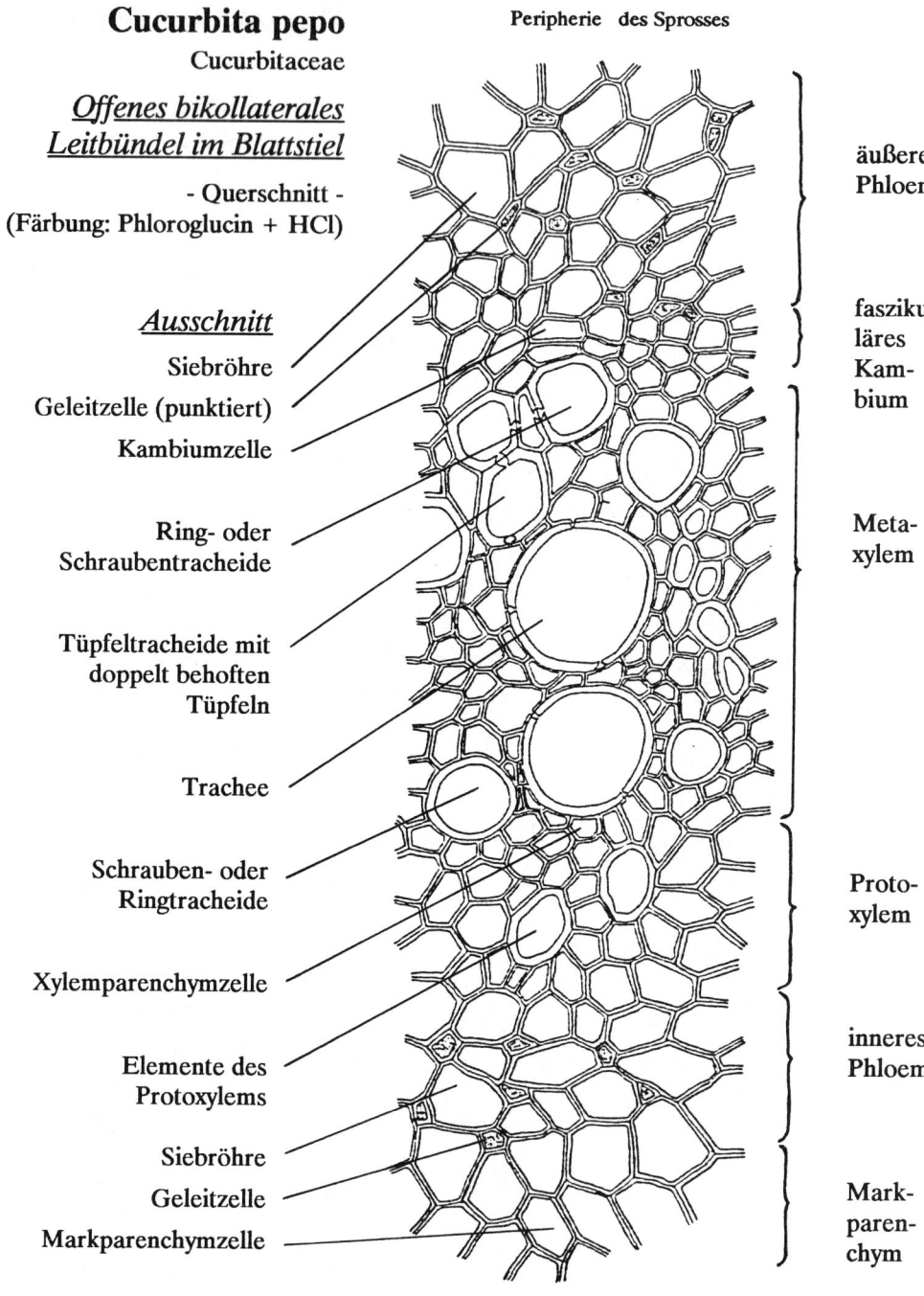

äußeres
Phloem

fasziku-
läres
Kam-
bium

Meta-
xylem

Proto-
xylem

inneres
Phloem

Mark-
paren-
chym

Sproßachse

Nuphar luteum

Nymphaeaceae

Reduzierte Leitbündel

- Querschnitt -
(Färbung: Phloroglucin + HCl)

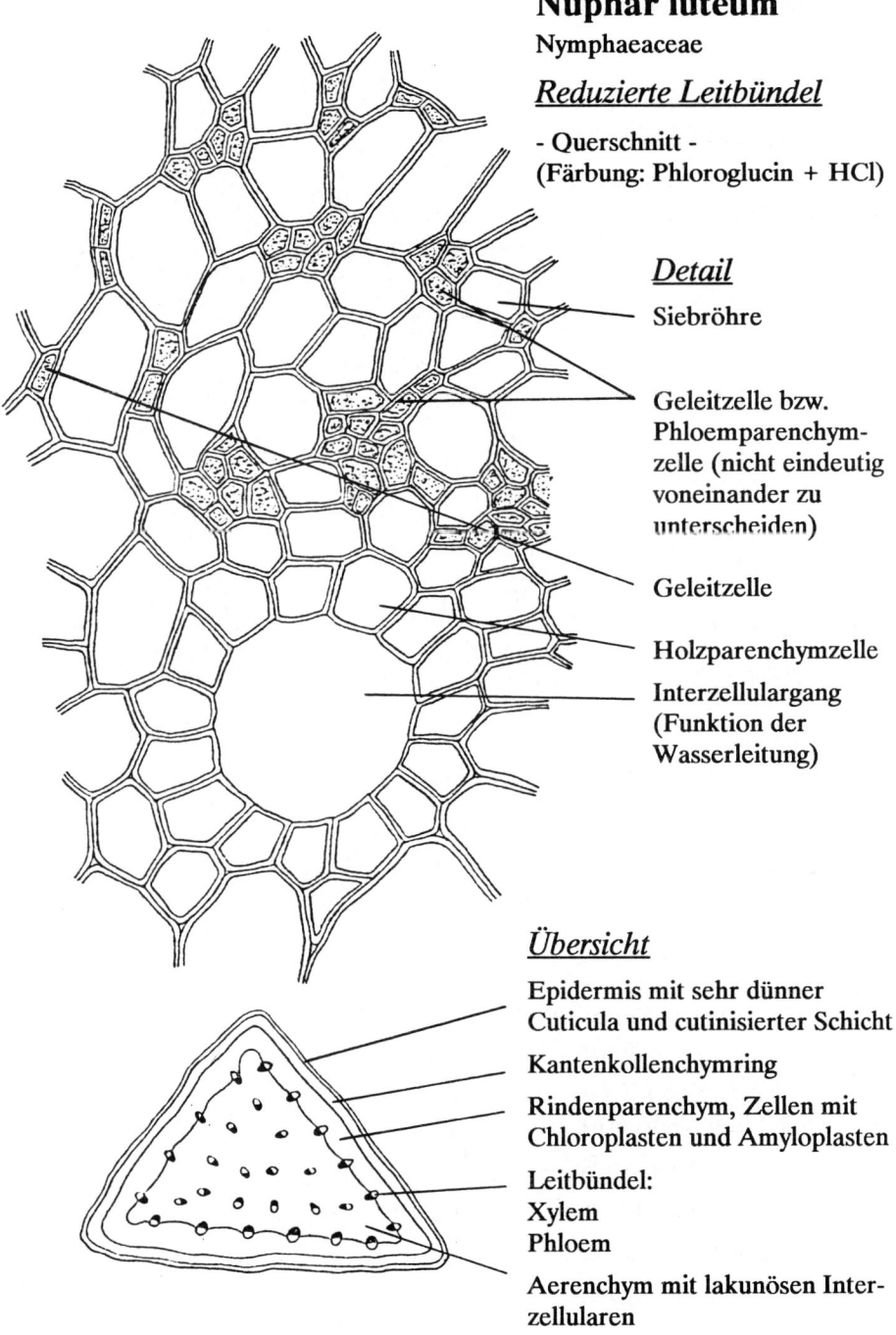

Detail

Siebröhre

Geleitzelle bzw.
Phloemparenchym-
zelle (nicht eindeutig
voneinander zu
unterscheiden)

Geleitzelle

Holzparenchymzelle

Interzellulargang
(Funktion der
Wasserleitung)

Übersicht

Epidermis mit sehr dünner
Cuticula und cutinisierter Schicht

Kantenkollenchymring

Rindenparenchym, Zellen mit
Chloroplasten und Amyloplasten

Leitbündel:
Xylem
Phloem

Aerenchym mit lakunösen Interzellularen

Elodea canadensis
Hydrocharitaceae

Reduziertes hadro-zentrisches Leitbündel

- Querschnitt -
(Färbung: Phloroglucin + HCl)

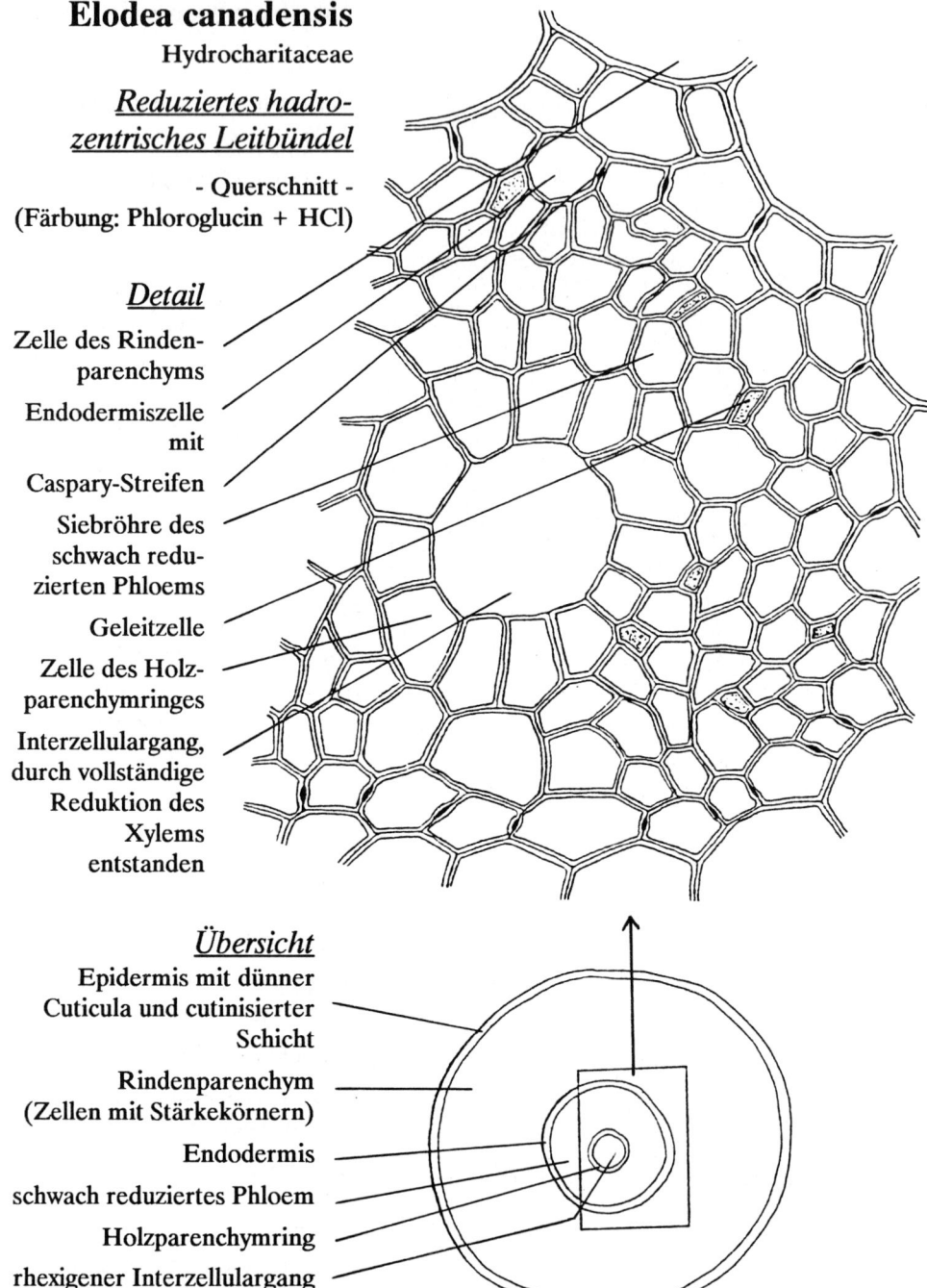

Detail

Zelle des Rinden-
parenchyms

Endodermiszelle
mit

Caspary-Streifen

Siebröhre des
schwach redu-
zierten Phloems

Geleitzelle

Zelle des Holz-
parenchymringes

Interzellulargang,
durch vollständige
Reduktion des
Xylems
entstanden

Übersicht
Epidermis mit dünner
Cuticula und cutinisierter
Schicht

Rindenparenchym
(Zellen mit Stärkekörnern)

Endodermis

schwach reduziertes Phloem

Holzparenchymring

rhexigener Interzellulargang

Mnium cuspidatum
Mniaceae

Primitives "Leitbündel" im Kauloid

- Querschnitt -

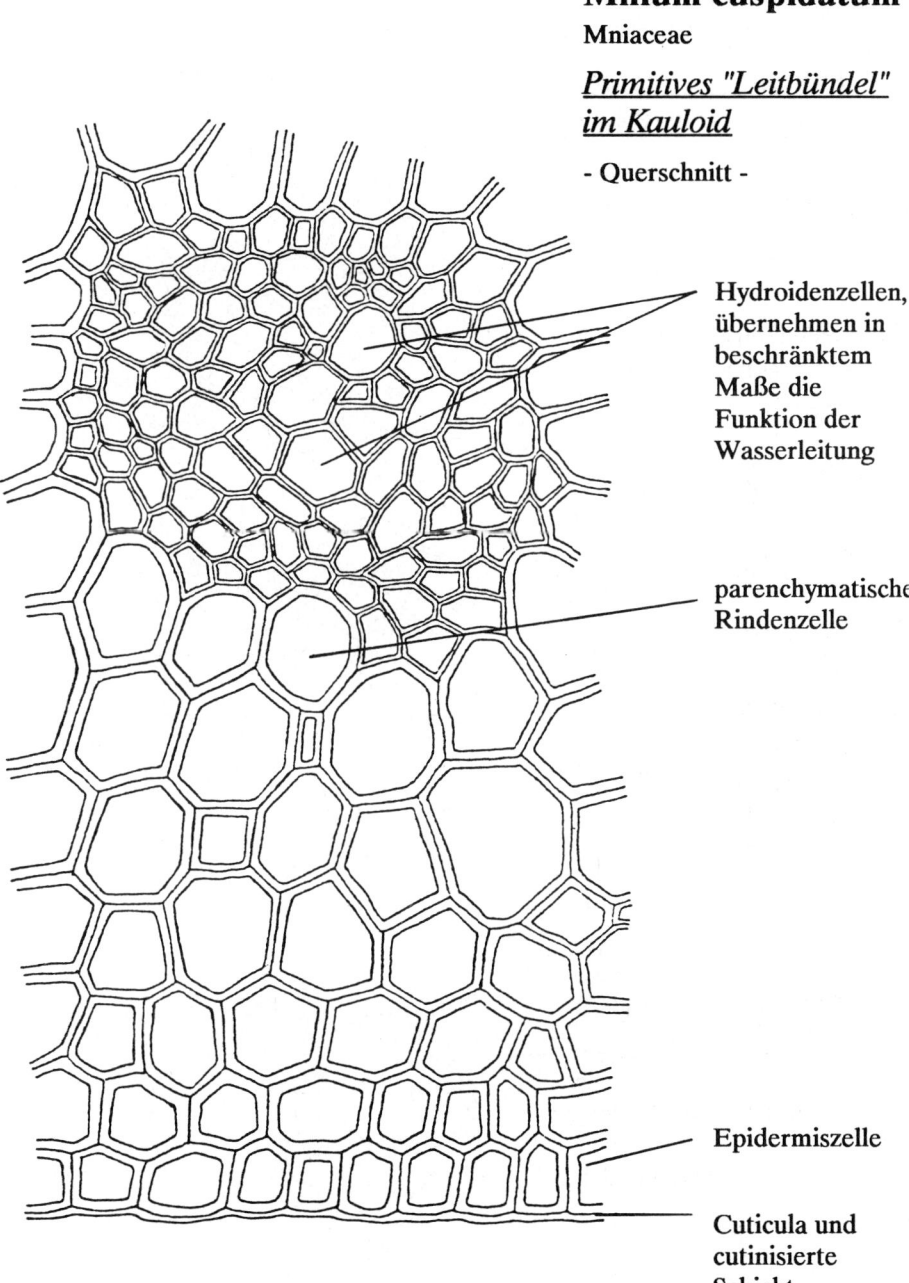

Hydroidenzellen, übernehmen in beschränktem Maße die Funktion der Wasserleitung

parenchymatische Rindenzelle

Epidermiszelle

Cuticula und cutinisierte Schicht

Polytrichum commune

Polytrichaceae

Primitives "Leitbündel" im Kauloid

- Querschnitt -

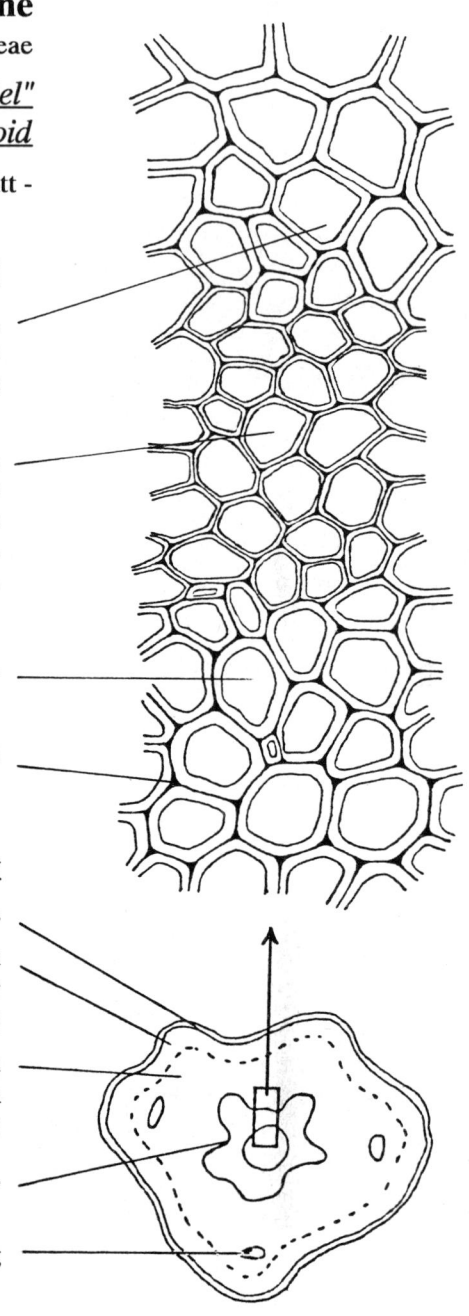

Detail

Hydroide,
dient in beschränktem Maße
der Wasserleitung

Leptoide,
dient in beschränktem Maße
der Assimilatleitung (Zellen
enthalten Plasma mit Leukoplasten und Amyloplasten)

parenchymatische Zelle

Zwickel

Übersicht

Epidermis

Rindenparenchym
(2-3 Zellschichten mit stärker
verdickten Zellwänden)

Rindenparenchym
(Zellen mit schwach
verstärkten Zellwänden)

"Leitbündel"

Blattspurstrang

vor dem Anlegen der ersten Phloem-
und Xylemprimanen:

Chlorophytum comosum
Liliaceae

Leitbündelentwicklung im Sproß - Initialbündel

- Querschnitt -

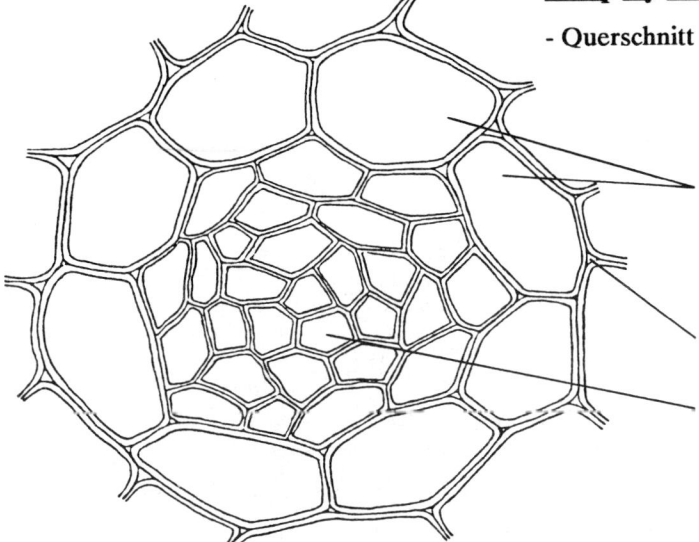

Zellen des umge-
benden Grund-
gewebes, z.T. schon
weitgehend
ausdifferenziert

Interzellulare

meristematische
Zelle des Initial-
bündels (meriste-
matischer Charak-
ter bleibt längere
Zeit erhalten)

nach dem Anlegen der ersten Phloem-
und Xylemprimanen:

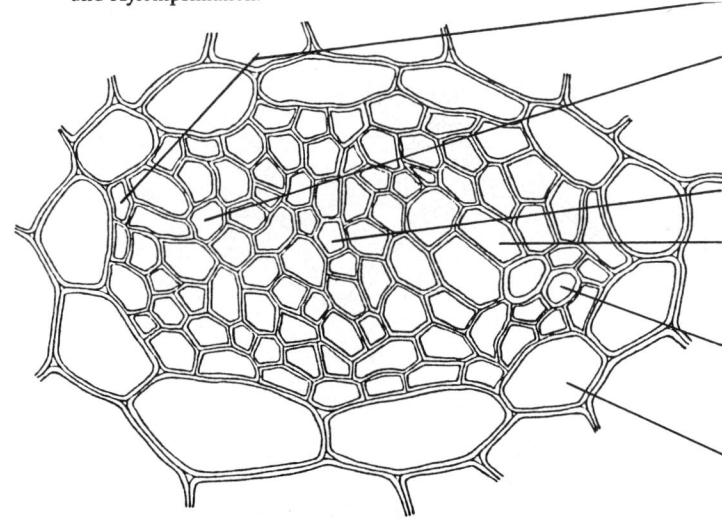

Protophloemzelle

Zelle des
Metaphloems
(noch nicht
ausdifferenziert)

Zelle der kambialen
Zone

Zelle des Meta-
xylems (noch nicht
ausdifferenziert)

Schrauben- bzw.
Ringtracheide des
Protoxylems

Zelle des umgeben-
den Grund-
parenchyms

Chlorophytum comosum
Liliaceae

Leitbündelentwicklung im Sproß
- teilweise ausdifferenziertes
Initialbündel

- Querschnitt -
(Färbung: Phloroglucin + HCl)

Protophloemzelle

Zelle des Metaphloems
(Differenzierung
in Siebröhren und
Geleitzellen noch nicht
eindeutig festzustellen)

Zelle der kambialen
Zone (Kambium in
Reduktion begriffen)

Zellen des Metaxylems
(z.T. schon
ausdifferenziert)

Protoxylemelement

Zellen des umgebenden
Grundgewebes (weitge-
hend ausdifferenziert)

Vom Protophloem und Protoxylem schreitet die Ausbildung
von Siebröhren und Gefäßen bündeleinwärts fort. Es entstehen
die Elemente des Metaphloems und des Metaxylems, die meist
ein bedeutend größeres Lumen besitzen.

2.3 Endodermis

Die in der Regel einlagige Endodermis ist eine Zellschicht, die innere Gewebemassen gegeneinander abgrenzt. Sie ist regelmäßig in Wurzeln zu finden, kommt aber auch im Sproß und im Blatt (z.B. Nadelblatt) vor. Sie kann als Einzelscheide jedes einzelne Leitbündel umgeben (z.B. bei *Pteridium aquilinum*) oder als Gesamtscheide alle Bündel gemeinsam umschließen. Ein Mischtyp findet sich bei *Tradescantia fluminensis*, wo jedes Bündel von einer eigenen Scheide umgeben ist und alle Bündel zusammen zusätzlich von einer Gesamtscheide.

In jungen Geweben und bei Wasserpflanzen liegt sie als "**Primäre Endodermis**"vor. Im Querschnitt ist in den Radialwänden ihrer rechteckigen Zellen der "CASPARY-sche Punkt" zu finden. Im räumlichen Bild ist es ein Streifen, der alle Radialwände einer Zelle gürtelförmig durchzieht. In diesem "CASPARY-Streifen" sind in die Zellulose Stoffe eingelagert, die man in ihrer Gesamtheit als Endodermin bezeichnet. Durch Färbung lassen sich z.B. nachweisen: Lignin, Suberin, Cutin, einige Oxifettsäuren und Fettsäuren sowie Gerbstoffe.

Die "Sekundäre Endodermis" älterer Gewebe (z.B. bei dikotylen Landpflanzen) entsteht durch weitere Auflagerung einer Suberinlamelle auf die Zellwand.

Bei der "Tertiären Endodermis" der monokotylen Landpflanzen werden mächtige Zelluloseschichten auf die Sekundäre Endodermis aufgelagert. Sie können entweder gleichmäßig auf alle Zellwände geschichtet werden (O-Scheide) oder nur die innere Tangentialwand sowie der Radialwände verstärken (U-Scheide). Bei manchen Wüstengräsern zum Beispiel wird die Zellwand so stark verdickt, daß nur noch ein winziges Lumen übrigbleibt, das trotzdem noch einen lebenden Protoplasten enthält.

Vor allem in sekundär sehr massiv verstärkten Endodermen bleiben in der Regel einzelne Zellen als "Durchlaßzellen" von der Verdickung ausgespart. Sie besitzen ebenfalls einen CASPARY-Streifen und liegen vorwiegend über dem Hadrom.

Die Endodermis hat die Funktion einer physiologischen Scheide. Von ihrer Entstehung her ist sie die innerste Rindenschicht. Sie kommt in ihrer typischen Ausprägung in der Wurzel vor. Im Sproß findet meist ein fließender Übergang in die Stärkescheide statt.

Die Stärkescheide ist daher der Endodermis homolog. Auch sie stellt, wie die Endodermis, eine physiologische Scheide dar mit zusätzlicher Speicherfunktion. Je nach Bedeutung ihrer Speicherfunktion kann sie mehrschichtig sein. Ist das Streckungswachstum beendet, wird die Stärke aufgelöst.

Objekte

- *Tradescantia fluminensis:* (Commelinaceae)   Primäre Endodermis im jungen Sproß - Mischtyp
  Sekundäre Endodermis im älteren Sproß - Mischtyp
- *Ammophila arenaria:* (Poaceae)   Tertiäre Endodermis im Rollblatt
- *Helleborus foetidus:* (Ranunculaceae)   Stärkescheide im Sproß

Helleborus foetidus
Ranunculaceae

Stärkescheide im Sproß

- Querschnitt -
(Färbung: Iod-Kaliumiodid)

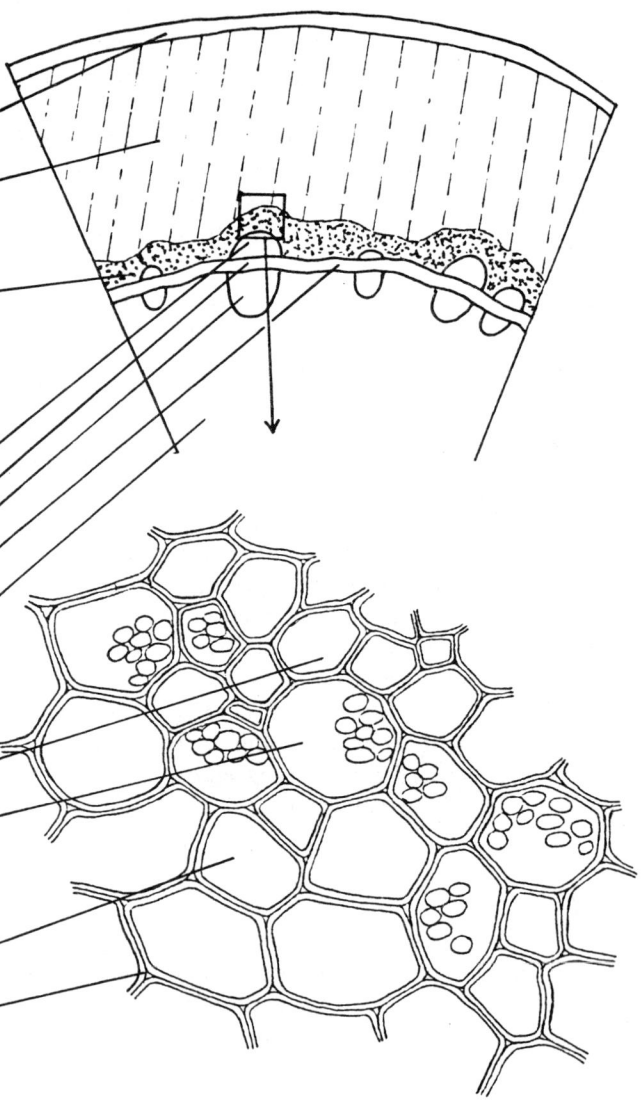

Übersicht

Epidermis mit Cuticula und
cutinisierter Schicht

Assimilationsparenchym
mit Chloroplasten (Anzahl
nimmt nach innen ab)

Stärkescheide,
z.T. mehrschichtig

offenes kollaterales
Leitbündel:

Phloem
Kambium
Xylem

interfaszikuläres Kambium

Markparenchym

Detail

Zelle des Phloems

Zelle der Stärkescheide,
aus einer Rindenparen-
chymzelle entstanden

Rindenparenchymzelle

Interzellulare

Tradescantia fluminensis

Commelinaceae

Primäre Endodermis im jungen Sproß - Mischtyp

- Querschnitt im Spitzenbereich -
(Färbung: Phloroglucin + HCl)

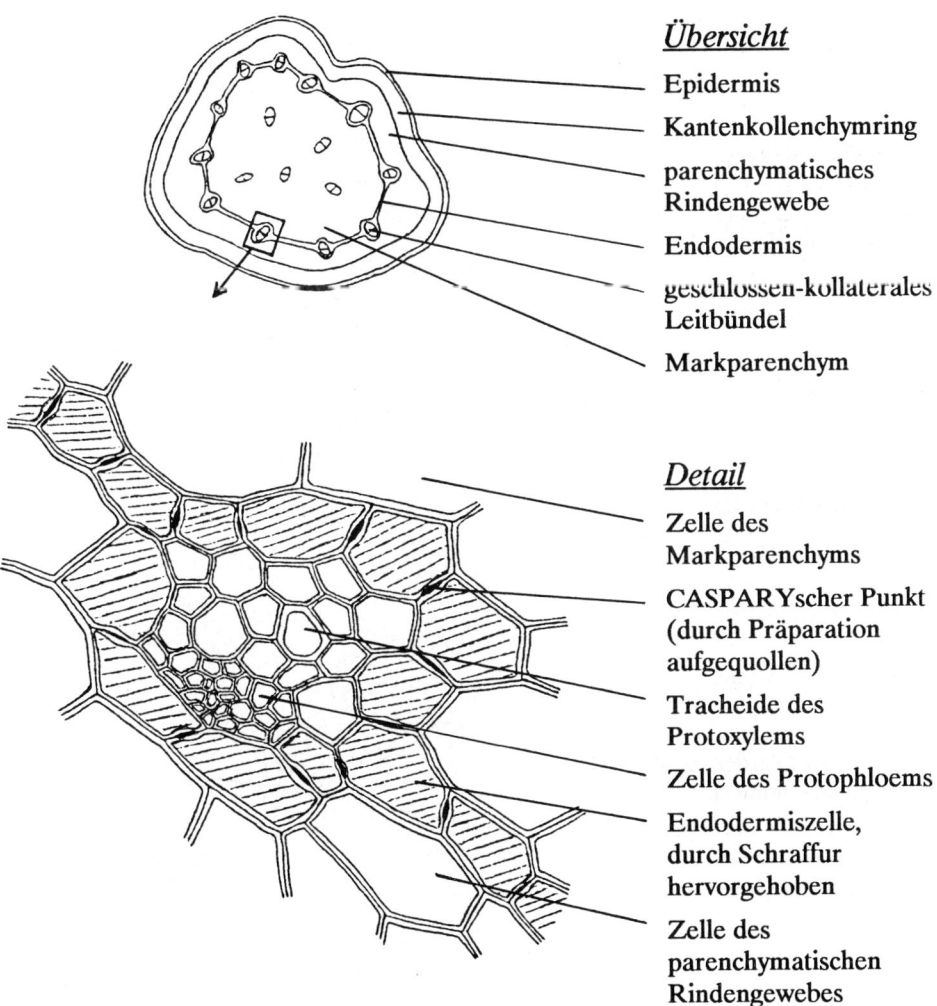

Übersicht

Epidermis

Kantenkollenchymring

parenchymatisches
Rindengewebe

Endodermis

geschlossen-kollaterales
Leitbündel

Markparenchym

Detail

Zelle des
Markparenchyms

CASPARYscher Punkt
(durch Präparation
aufgequollen)

Tracheide des
Protoxylems

Zelle des Protophloems

Endodermiszelle,
durch Schraffur
hervorgehoben

Zelle des
parenchymatischen
Rindengewebes

Tradescantia fluminensis

Commelinaceae

Primäre Endodermis im jungen Sproß - Mischtyp

- Querschnitt in einem älteren Bereich -
(Färbung: Phloroglucin + HCl)

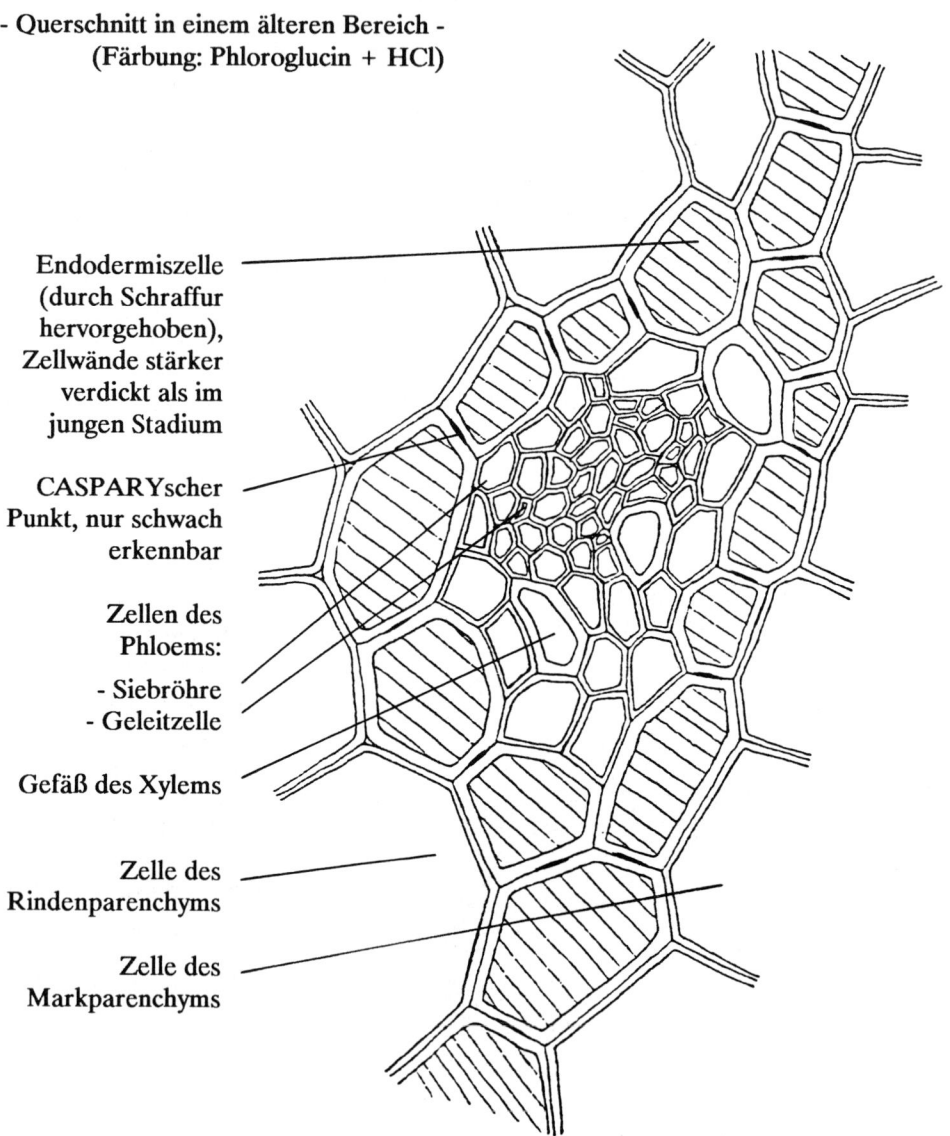

Endodermiszelle
(durch Schraffur
hervorgehoben),
Zellwände stärker
verdickt als im
jungen Stadium

CASPARYscher
Punkt, nur schwach
erkennbar

Zellen des
Phloems:

- Siebröhre
- Geleitzelle

Gefäß des Xylems

Zelle des
Rindenparenchyms

Zelle des
Markparenchyms

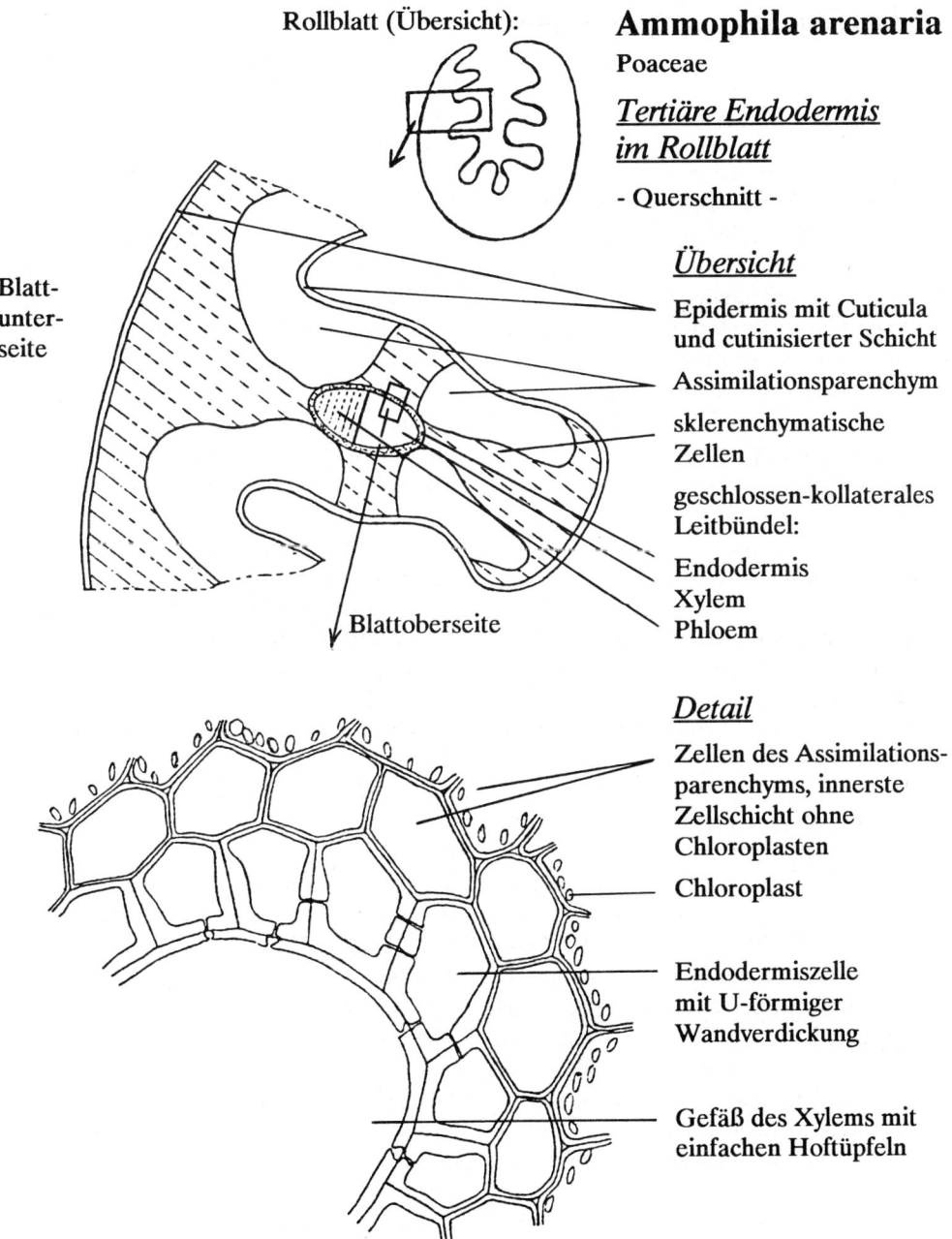

Rollblatt (Übersicht):

Ammophila arenaria

Poaceae

Tertiäre Endodermis im Rollblatt

- Querschnitt -

Blatt-
unter-
seite

Blattoberseite

Übersicht

Epidermis mit Cuticula
und cutinisierter Schicht

Assimilationsparenchym

sklerenchymatische
Zellen

geschlossen-kollaterales
Leitbündel:

Endodermis
Xylem
Phloem

Detail

Zellen des Assimilations-
parenchyms, innerste
Zellschicht ohne
Chloroplasten

Chloroplast

Endodermiszelle
mit U-förmiger
Wandverdickung

Gefäß des Xylems mit
einfachen Hoftüpfeln

2.4 Dickenwachstum des Sprosses

2.4.1 Primäres Dickenwachstum

Beim primären Dickenwachstum (primäres Erstarkungswachstum) wird die Hauptachse des Keimlings durch umfangreiche Erstarkung von Anfang an so weit verdickt und mit soviel Leit- und Festigungsgewebe ausgestattet, daß dieses bei ihrem späteren Längenwachstum der ganzen zukünftigen Größenzunahme genügt. Ein Beispiel dafür sind die Palmen, die von Anfang an mächtige und daher gleichmäßig säulenförmige Stämme aufbauen.

2.4.2 Sekundäres Dickenwachstum

Sekundäres Dickenwachstum geht immer von einem Kambium aus. Bei den Liliaten, z.B. *Dracaena, Yucca, Aloe, Cordyline* (alle anderen Liliaten besitzen kein sekundäres Dickenwachstum), erhält die innerste parenchymatische Rindenschicht ihre Teilungsfähigkeit wieder (Folgemeristem) und gliedert zunächst nur nach innen Zellen ab. Diese differenzieren sich zu sekundären Leitbündeln, Markstrahlen und Markgewebe. Durch Verholzen des Markstrahlgewebes bildet sich ein Ring von Zellen, in den die sekundären Leitbündel eingelagert sind. Später kann das Folgemeristem auch nach außen Zellen abgeben, die dann ein sekundäres Rindengewebe bilden. Durch das Dickenwachstum zerreißt die Epidermis. Als sekundäres Abschlußgewebe wird dann ein Korkgewebe angelegt.

Das sekundäre Dickenwachstum der Magnoliaten geht aus von einem Restmeristem, dem faszikulären Kambium, das auf das Urmeristem zurückgeht. Die von ihm gebildeten Zellen differenzieren sich nach außen zu Phloemzellen und nach innen zu Xylemzellen aus. Man unterscheidet bei den Magnoliaten verschiedene Typen des sekundären Dickenwachstums:

Der **Lianen-Typ** (Aristolochia-Typ), tritt bei Sprossen auf, die winden. In den Leitbündeln liegt faszikuläres Kambium, dazwischen interfaszikuläres oder Markstrahlkambium, das Markstrahlgewebe nach innen und nach außen abgibt. Dieses polygene Kambium besteht aus mehreren Zellreihen. Im Bereich des Xylems werden Jahresringe ausgebildet, die bei Gewächsen unserer Breiten wesentlich ausgeprägter sind als bei tropischen Pflanzen. Liegen die großen Gefäße am Beginn des Jahresringes, spricht man von ringporigem Holz, sind sie über den ganzen Jahresring verstreut, ist es ein zerstreutporiges Holz. Beim Phloem kommt im allgemeinen keine Jahresrhythmik vor. Tätig ist meist nur das Phloem des letzten Jahres. Sofern ältere Phloemzellen noch intakt sind, dienen sie meist der Speicherung von Reservestoffen. Bei der Dikkenzunahme des Sprosse reißt die Epidermis schon frühzeitig auf, und ein sekundäres Abschlußgewebe (Kork) übernimmt den Schutz des Sprosses nach außen. Das Rindengewebe kann durch Dilatationswachstum (Einziehen von Radialwänden) eine Zeit lang der Zunahme des Umfanges folgen. Die primäre Rinde reißt schließlich aber doch auf und wird abgestoßen. Tiefere Schichten bilden dann das Korkkambium. Der Sklerenchymring zerreißt ebenfalls durch das Dickenwachstum. Parenchym dringt in die Lücken ein. Seine Zellen können zu Steinzellen werden und auf diese Art den Ring wieder schließen. Die sekundären Markstrahlen entstehen nicht aus dem Markstrahlgewebe, sondern aus faszikulärem Kambium und enden blind im Phloem.

Beim **Zwischenbündel- oder Helianthus-Typ** (Ricinus-Typ) gehen aus einem Prokambiumring primäre Leitbündel hervor, die mit den Blattspursträngen in Verbindung stehen. Zwischen diesen primären Bündeln bilden sich sekundäre Bündel, die die zunächst sehr breiten Markstrahlen stark aufgliedern und verschmälern. Dadurch ist die Flexibilität des Sprosses nicht mehr so groß, wie die des Lianen-Typs. Durch Verholzen der Markstrahlzellen schließt sich der Xylemring in späteren Entwicklungsstadien. Die primäre Rinde bleibt erhalten und wird durch Dilatationswachstum erweitert, um der Dickenzunahme des Sprosses zu folgen. Antikline Teilungen finden auch in Bereichen des Markgewebes und der Markstrahlen statt. In späteren Entwicklungsstadien ist eine Unterscheidung zwischen primären und sekundären Leitbündeln allenfalls noch dadurch möglich, daß über den primären Leitbündeln stets Sklerenchymnester liegen und über den sekundären Leitbündeln keine oder nur ganz kleine vorkommen.

Beim **Linum- oder Baum-Typ** (Tilia-Typ) liegen bereits die vom Prokambiumring ausgehenden Initialbündel sehr dicht zusammen, die Markstrahlen sind demnach von Anfang an sehr schmal. Dadurch daß sie sehr früh verholzen, entsteht auch sehr früh ein geschlossener Xylemzylinder. Der Phloemring ist ebenfalls geschlossen.

2.4.3 Abschlußgewebe bei sekundärem Dickenwachstum

Nach dem Zerreißen verliert die Epidermis ihre Funktion als Verdunstungsschutz. **Korkgewebe** (ein- oder mehrschichtig) treten an ihre Stelle. Dieser Kork kann epidermal, subepidermal oder von tiefer gelegenen Schichten des Rindenparenchyms gebildet werden. Er geht hervor aus der Tätigkeit eines besonderen sekundären Meristems, dem **Korkkambium (Phellogen)**. Dieses bildet nach außen in radialen Reihen Zellen, die keine Interzellularen besitzen. Man nennt sie, ob verkorkt oder unverkorkt, den Kork (Phellem). Die vom Korkkambium nach innen spärlich abgegebenen Zellen, die zu chlorophyllreichen unverkorkten Rindenzellen werden, bezeichnet man als Phelloderm. Der gesamte Gewebekomplex aus Korkkambium, Kork und Phelloderm ist das Periderm. Hat seine Bildung eingesetzt, werden zunächst grün gefärbte Stengel allmählich braun oder grau.

Ein geschlossenes, interzellularenfreies Korkgewebe würde allerdings den Gasaustausch zwischen der Atmosphäre und dem Innern des Organs verhindern. Einen gewissen Ersatz für Spaltöffnungn leisten daher die bereits mit bloßem Auge am Sproß erkennbaren Korkwarzen (Lentizellen). Es sind Bereiche, in denen das Phellogen besonders aktiv ist. Die Zellen, die es produziert, haben eine rundliche Form. Nach Auflösung der Mittellamelle liegen sie locker als sogenannte Füllzellen in der nach außen offenen Korkwarze. Durch die Zwischenräume zwischen den einzelnen Zellen kann Luft relativ ungehindert in das Innere eindringen. Im Flaschenkork erkennt man die Lentizellen als mit dunkelbraunem Pulver gefüllte Kanäle.

Das **Polyderm** kommt in seiner schönsten Ausbildung als sekundäres Abschlußgewebe in der Wurzel vor, zieht sich jedoch je nach Pflanzenart auch bis zu 50 cm im Sproß hoch. Es entsteht im Bereich der inneren Rinde. Beim Aufreißen des Sklerenchymringes regen seine Zellen, wenn sie absterben, die darunterliegenden Rindenparenchymzellen zur Teilung und damit zur

Bildung dieses Gewebes an. Abgesprengte Nester oder einzelne Sklerenchymzellen tun dies ebenfalls. Dadurch entstehen tiefer liegende Polydermnester, die die Form eines Spinnennetzes haben.

Da die Gewebe außerhalb des Korkkambiums von der Nahrungs- und Wasserzufuhr abgeschnitten werden, sterben sie mit der Zeit ab. Bei den meisten Pflanzen stellt das erste Korkkambium in Stamm und Wurzel seine Lebenstätigkeit ein. Ein neues Korkkambium wird tiefer innerhalb der Rinde angelegt. Auch dieses stirbt nach einiger Zeit ab und wird durch ein weiteres ersetzt, und so fort. Die Gesamtheit der auf diese Art abgetrennten Gewebe zusammen mit den immer wieder eingeschalteten Peridermen und den Teilen des nicht mehr funktionsfähigen Phloems (Weich- und Hartbast) bezeichnet man als **Borke.** Sie stellt also einen überwiegend toten Gewebeverband dar; lebend ist nur die am tiefsten liegende Peridermschicht. Mit Hilfe der Borkenbildung stößt die Pflanze die nicht mehr funktionstüchtigen Gewebeteile ab. Dazu gehören: Rindenparenchym, Kollenchym, Weichbast (Siebröhren, Geleitzellen, Bastparenchym), Hartbast, zuweilen auch Steinzellen.

Man unterscheidet verschiedene Formen der Borke:
- Bei der **Schuppenborke** (z.B. *Quercus, Platanus*) reißt die Borke entlang der Peridermlamellen und ihrer Querverbindungen auf. In ihr sind unregelmäßig Steinzellen und Hartbastteile eingelagert.
- In der **Ringelborke** (z.B. *Betula, Prunus cerasus*) bilden die einzelnen Korklagen ringsum geschlossene Hohlzylinder.
- **Faser- oder Streifenborke** (z.B. *Vitis, Clematis*) entsteht, wenn die ringförmigen Korklagen von parenchymatischen Streifen unterbrochen sind.

Bei *Pinus* fehlen die Hartbastelemente in der Borke, das Periderm bildet sekundär Steinzellen mit Stützfunktion aus. In die Borke sind häufig Gerbstoffe eingelagert, die das Eindringen von Insekten und Krankheitskeimen verhindern (Gerberlohe). Außerdem können Alkaloide (z.B. Chinin) und ätherische Öle darin enthalten sein.

2.5 Das Rhizom

Obwohl das Rhizom (Erdsproß) überwiegend unterirdisch wächst, ist es trotzdem ein echter Sproß. Sein Wachstum erfolgt horizontal oder schwach aufsteigend. Rhizome dienen häufig der vegetativen Fortpflanzung und besitzen zusätzlich Speicherfunktion. Als echter Sproß besitzen sie eine gut ausgebildete Cuticula mit cutinisierter Schicht. Unter der Epidermis liegt ein kräftig ausgebildetes Rindenparenchym, das vorwiegend Speicherfunktion besitzt (Kohlenhydrate, Fette, Öle). Das Stützgewebe, ein Rindensklerenchym, ist nach innen zum Zentrum hin verlagert. Darauf kann nach innen eine Endodermis oder eine Stärkescheide folgen. Die Rhizome sind sehr intensiv mit Leitelementen versorgt; häufig kommen konzentrische Leitbündel vor, die in der Regel leptozentrisch sind. Ihr Mark ist vollgestopft mit Reservestoffen, meistens Stärke. Die jüngeren Teile eines Erdprosses sind stark bewurzelt, die älteren Teile sterben nach und nach ab.

2.6 Abnormales sekundäres Dickenwachstum

Diese, besonders bei Lianen vorkommende, Erscheinung bringt sehr unterschiedlich gestaltete Sproßformen hervor. Bei den

Fabaceae entsteht beispielsweise ein zusammengesetzter Holzkörper dadurch, daß mehrere nacheinander produzierende Kambien (Folgemeristeme) aktiv werden. Es können sich dadurch bandförmig abgeflachte Sprosse entwickeln.

Objekte

- *Cordyline fruticosa:*
  (Agavaceae)
Sekundäres Dickenwachstum durch Folgemeristem (verschiedene Stadien)

- *Aristolochia macrophylla:*
  (Aristolochiaceae)
Sekundäres Dickenwachstum - Lianen-Typ (ein- und fünfjähriger Sproß)

- *Helianthus annuus:*
  (Asteraceae)
Sekundäres Dickenwachstum - Zwischenbündel-Typ (junges, mittleres und älteres Stadium)

- *Linum usitatissimum:*
  (Linaceae)
Sekundäres Dickenwachstum - Baum-Typ (junges und mittleres Stadium)

- *Quercus robur:*
  (Fagaceae)
Sekundäre Abschlußgewebe und Borkenbildung

- *Pinus sylvestris:*
  (Pinaceae)
Borkenbildung

- *Clematis vitalba:*
  (Ranunculaceae)
Ringelborke (junges und älteres Stadium)

- *Sambucus nigra:*
  (Caprifoliaceae)
Lentizelle

- *Oenothera biennis:*
  (Onagraceae)
Polyderm

- *Urtica dioica:*
  (Urticaceae)
Rhizom

- *Rhynchosia phaseoloides:*
  (Fabaceae)
Abnormales sekundäres Dickenwachstum (mittleres und älteres Stadium)

Cordyline fruticosa
Agavaceae

Sekundäres Dickenwachstum durch Folgemeristem

- Querschnitt -
(Färbung: Phloroglucin + HCl)

Übersicht

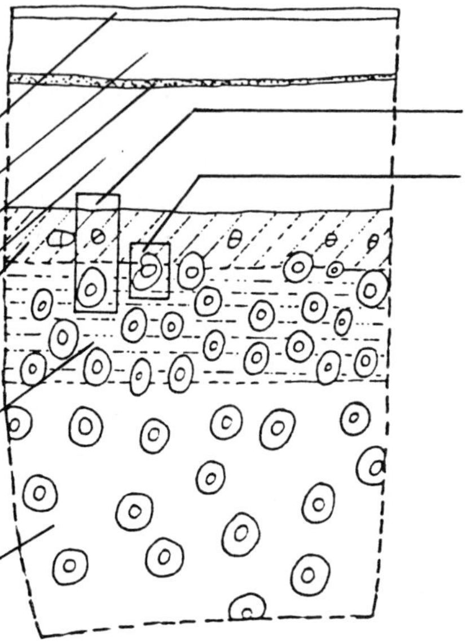

Epidermis

Phellem
Phellogen

Rindenparenchym

Folgemeristem mit Initial-
bündeln, aus innerem Rin-
denparenchym entstanden

Sekundäres Parenchym,
verholzt, enthält sekundäre
leptozentrische Leitbündel

primäres Parenchym

Detail 2

Detail 1

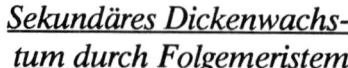

Detail 1
**Entwicklungsstufe eines
leptozentrischen
sekundären Leitbündels**

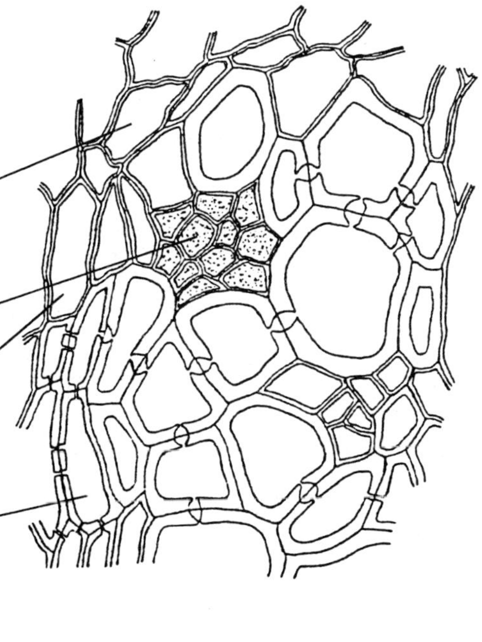

Markparenchym
(sekundäres Parenchym)

Zelle des Phloems

parenchymatische
Markstrahlzelle

verholzte Markstrahlzelle

Cordyline fruticosa

Agavaceae

Sekundäres Dickenwachs-
tum durch Folgemeristem

- Querschnitt -
(Färbung: Phloroglucin + HCl)

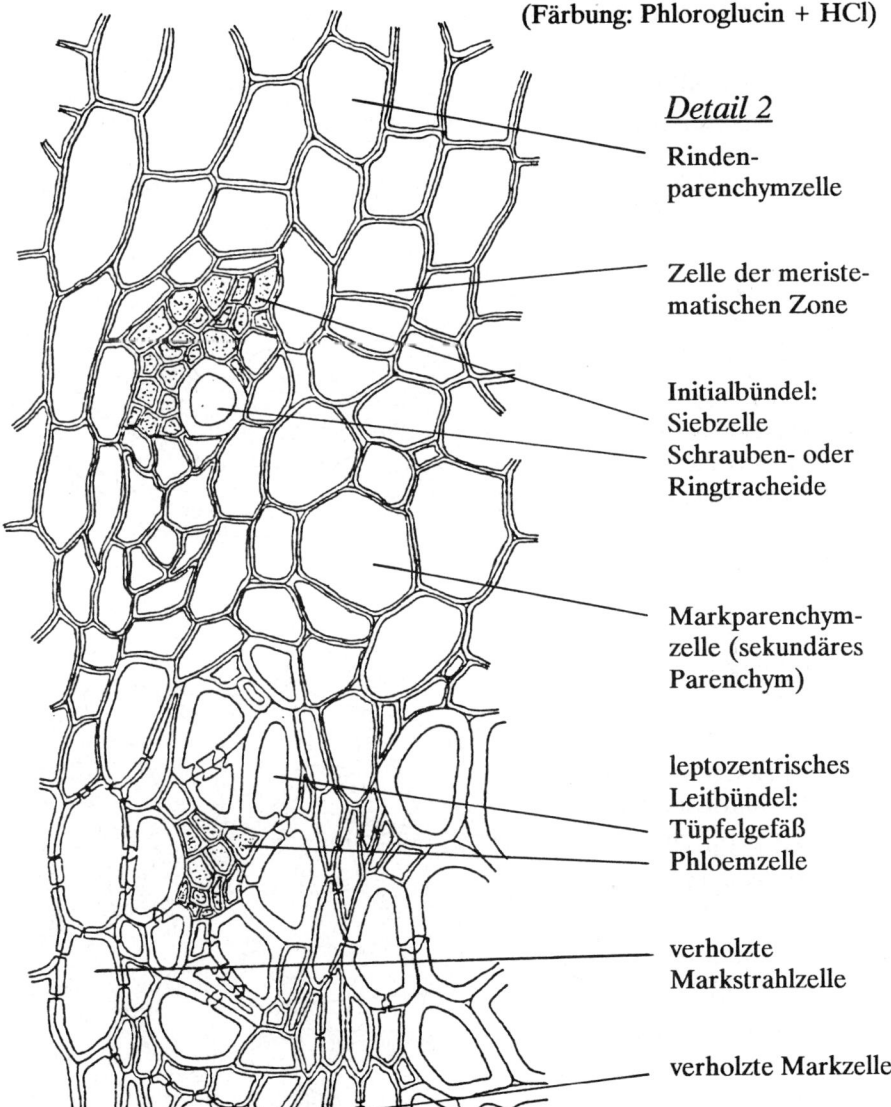

Detail 2

Rinden-
parenchymzelle

Zelle der meriste-
matischen Zone

Initialbündel:
Siebzelle
Schrauben- oder
Ringtracheide

Markparenchym-
zelle (sekundäres
Parenchym)

leptozentrisches
Leitbündel:
Tüpfelgefäß
Phloemzelle

verholzte
Markstrahlzelle

verholzte Markzelle

Aristolochia macrophylla

Aristolochiaceae

Sekundäres Dickenwachstum
Lianen-Typ - einjähriger Sproß

- Querschnitt -
(Färbung: Phloroglucin + HCl)

Übersicht

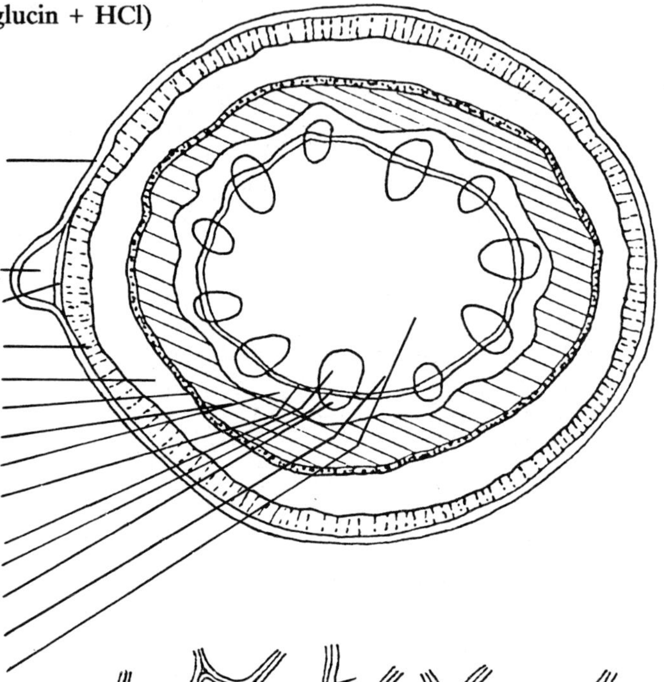

Epidermis mit
dicker Cuticula und
cutinisierter Schicht

Korkleiste:
Pellem
Phellogen

Plattenkollenchym
Rindenparenchym
Stärkescheide
Sklerenchymring
Rindenparenchym
interfasz. Kambium

offenes   /   Xylem
kollaterales〈 Kambium
Leitbündel   \   Phloem

Markstrahl
Markparenchym

Detail

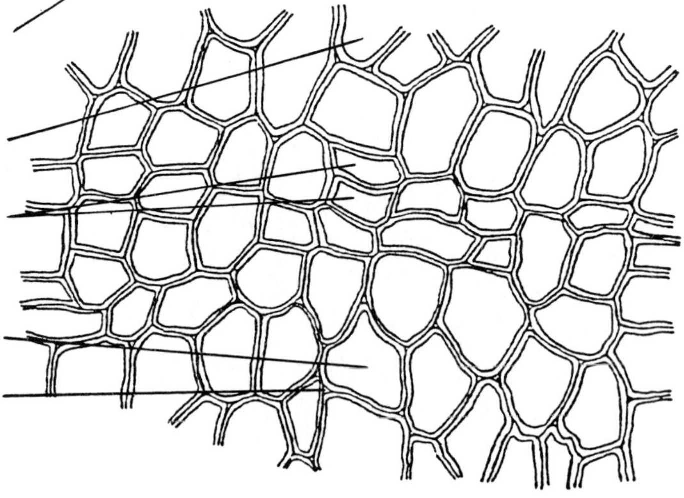

parenchymatische Zelle
des Markstrahls

Markstrahlzellen,
periklin unterteilt
(Folgemeristem)

Markstrahl-
parenchymzelle

Interzellulare

Aristolochia macrophylla

Aristolochiaceae

Sekundäres Dickenwachstum
Lianen-Typ - fünfjähriger Sproß

- Querschnitt -
(Färbung: Phloroglucin + HCl)

Übersicht

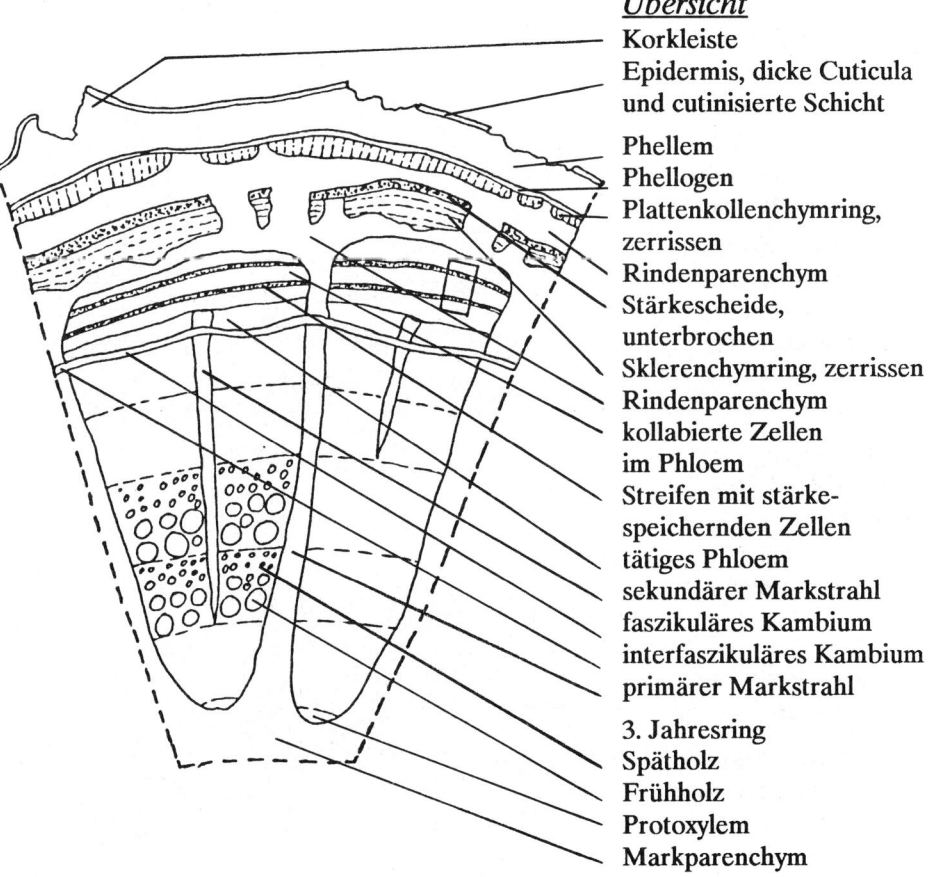

Korkleiste
Epidermis, dicke Cuticula
und cutinisierte Schicht

Phellem
Phellogen
Plattenkollenchymring,
zerrissen
Rindenparenchym
Stärkescheide,
unterbrochen
Sklerenchymring, zerrissen
Rindenparenchym
kollabierte Zellen
im Phloem
Streifen mit stärke-
speichernden Zellen
tätiges Phloem
sekundärer Markstrahl
faszikuläres Kambium
interfaszikuläres Kambium
primärer Markstrahl

3. Jahresring
Spätholz
Frühholz
Protoxylem
Markparenchym

Aristolochia macrophylla

Aristolochiaceae

Sekundäres Dickenwachstum
- fünfjähriger Sproß

- Querschnitt -
(Färbung: Iod-Kaliumiodid)

Detail

**Ausschnitt aus
dem Phloem**

kollabierte
Siebröhren und
Geleitzellen,
Zellinhalt abgebaut

stärkespeichernde
Zellen (Zellinhalt
durch Iod dunkel
gefärbt), liegen
streifenförmig im
älteren Phloem

kollabierte Zellen

stärkespeichernde
Zellen

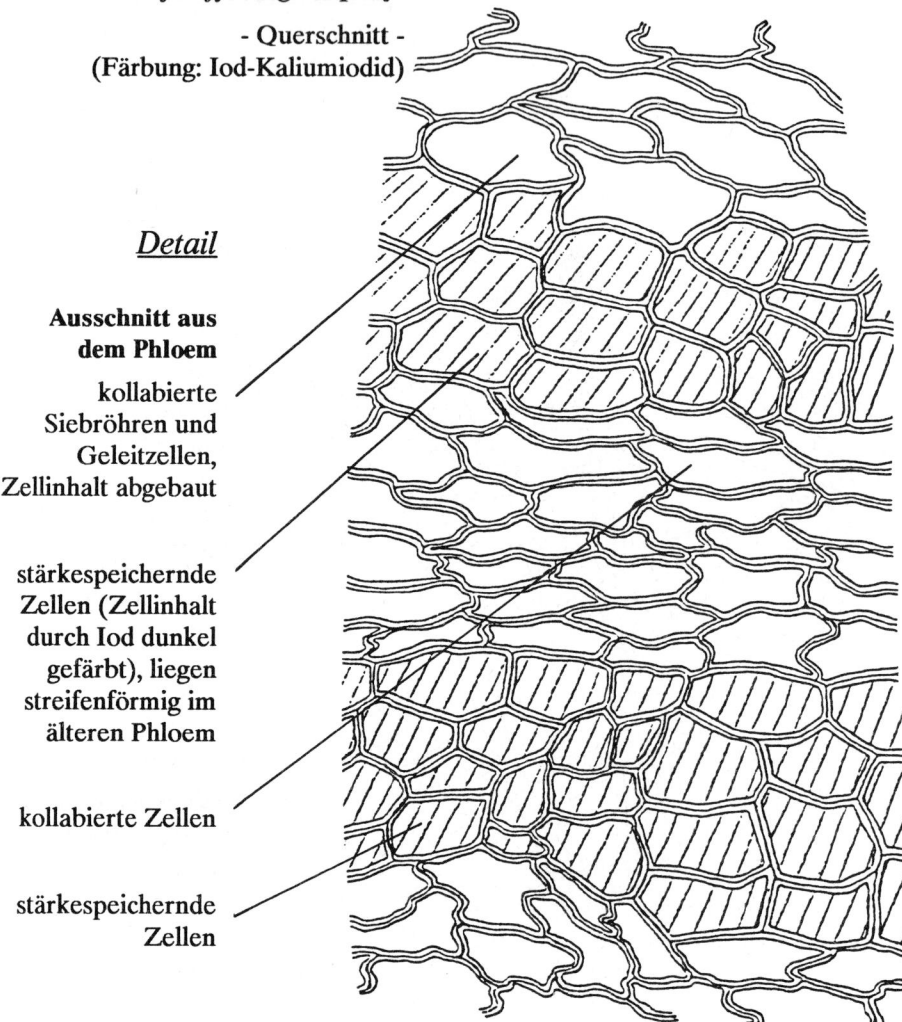

Detail

Helianthus annuus

Asteraceae

Sekundäres Dickenwachstum
- Zwischenbündel-Typ
- mittleres Stadium

- Querschnitt -
(Färbung: Phloroglucin + HCl)

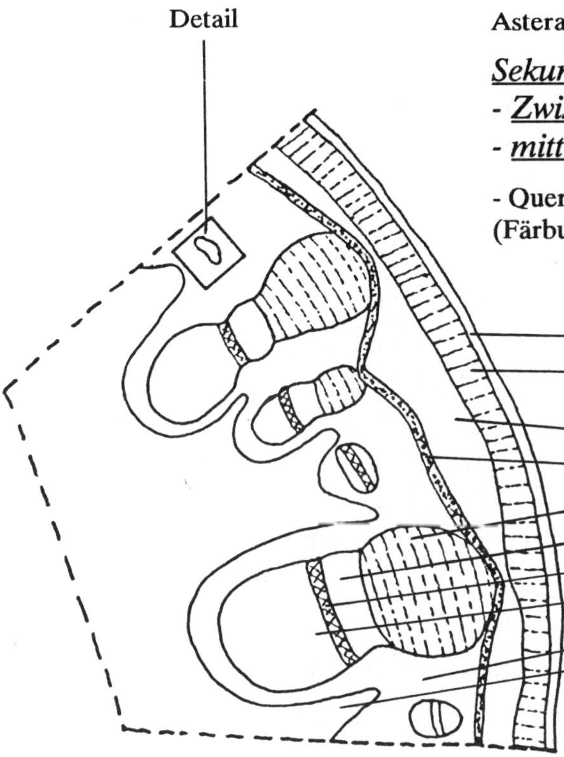

Übersicht

Epidermis
hypodermaler Platten-
kollenchymring
Rindengewebe
Stärkescheide
Sklerenchymkappe
Phloem
Kambium
Xylem
Markstrahlgewebe
Bereich mit Mark-
parenchymzellen, die
sich in Dilatation
befinden

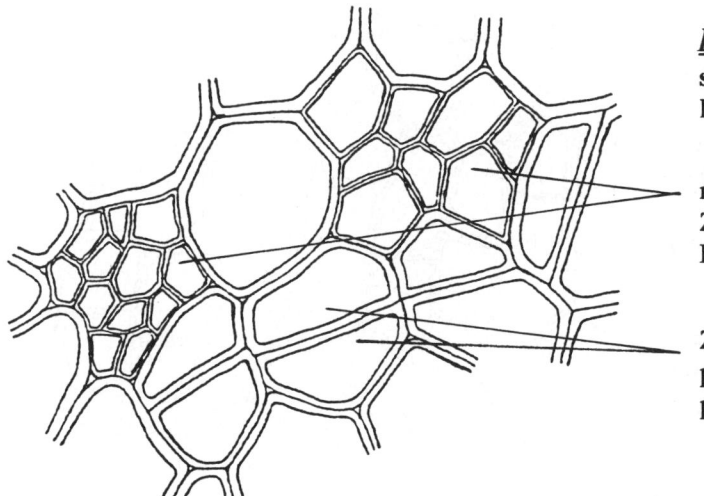

Detail
sekundäres
Initialbündel

noch unfifferenzierte
Zellen des
Initialbündels

Zellen des Markstrahl-
parenchyms,
periklin geteilt

Helianthus annuus

Asteraceae

Sekundäres Dickenwachstum
- Zwischenbündel-Typ
- älteres Stadium

- Querschnitt -
(Färbung: Phloroglucin + HCl)

Übersicht

Epidermis
Plattenkollenchymring
Rindenparenchym
Sklerenchymkappe
Phloem
sekundärer Markstrahl
Xylem
primäres Leitbündel
primärer Markstrahl
sekundäres Leitbündel
Protoxylem

Bereich gestreckter
Markparenchymzellen

Markkrone (von Leitbün-
deln eingebuchtetes Mark)

Markparenchym

Detail

**Dilatationswachstum im
Bereich des Markstrahls**

parenchymatische Zelle
des Markstrahls

durch antikline Teilung
eingezogene Zellwand

Zelle
des Sklerenchymrings,
der ein Leitbündel umgibt

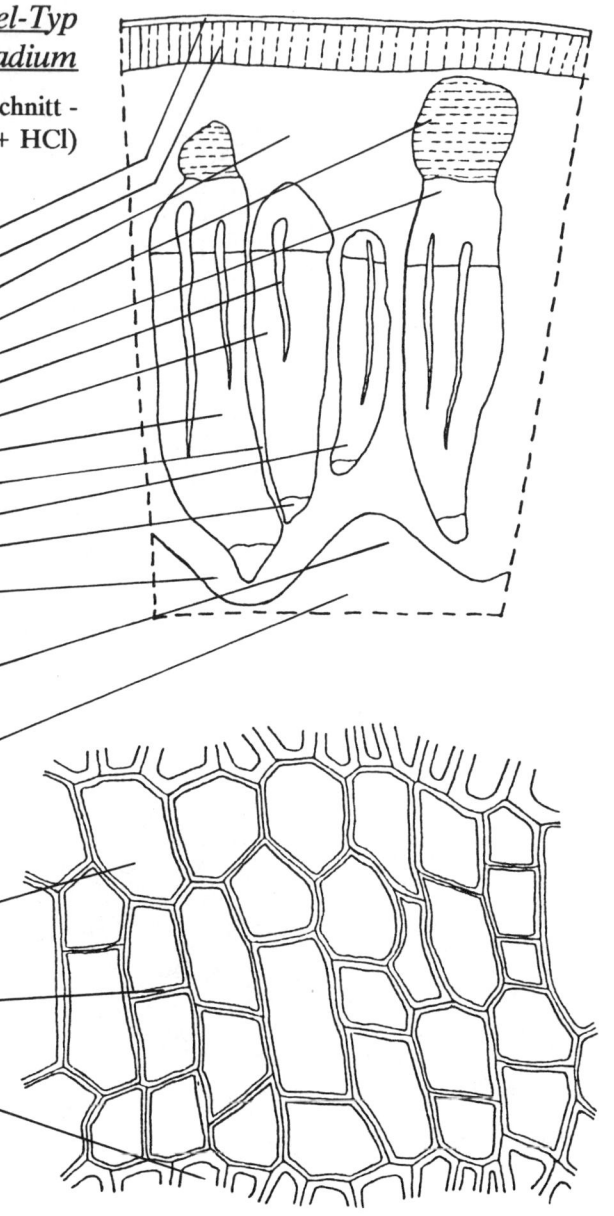

Linum usitatissimum

Linaceae

Sekundäres Dickenwachstum
- Baum-Typ
- junges Stadium

- Querschnitt -
(Färbung: Phloroglucin + HCl)

Übersicht

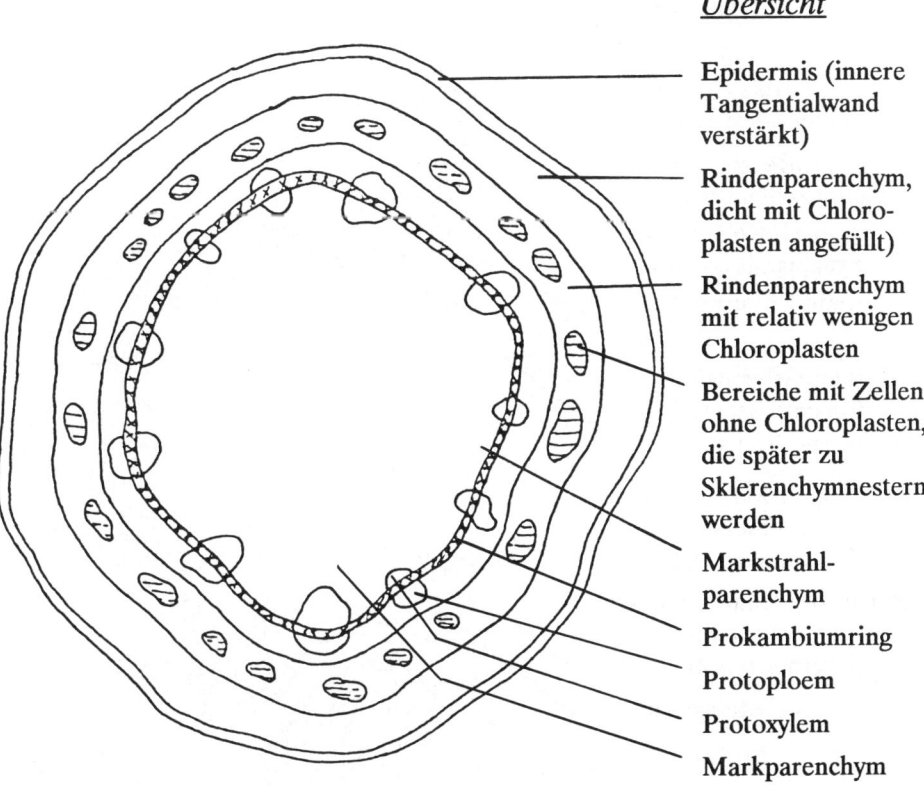

Epidermis (innere
Tangentialwand
verstärkt)

Rindenparenchym,
dicht mit Chloro-
plasten angefüllt)

Rindenparenchym
mit relativ wenigen
Chloroplasten

Bereiche mit Zellen
ohne Chloroplasten,
die später zu
Sklerenchymnestern
werden

Markstrahl-
parenchym

Prokambiumring

Protoploem

Protoxylem

Markparenchym

Linum usitatissimum

Linaceae

Sekundäres Dickenwachstum
- Baum-Typ
- mittleres Stadium

- Querschnitt -
(Färbung: Phloroglucin + HCl)

Übersicht

Epidermis,
dicke Cuticula
und cutinisierte Schicht

subepidermaler
Plattenkollenchymring
(einschichtig)

Rindenparenchym
mit Chloroplasten

Nester
sklerenchymatischer
Zellen (Faserzellen)

Phloem

primärer Markstrahl,
mehrreihig,
mit verholzten Zellen

sekundärer Markstrahl,
einreihig
mit verholzten Zellen

Metaxylem

Protoxylem

verholztes
Markparenchym

unverholztes
Markparenchym

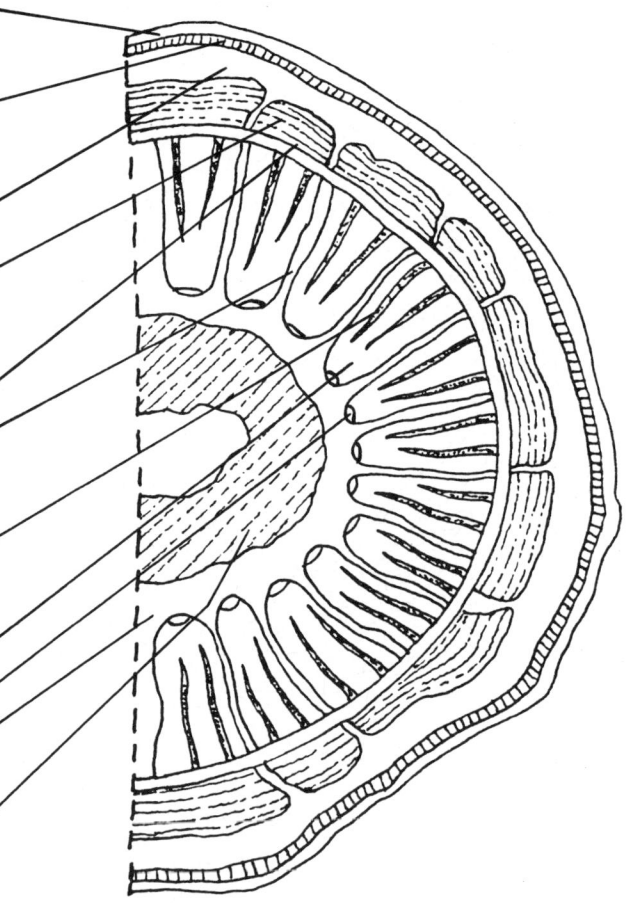

Quercus robur

Fagaceae

Abschlußgewebe
- junges Stadium

- Querschnitt -
(Färbung: Phloroglucin + HCl)

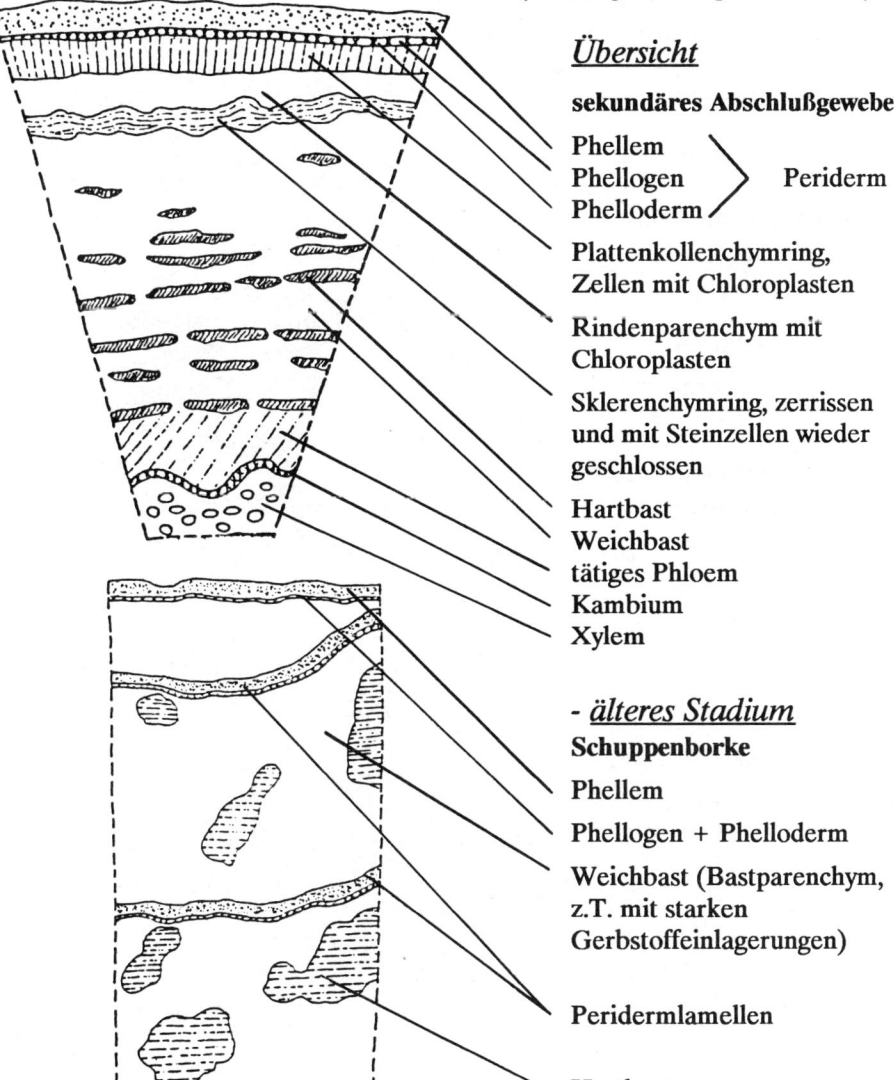

Übersicht

sekundäres Abschlußgewebe

Phellem
Phellogen   〉 Periderm
Phelloderm

Plattenkollenchymring,
Zellen mit Chloroplasten

Rindenparenchym mit
Chloroplasten

Sklerenchymring, zerrissen
und mit Steinzellen wieder
geschlossen

Hartbast
Weichbast
tätiges Phloem
Kambium
Xylem

- älteres Stadium
Schuppenborke

Phellem

Phellogen + Phelloderm

Weichbast (Bastparenchym,
z.T. mit starken
Gerbstoffeinlagerungen)

Peridermlamellen

Hartbast

Quercus robur
Fagaceae

Tertiäres Abschlußgewebe
- Borkenbildung

- Querschnitt -
(Färbung: Phloroglucin + HCl)

Detail

Weichbast

Peridermlamelle

Phellem

Phellogen
Phelloderm

Weichbast
(Bastparenchym-
zellen mit Gerb-
stoffeinlagerungen)

Hartbast

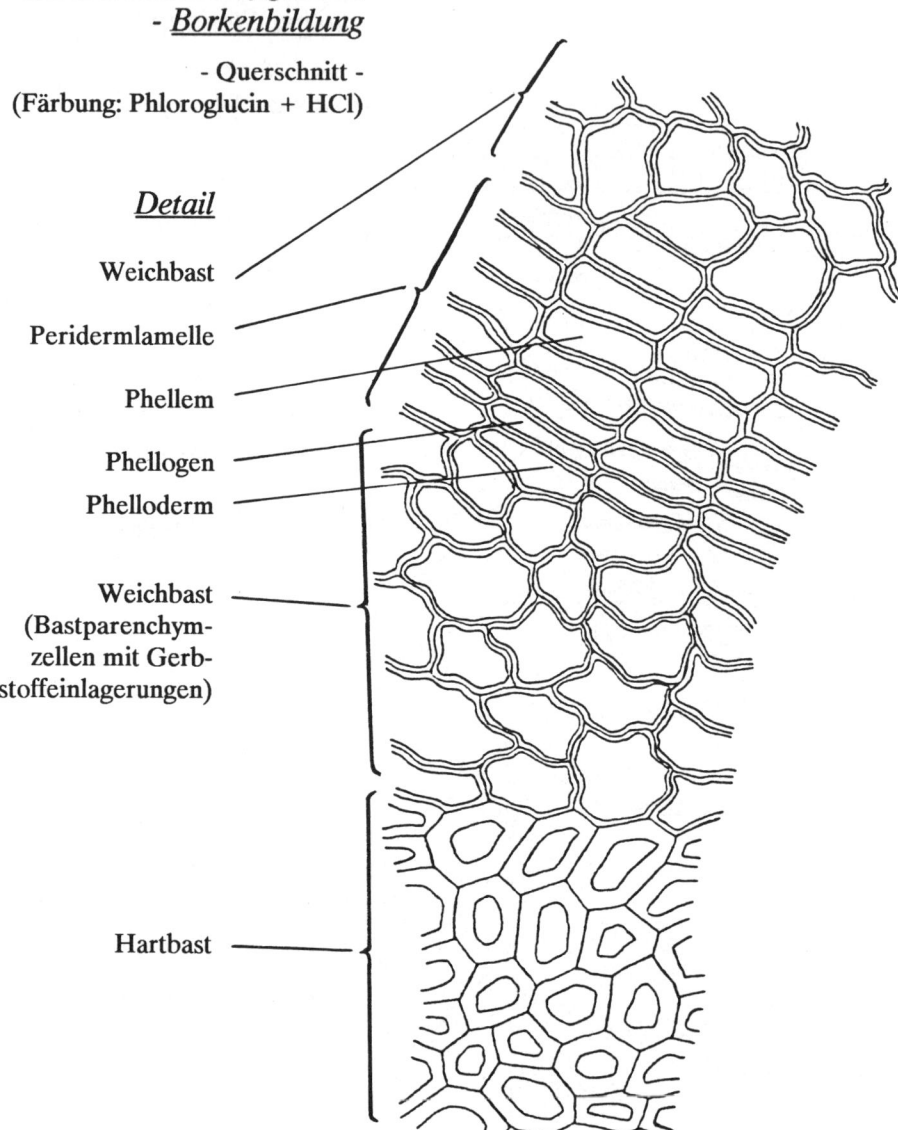

Pinus sylvestris

Pinaceae

Tertiäres Abschlußgewebe
- _Borke_

- **Querschnitt -**
(**Färbung: Phloroglucin + HCl**)

Detail

Bastzelle, nicht
mehr in Funktion

Zelle des
Steinzellenkorkes

Zelle des
Schwammkorkes

Zelle des
Phlobaphenkorkes

Zelle nicht mehr
funktionstüchtigen
Bastes

Clematis vitalba

Ranunculaceae

Ringelborke

- Querschnitt -
(Färbung: Phloroglucin + HCl)

Ausschnitt
junges Stadium

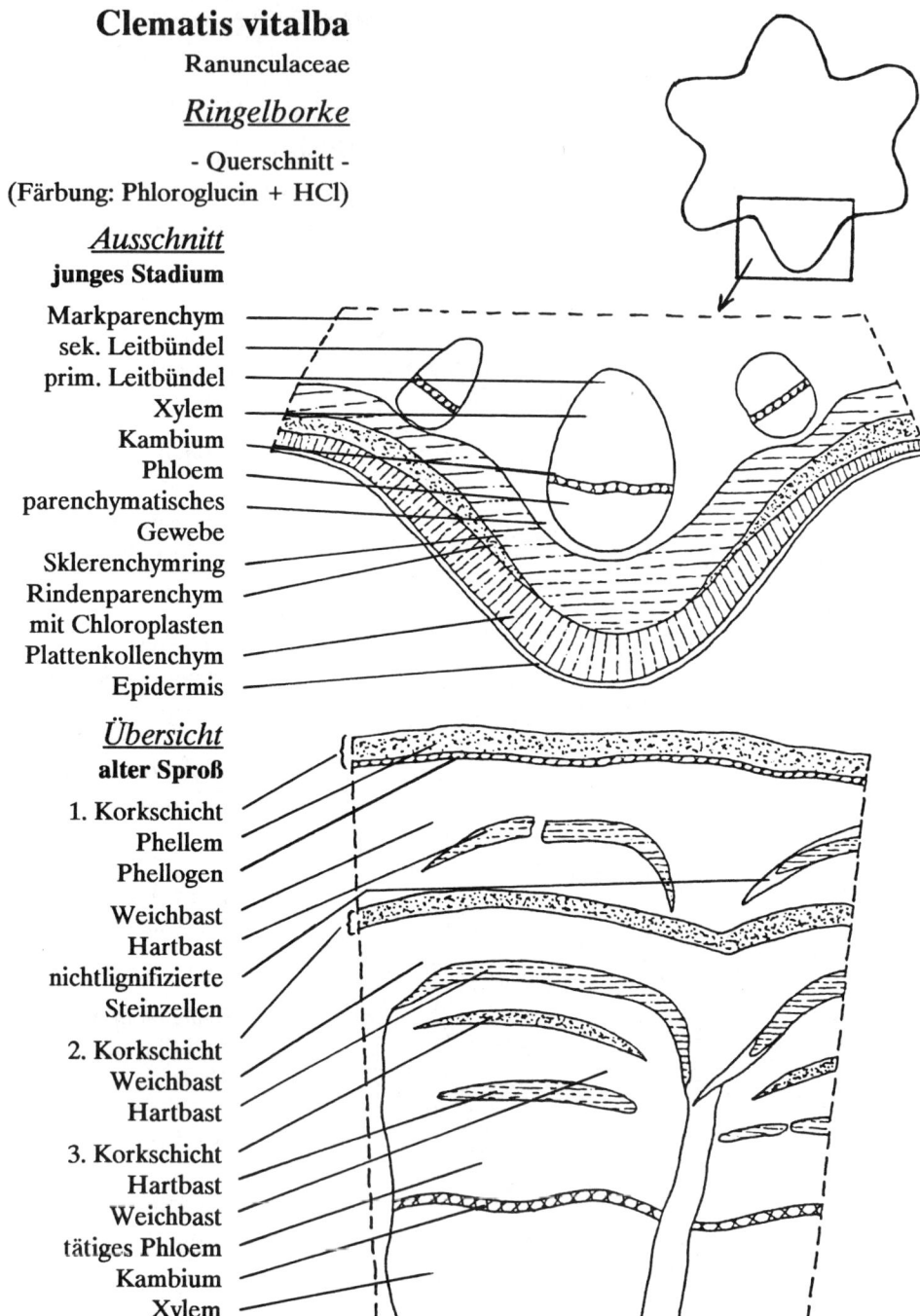

Markparenchym
sek. Leitbündel
prim. Leitbündel
Xylem
Kambium
Phloem
parenchymatisches
Gewebe
Sklerenchymring
Rindenparenchym
mit Chloroplasten
Plattenkollenchym
Epidermis

Übersicht
alter Sproß

1. Korkschicht
Phellem
Phellogen

Weichbast
Hartbast
nichtlignifizierte
Steinzellen

2. Korkschicht
Weichbast
Hartbast

3. Korkschicht
Hartbast
Weichbast
tätiges Phloem
Kambium
Xylem

Sambucus nigra

Caprifoliaceae

Lentizelle

- Querschnitt -
(Färbung: Phloroglucin + HCl)

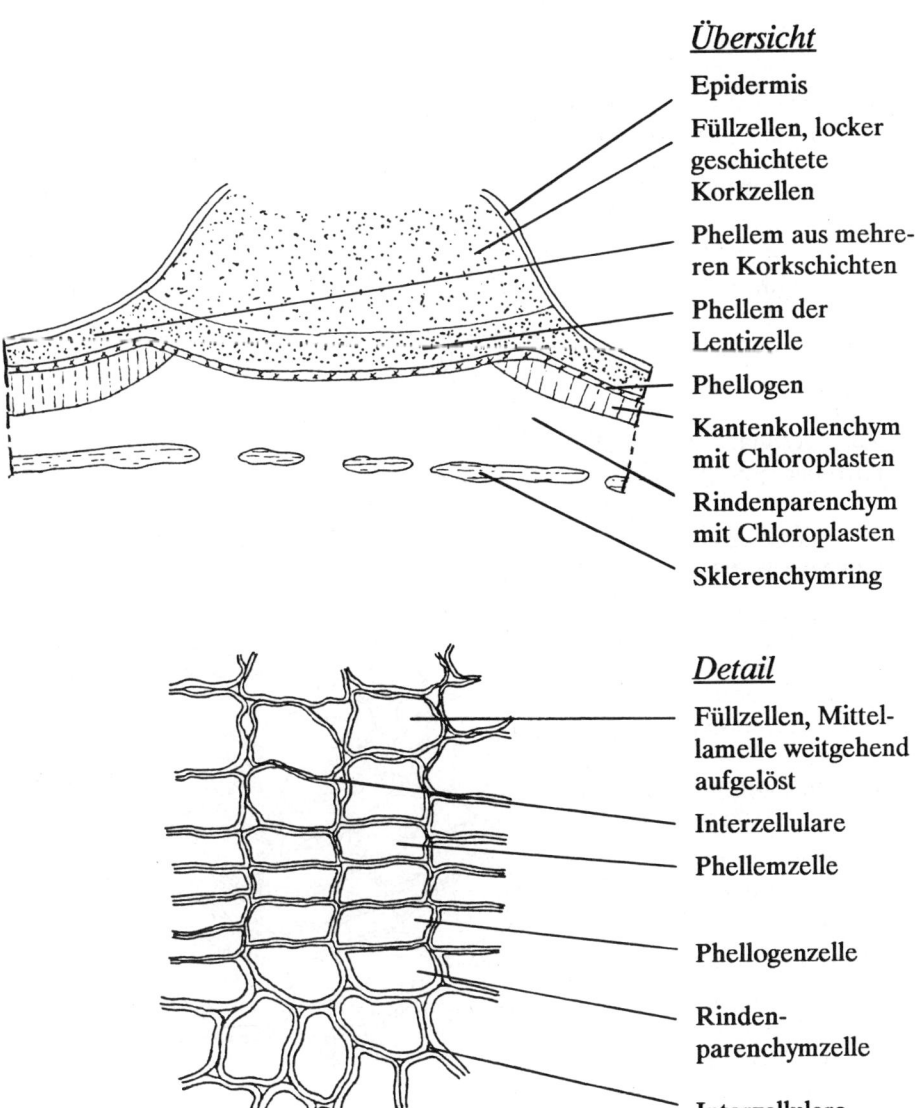

Übersicht

Epidermis

Füllzellen, locker
geschichtete
Korkzellen

Phellem aus mehre-
ren Korkschichten

Phellem der
Lentizelle

Phellogen

Kantenkollenchym
mit Chloroplasten

Rindenparenchym
mit Chloroplasten

Sklerenchymring

Detail

Füllzellen, Mittel-
lamelle weitgehend
aufgelöst

Interzellulare

Phellemzelle

Phellogenzelle

Rinden-
parenchymzelle

Interzellulare

Oenothera biennis

Onagraceae

Polyderm im älteren Sproß

- Querschnitt -
(Färbung: Phloroglucin + HCl)

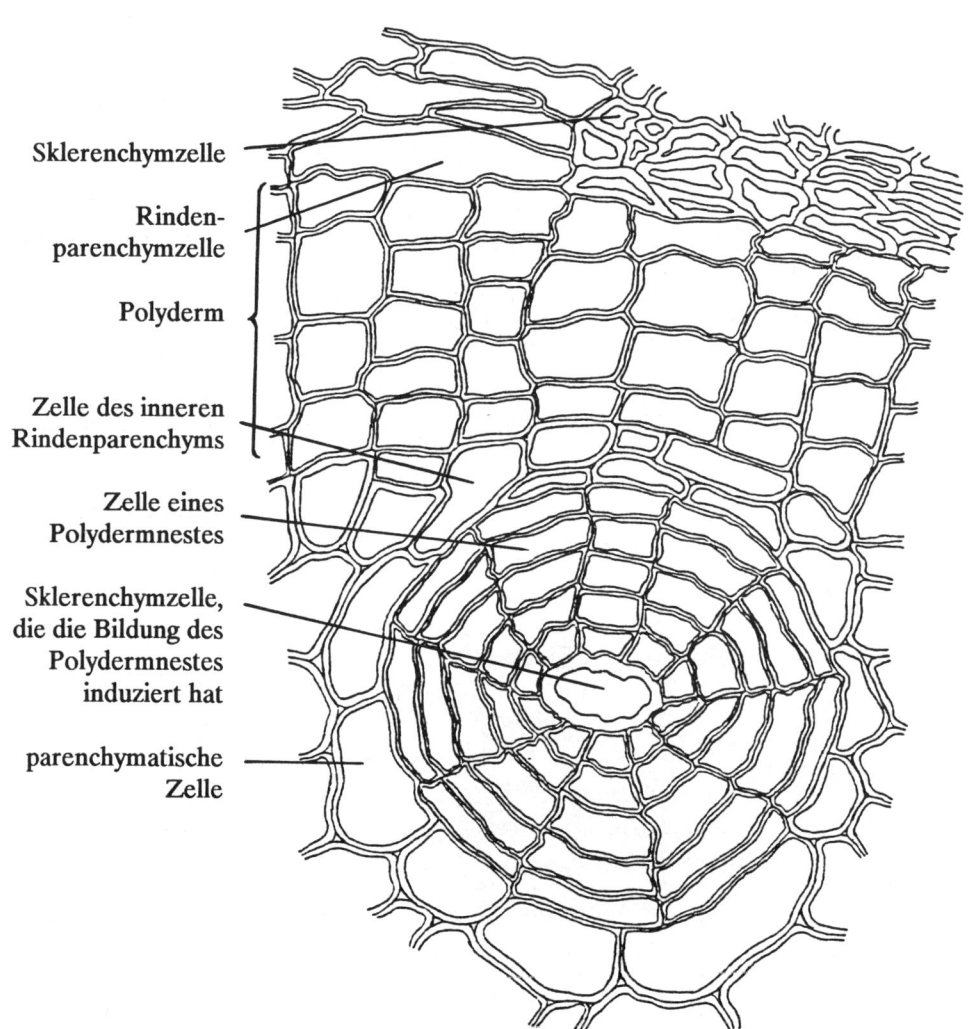

Sklerenchymzelle

Rinden-
parenchymzelle

Polyderm

Zelle des inneren
Rindenparenchyms

Zelle eines
Polydermnestes

Sklerenchymzelle,
die die Bildung des
Polydermnestes
induziert hat

parenchymatische
Zelle

Vitis vinifera

Vitaceae

Lage der Festigungsgewebe
im primären Sproß: Vitis-Typ

- Querschnitt -
(Färbung:Phloroglucin + HCl)

Epidermis
Rindenparenchym
Kantenkollenchym
(Ring später geschlossen)
Sklerenchymkappen
Phloem   offenes
Kambium   kollaterales
Xylem   Leitbündel
Markstrahl (verholzt)
Markparenchym

Aristolochia littoralis

Aristolochiaceae

Lage der Festigungsgewebe
im primären Sproß:
Aristolochia-Typ

- Querschnitt -
(Färbung: Phloroglucin + HCl)

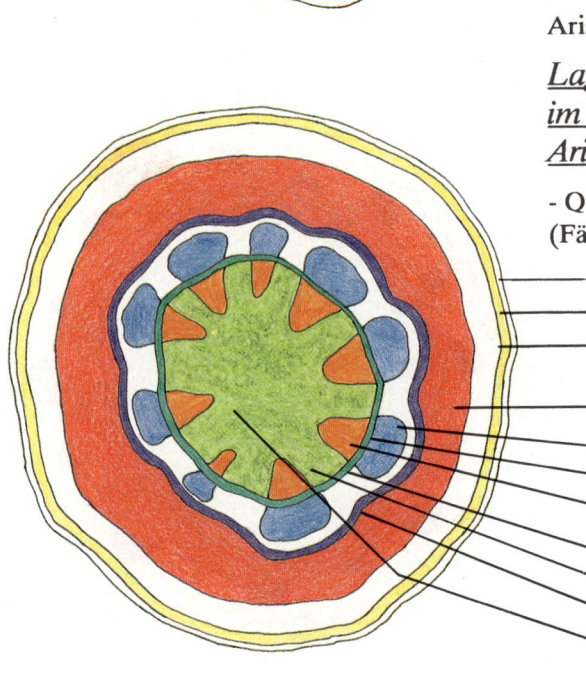

Epidermis
Plattenkollenchymring
Rindenparenchym mit
Chloroplasten
Sklerenchymring
Phloem   offenes
Kambium   kollaterales
Xylem   Leitbündel
interfaszikuläres Kambium
Markstrahl
Stärkescheide
Markparenchym

Helianthus tuberosus

Asteraceae

Lage der Festigungsgewebe im primären Sproß: Helianthus-Typ

- Querschnitt -
(Färbung: Phloroglucin + HCl)

Epidermis
Plattenkollenchymring
Kantenkollenchymring
Rindenparenchym
Stärkescheide
Sklerenchymkappe

geschlossenes / Phloem
kollaterales < Metaxylem
Leitbündel \ Protoxylem

Markstrahl
Markparenchym

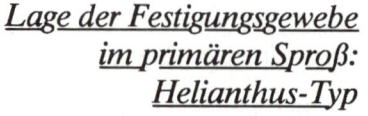

Heracleum sphondylium

Apiaceae

Lage der Festigungsgewebe im primären Sproß: Apiaceen-Typ

- Querschnitt -
(Färbung: Phloroglucin + HCl)

Epidermis
Plattenkollenchymring
Rindenparenchym mit
Chloroplasten
Eckenkollenchymstrang
Rindenparenchym

offenes / Phloem
kollaterales < Kambium
Leitbündel \ Xylem

Sklerenchymring
Markparenchym
rhexigene Markhöhle

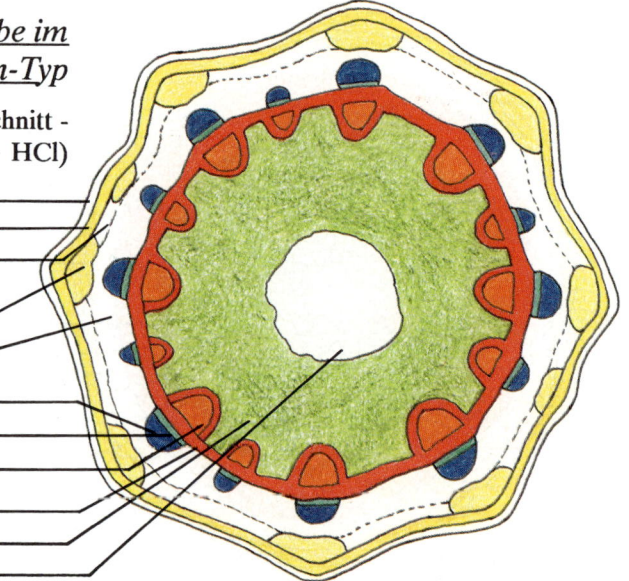

Urtica dioica
Urticaceae

Rhizom

- Querschnitt -
(Färbung: Phloroglucin + HCl)

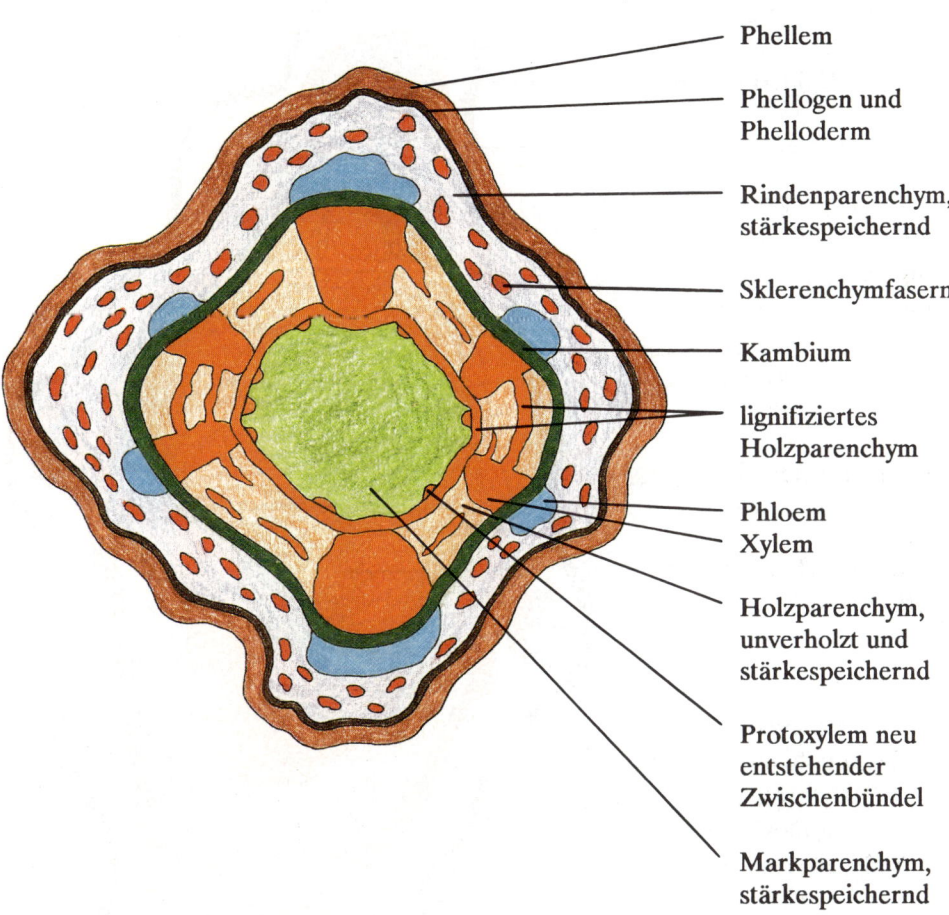

Phellem

Phellogen und
Phelloderm

Rindenparenchym,
stärkespeichernd

Sklerenchymfasern

Kambium

lignifiziertes
Holzparenchym

Phloem
Xylem

Holzparenchym,
unverholzt und
stärkespeichernd

Protoxylem neu
entstehender
Zwischenbündel

Markparenchym,
stärkespeichernd

Rhynchosia phaseoloides

Fabaceae

Abnormales sekundäres Dickenwachstum - mittleres Stadium

- Querschnitt -
(Färbung: Phloroglucin + HCl)

Epidermis

Rindengewebe

primäres Leitbündel:

Sklerenchymring,
z.T. unterbrochen

Phloem

Xylem

nicht lignifiziertes
Markparenchym

metalignifiziertes
Markparenchym

sekundäres
Leitbündel:

Xylem

Kambium
(Folgemeristem)

Phloem

Sklerenchymkappe

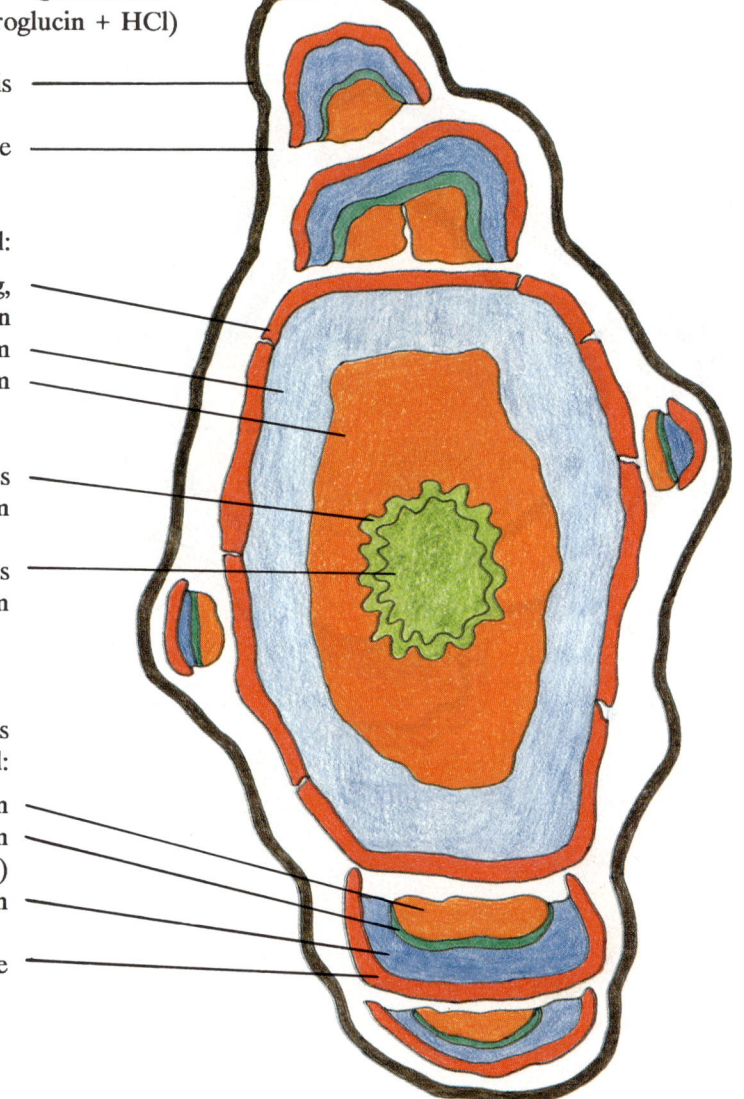

Rhynchosia phaseoloides

Fabaceae

Abnormales sekundäres Dickenwachstum - älteres Stadium

- Querschnitt -
(Färbung: Phloroglucin + HCl)

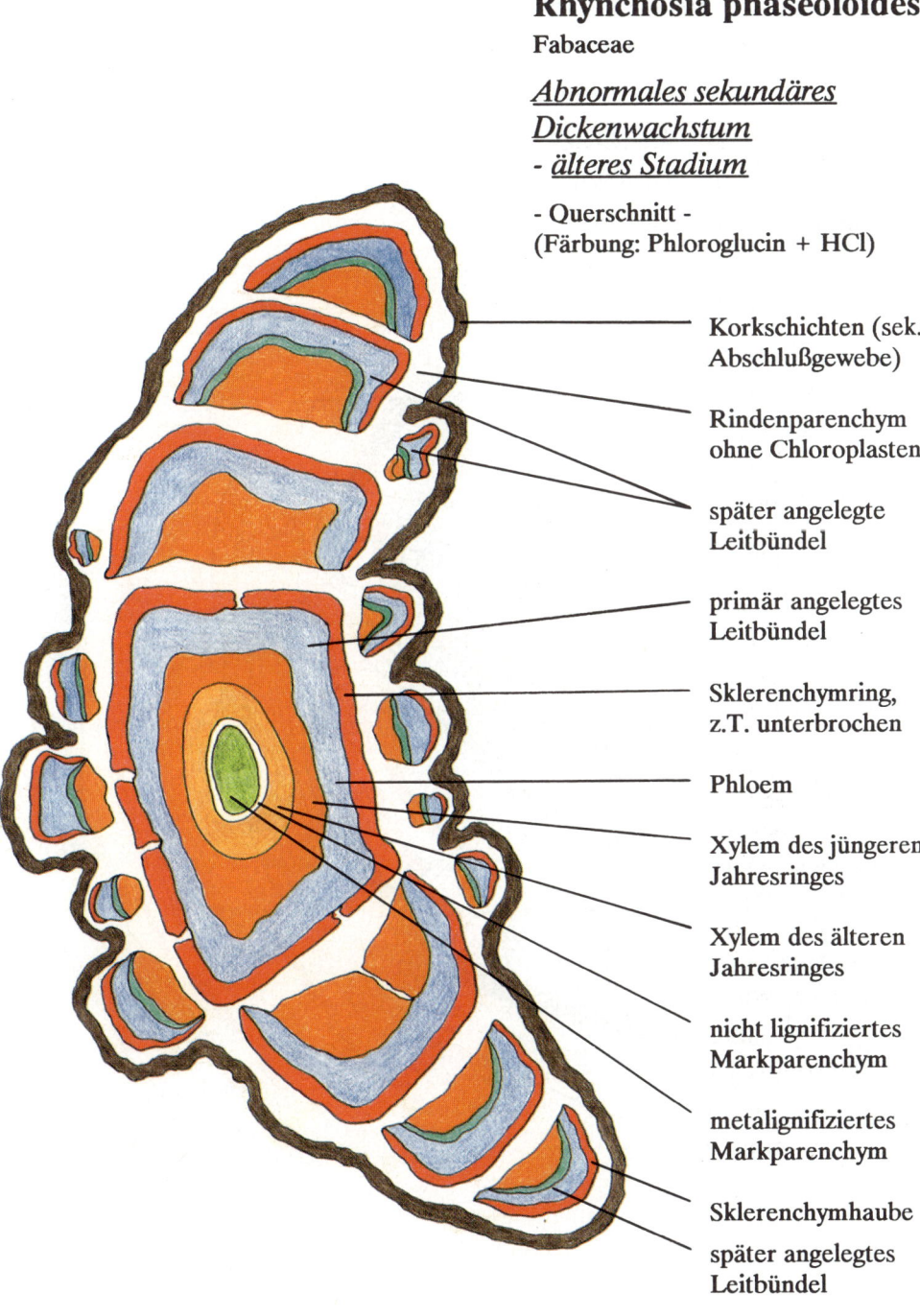

Korkschichten (sek. Abschlußgewebe)

Rindenparenchym ohne Chloroplasten

später angelegte Leitbündel

primär angelegtes Leitbündel

Sklerenchymring, z.T. unterbrochen

Phloem

Xylem des jüngeren Jahresringes

Xylem des älteren Jahresringes

nicht lignifiziertes Markparenchym

metalignifiziertes Markparenchym

Sklerenchymhaube

später angelegtes Leitbündel

Cuscuta reflexa auf Passiflora coerulea

Cuscutaceae

Vollparasit am Sproß

- Querschnitt durch den Wirt -
- Längsschnitt durch den Parasit -

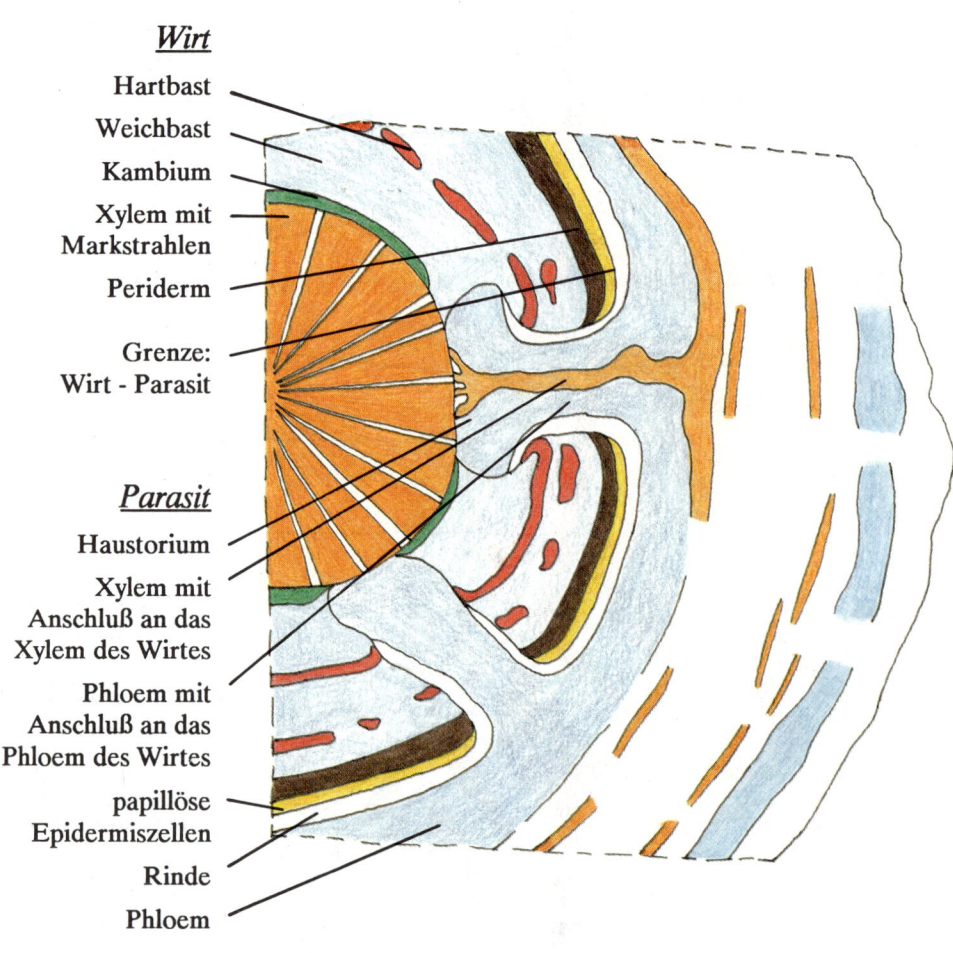

Wirt

Hartbast

Weichbast

Kambium

Xylem mit Markstrahlen

Periderm

Grenze: Wirt - Parasit

Parasit

Haustorium

Xylem mit Anschluß an das Xylem des Wirtes

Phloem mit Anschluß an das Phloem des Wirtes

papillöse Epidermiszellen

Rinde

Phloem

Picea abies

Pinaceae

Zweistrahlige Wurzel einer Gymnospermen

- mehrjährig

- Querschnitt -
(Färbung: Phloroglucin + HCl)

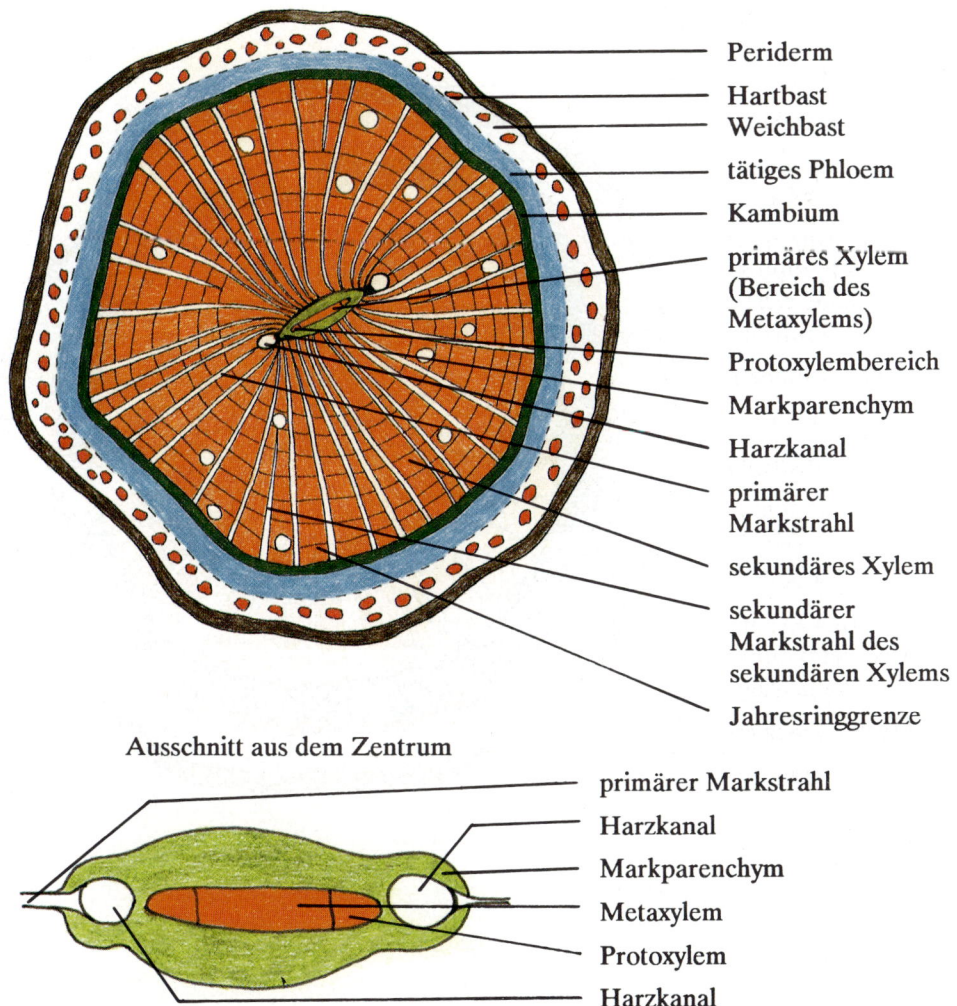

Periderm

Hartbast
Weichbast

tätiges Phloem

Kambium

primäres Xylem
(Bereich des
Metaxylems)

Protoxylembereich

Markparenchym

Harzkanal

primärer
Markstrahl

sekundäres Xylem

sekundärer
Markstrahl des
sekundären Xylems

Jahresringgrenze

Ausschnitt aus dem Zentrum

primärer Markstrahl

Harzkanal

Markparenchym

Metaxylem

Protoxylem

Harzkanal

Fagus sylvatica

Fagaceae

Vielstrahlige Wurzel einer Dikotyledonen - mehrjährig

- Querschnitt -
(Färbung: Phloroglucin + HCl)

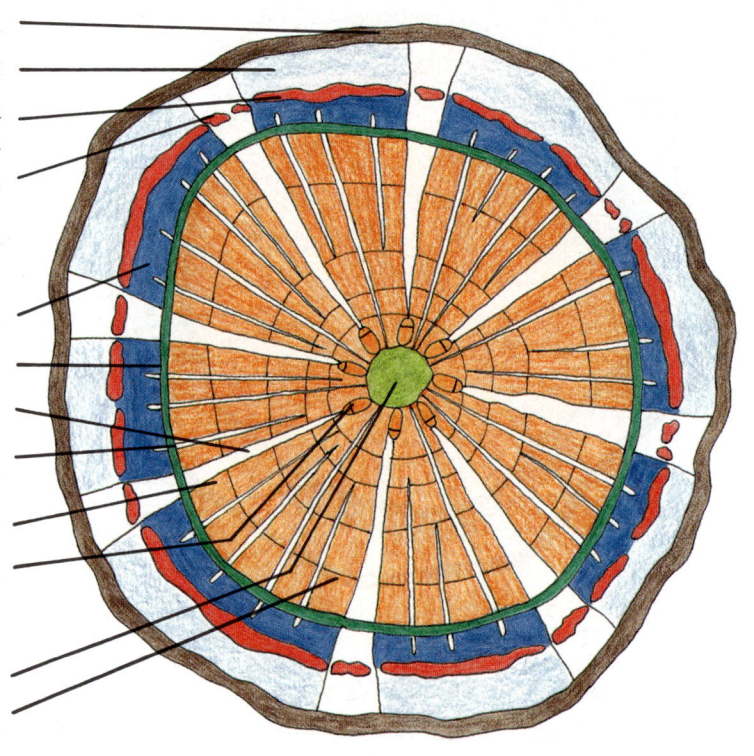

Periderm

Weichbast

Hartbast, Zellen mit wenig Lignin

sklerenchymatische Zellgruppen, Wände relativ stark lignifiziert

tätiges Phloem

kambialer Ring

primärer Markstrahl

sekundärer Markstrahl

sekundäres Xylem

primäres Xylem, außen Protoxylem , innen Metaxylem

Markparenchym

Jahresringgrenze

3. Die Wurzel

3.1 Aufbau der älteren Wurzel

Den äußeren Abschluß bildet die Rhizodermis. Ihre Außenwände sind dünn; es fehlen Cuticula und Spaltöffnungen. Bevor sie abstirbt, ensteht unter ihr ein sekundäres Abschlußgewebe, die Exodermis, auf deren Zellwänden, mit Ausnahme der Durchlaßzellen, Suberinlamellen aufgelagert sind (braune Farbe). Das tertiäre Abschlußgewebe wird hier vom Periderm gebildet. Bei Pflanzen mit ausgeprägtem sekundärem Dickenwachstum entsteht es aus dem Perizykel, bzw. bei Monokotyledonen aus dem Rindengewebe. Weiter nach innen folgt zunächst die äußere Wurzelrinde mit relativ wenigen und kleinen Interzellularen, dann die innere Wurzelrinde mit größeren Zellzwischenräumen.

Die Endodermis markiert die Grenze zwischen Rinde und Zentralzylinder. Ihre Durchlaßzellen befinden sich vornehmlich über den Xylemstrahlen. Ihre Anzahl kann beträchtlich variieren.

Im Zentralzylinder bilden Phloem und Xylem ein zentrales, radiales Leitbündel. Das Xylem besitzt meist Sternform, in den Winkeln seiner Strahlen liegen Phloembereiche. Nach der Zahl der Xylemstränge wird die Wurzel als ein- bis vielstrahlig bezeichnet. Parenchymatisches Gewebe trennt die beiden voneinander. Einen Sonderfall bildet hier z.B. *Musa*: das Protophloem liegt zwischen den Xylemstrahlen, das Metaphloem ist überall in Xylem und Mark eingestreut. Die äußerste, unmittelbar unter der Endodermis gelegene, restmeristematische Zellschicht heißt Perikambium oder Perizykel. Sie ist verantwortlich für die Entstehung von Seitenwurzeln, beteiligt sich am sekundären Dickenwachstum und der Bildung des tertiären Abschlußgewebes.

Das Mark im Innern der Wurzel besitzt z.T. sehr dicke Zellwände, die verholzen können. Teilweise wird in die Zellen auch Stärke eingelagert. Eine Markhöhle ist selten zu finden. Häufig liegt in seiner Mitte noch ein zentrales z.T. sehr großes Gefäß.

3.2 Sekundäres Dickenwachstum

Bei begrenztem sekundärem Dickenwachstum wird nur Parenchym gebildet, kein Xylem und Phloem. Starkes sekundäres Dickenwachstum, wie es beispielsweise bei Bäumen und Sträuchern vorkommt, bringt eine Angleichung des Wurzelaufbaues an den Sproß mit sich. Es geht von einem Kambium (Folgemeristem) aus, das aus den Parenchymzellen entsteht, die Phloem und Xylem voneinander trennen. Über den Xylemstrahlen wird der kambiale Ring durch den Perizykel geschlossen, dessen Zellen ebenfalls wieder meristematisch werden. Das Kambium zwischen den primären Xylemstrahlen erzeugt nach innen Xylem und nach außen Phloem, das Kambium über den Xylemstrahlen nur Markparenchym. Auf diese Weise entstehen über den Xylemstrahlen primäre Markstrahlen. In den sekundären Leitgeweben können sekundäre Markstrahlen angelegt werden. Die Wände dieser parenchymatischen Zellen können sekundär verdickt werden und verholzen. Die Rinde, die der Reservestoffeinlagerung dient, zerreißt häufig im Laufe des Wachstums; es bilden sich Hohlräume. Zum Schutz wird Periderm angelegt. Die Jahresringe sind in der Wurzel viel enger als im Sproß. Weniger ausgeprägt sind auch Phloem- und Borkenbildung.

3.3 Seitenwurzeln

Bei Samenpflanzen entstehen Seitenwurzeln i.d.R. endogen aus dem Perizykel, die Endodermis liefert die Wurzeltasche. Bei ihrer Entwicklung streckt sich im Perizykel zunächst eine Gruppe von Zellen radial, dann werden perikline Zellwände eingezogen. Seitenwurzeln entstehen in geraden Längsreihen vor den Gefäßsträngen, da nur hier der Perizykel wurzelbildend ist, oder vor den Parenchymzellen, die Xylem und Phloem voneinander trennen.

3.4 Wurzeln von Pflanzen extremer Standorte

Bei **Xerophyten** besitzt das Xylem sehr viele Leitelemente und im sekundären Teil einen hohen Anteil an Holzparenchym. Es wird kein Rindenparenchym ausgebildet, Rhizodermis und Endodermis grenzen direkt aneinander.

Hygrophytenwurzeln haben einen deutlich radiären Aufbau. Die Außenrinde ist frei von Interzellularen. In den Zellecken befinden sich Zwickel. Ihre Wände sind gleichmäßig verdickt. In der Innenrinde bilden sich große Lakunen. Die dünnwandigen Zellen sind sternförmig angeordnet.

Da bei **Hydrophyten** Leitgewebe kaum noch benötigt werden, ist das Xylem stark zurückgebildet. An seine Stelle treten große Interzellulargänge (Lakunen). Im Extrem sind die Wasserpflanzen primär oder sekundär tracheiden- oder tracheenlos. Das Phloem bleibt erhalten, ist aber ebenfalls reduziert. Die Endodermis liegt immer nur im Primärzustand vor.

Objekte

- *Picea abies:* (Pinaceae)	Zweistrahlige Wurzel einer Gymnospermen - mehrjährig (Farbtafel S. 177)
- *Fagus sylvatica:* (Fagaceae)	Vielstrahlige Wurzel einer Dikotyledonen - mehrjährig (Farbtafel S. 178)
- *Iris germanica:* (Iridaceae)	Wurzel einer Monokotylen (jüngeres und älteres Stadium)
- *Musa paradisiaca:* (Musaceae)	Abgewandelter Wurzelaufbau einer Monokotylen
- *Ranunculus acer:* (Ranunculaceae)	Wurzel einer Dikotylen mit begrenztem sekundärem Dickenwachstum (junges, mittleres und altes Stadium)
- *Pisum sativum:* (Fabaceae)	Seitenwurzelentwicklung
- *Stratiotes aloides:* (Hydrocharitaceae)	Hydrophytenwurzel
- *Acorus calmus:* (Araceae)	Hygrophytenwurzel
- *Erica spec.:* (Ericaceae)	Xerophytenwurzel

Übersicht

Iris germanica
Iridaceae

Vierstrahlige Wurzel einer Monokotyledonen

- Querschnitt -
(Färbung: Phloroglucin + HCl)

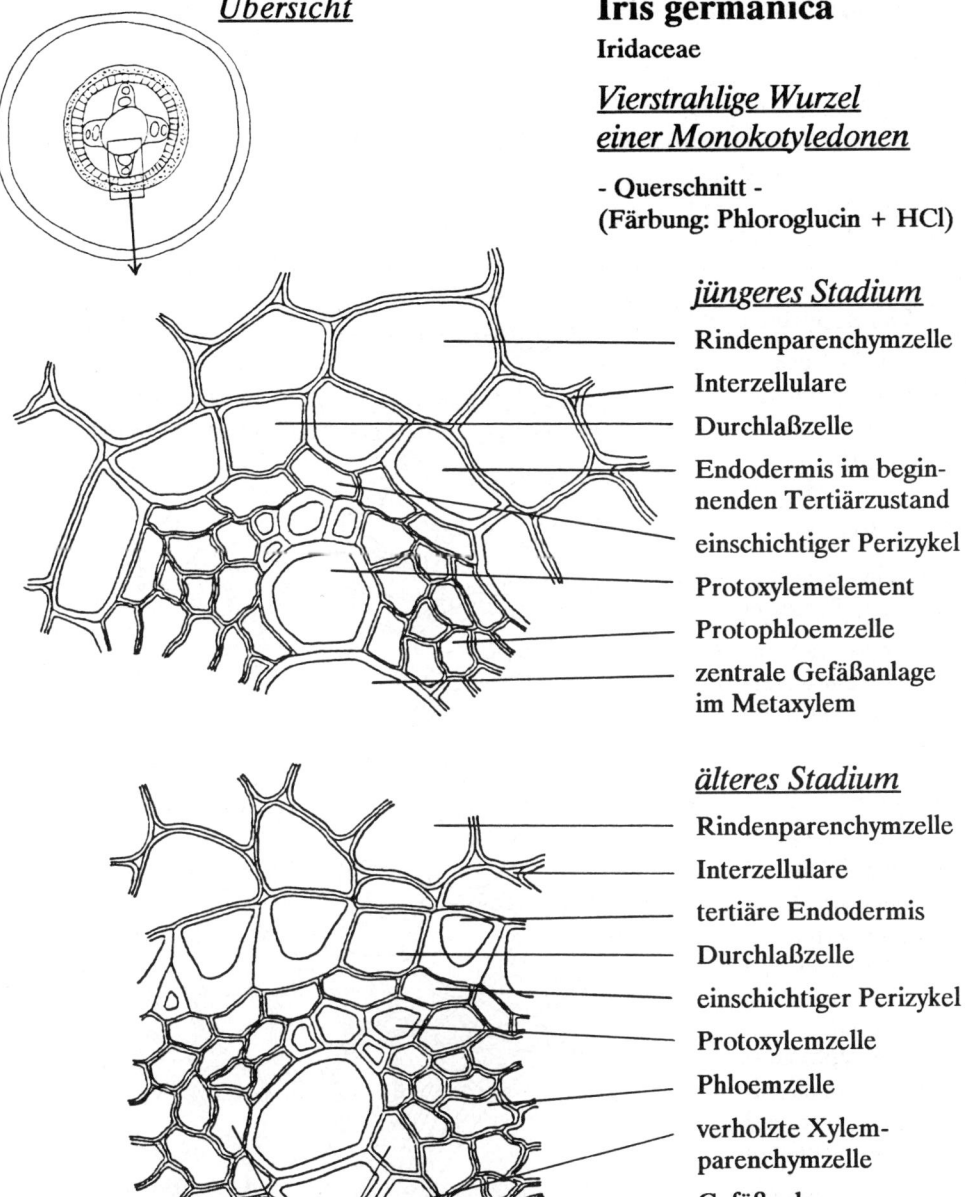

jüngeres Stadium
Rindenparenchymzelle

Interzellulare

Durchlaßzelle

Endodermis im begin-
nenden Tertiärzustand

einschichtiger Perizykel

Protoxylemelement

Protophloemzelle

zentrale Gefäßanlage
im Metaxylem

älteres Stadium
Rindenparenchymzelle

Interzellulare

tertiäre Endodermis

Durchlaßzelle

einschichtiger Perizykel

Protoxylemzelle

Phloemzelle

verholzte Xylem-
parenchymzelle

Gefäße des
Metaxylems

parenchymatische
Zellen zwischen Xylem
und Phloem

Musa paradisiaca
Musaceae

Abgewandelter Wurzel-aufbau einer Monokotylen

- Querschnitt -
(Färbung: Phloroglucin + HCl)

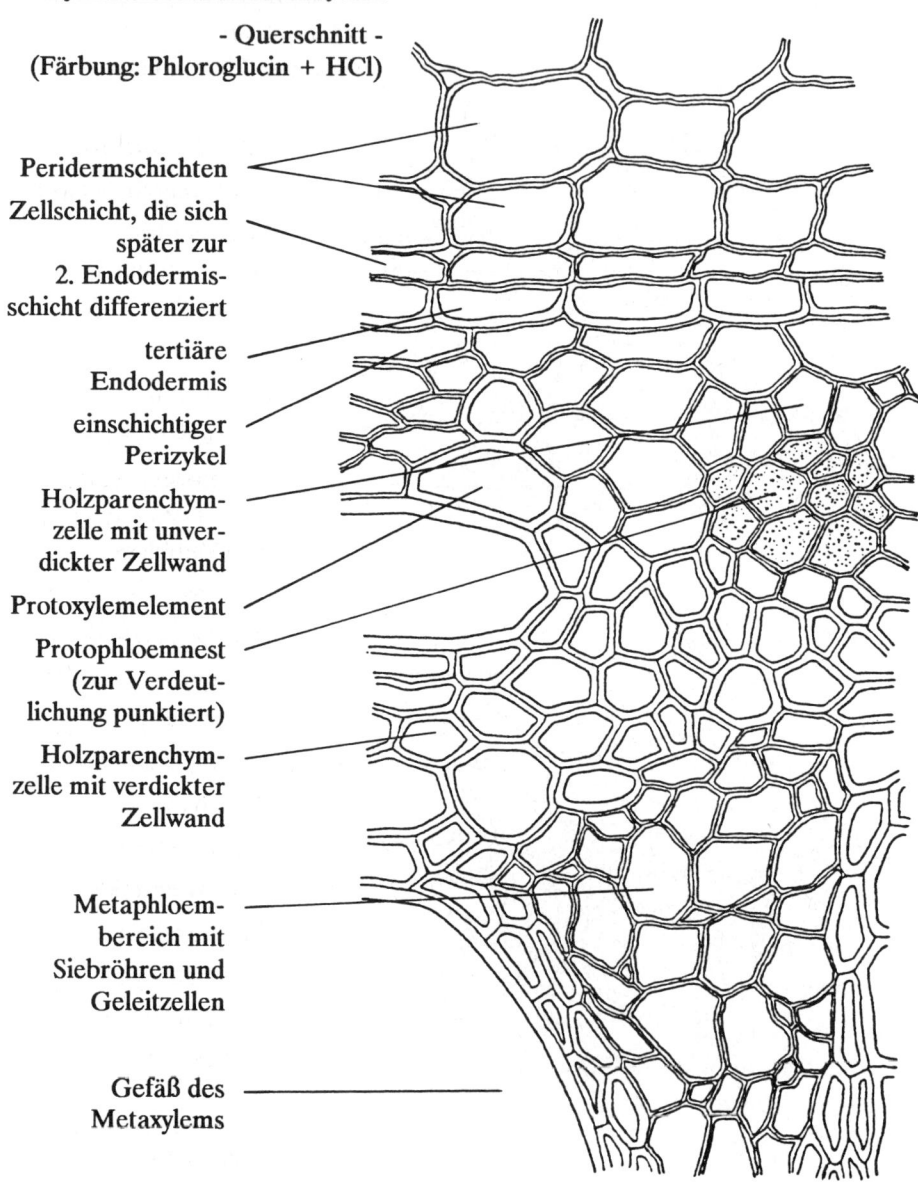

Peridermschichten

Zellschicht, die sich später zur 2. Endodermis- schicht differenziert

tertiäre Endodermis

einschichtiger Perizykel

Holzparenchym- zelle mit unver- dickter Zellwand

Protoxylemelement

Protophloemnest (zur Verdeut- lichung punktiert)

Holzparenchym- zelle mit verdickter Zellwand

Metaphloem- bereich mit Siebröhren und Geleitzellen

Gefäß des Metaxylems

Ranunculus acer

Ranunculaceae

Wurzel einer Dikotylen mit begrenztem Dickenwachstum

- Querschnitt -
(Färbung: Phloroglucin + HCl)

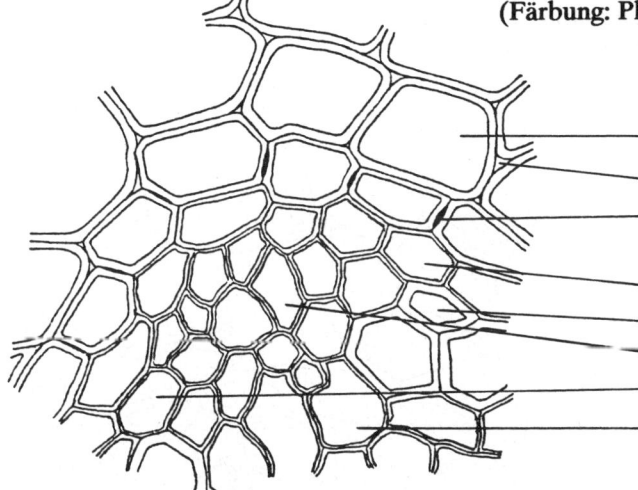

junges Stadium

Rindenparenchymzelle

Interzellulare
primäre Endodermis
CASPARYpunkt

Perizykel
Protoxylemelement
Phloemzelle
parenchymatische Zelle

Metaxylemelement,
noch nicht
ausdifferenziert

mittleres Stadium

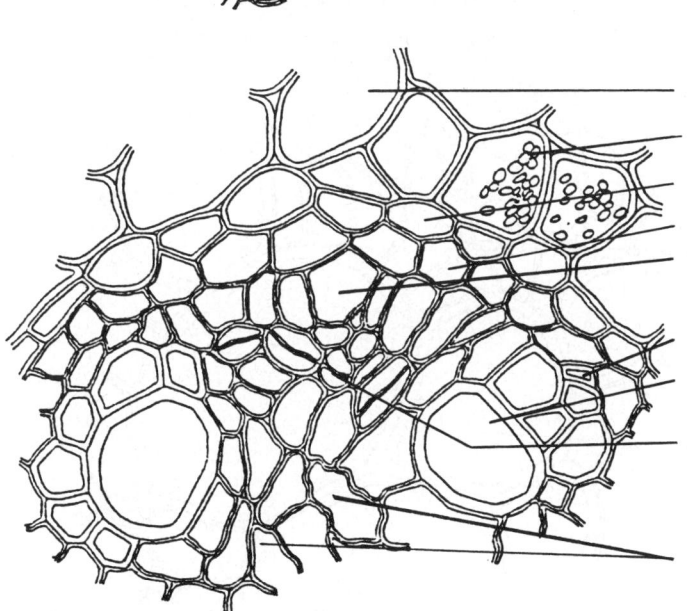

Rindenparenchymzelle

Stärkekörner

sekundäre Endodermis

einschichtiger Perizykel

Siebröhre mit
Geleitzelle

Protoxylemelement

Gefäß des Metaxylems

parenchymatische Zelle
mit perikliner Zellwand
(Folgemeristem)

Parenchymzellen,
trennen Xylemstrahlen

Ranunculus acer

Ranunculaceae

Wurzel einer Dikotylen mit begrenztem Dickenwachstum - altes Stadium

- Querschnitt -
(Färbung: Phloroglucin + HCl)

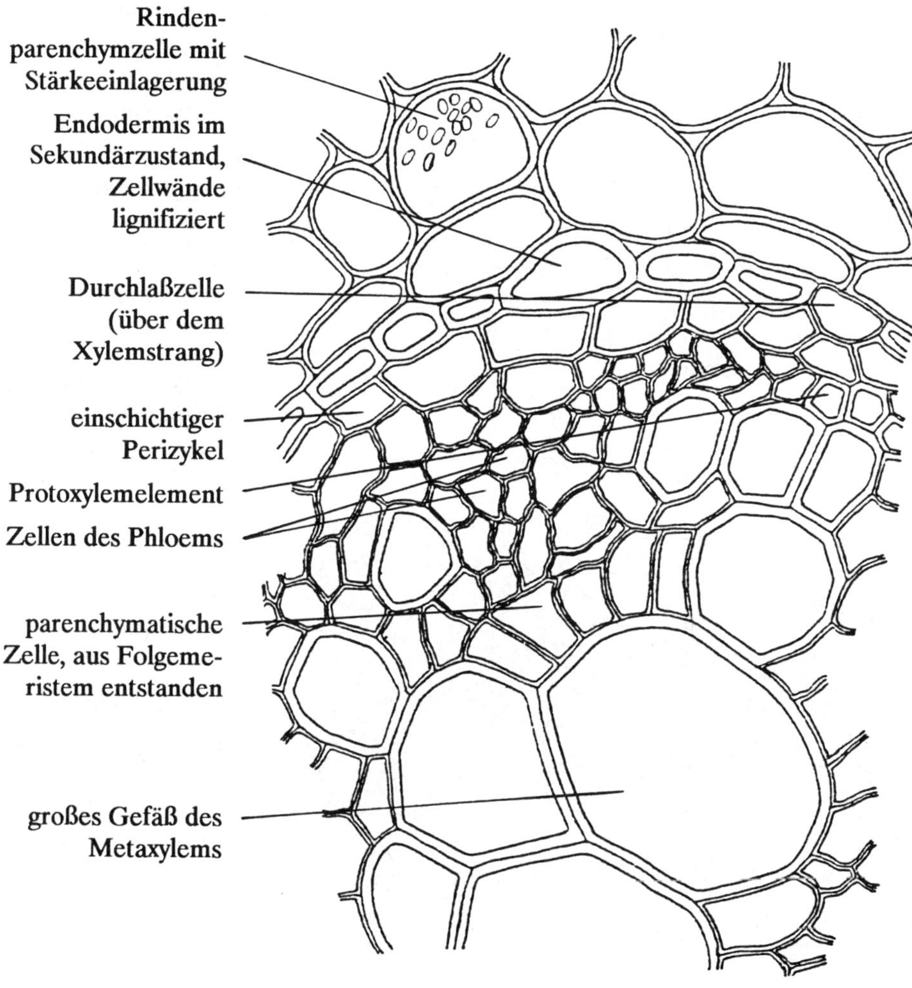

Rinden-
parenchymzelle mit
Stärkeeinlagerung

Endodermis im
Sekundärzustand,
Zellwände
lignifiziert

Durchlaßzelle
(über dem
Xylemstrang)

einschichtiger
Perizykel

Protoxylemelement

Zellen des Phloems

parenchymatische
Zelle, aus Folgeme-
ristem entstanden

großes Gefäß des
Metaxylems

Pisum sativum

Fabaceae

Seitenwurzelentwicklung
- Anfangsstadium

- Querschnitt -

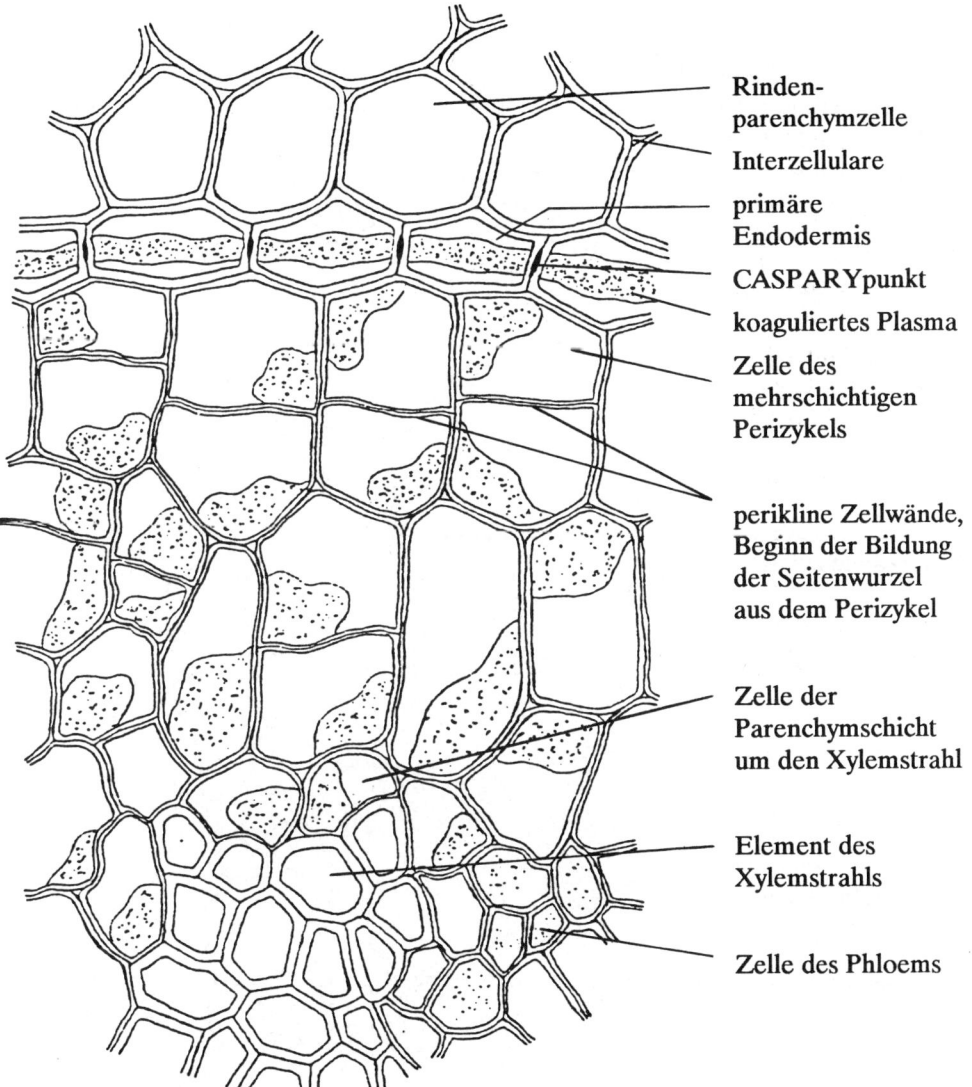

Rinden-
parenchymzelle

Interzellulare

primäre
Endodermis

CASPARYpunkt

koaguliertes Plasma

Zelle des
mehrschichtigen
Perizykels

perikline Zellwände,
Beginn der Bildung
der Seitenwurzel
aus dem Perizykel

Zelle der
Parenchymschicht
um den Xylemstrahl

Element des
Xylemstrahls

Zelle des Phloems

Stratiotes aloides
Hydrocharitaceae

Hydrophytenwurzel

- Querschnitt -
(Färbung: Phloroglucin + HCl)

Übersicht

Exodermis
äußere Rinde mit Zwik-
keln, ohne Interzellularen
innere Rinde mit
großen Lakunen
primäre Endodermis
Perizykel
stark reduziertes Phloem
stark reduziertes Xylem
aus Holzparenchym,
große Interzellulargänge

Detail

äußere Rinde,
Zellwände etwas verdickt

Zwickel

Zelle der inneren Rinde

Lakune

innere Rinde,
radiale Zellanordnung

kleine Interzellulare

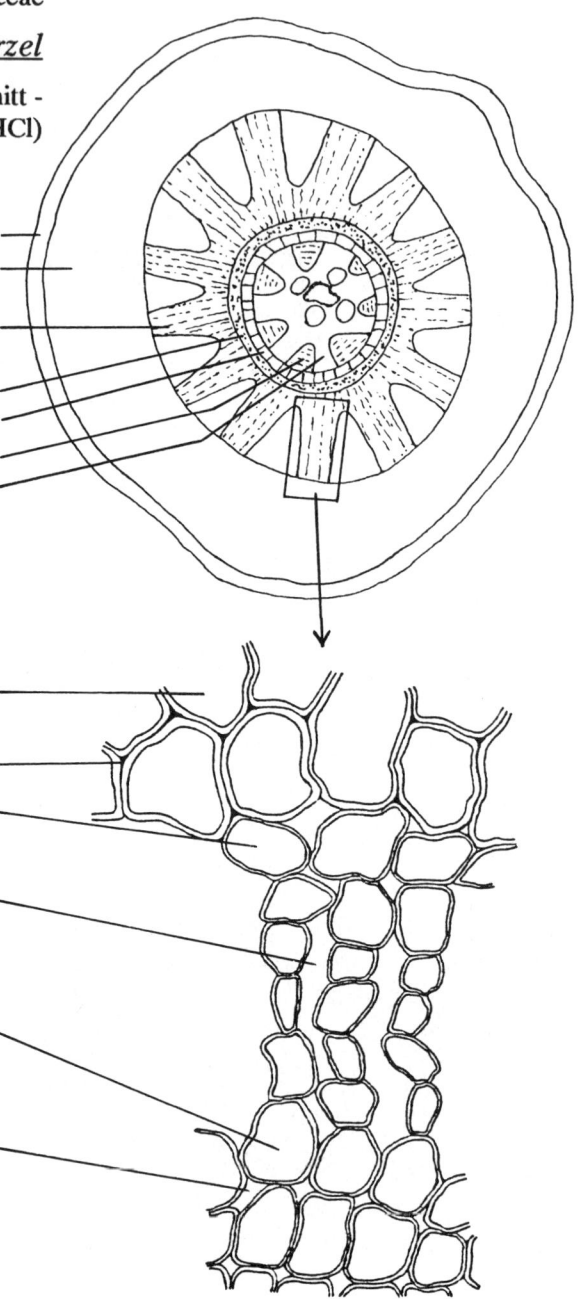

Acorus calmus
Araceae

Hygrophytenwurzel

- Querschnitt -
(Färbung: Phloroglucin + HCl)

Übersicht

Exodermis
äußere Rinde ohne Inter-
zellularen, mit Zwickel
innere Rinde mit Lakunen
(aerenchymartig)
Endodermis
Perizykel
Phloem, nicht reduziert
große Gefäße des
Metaxylems
verholztes Markparenchym

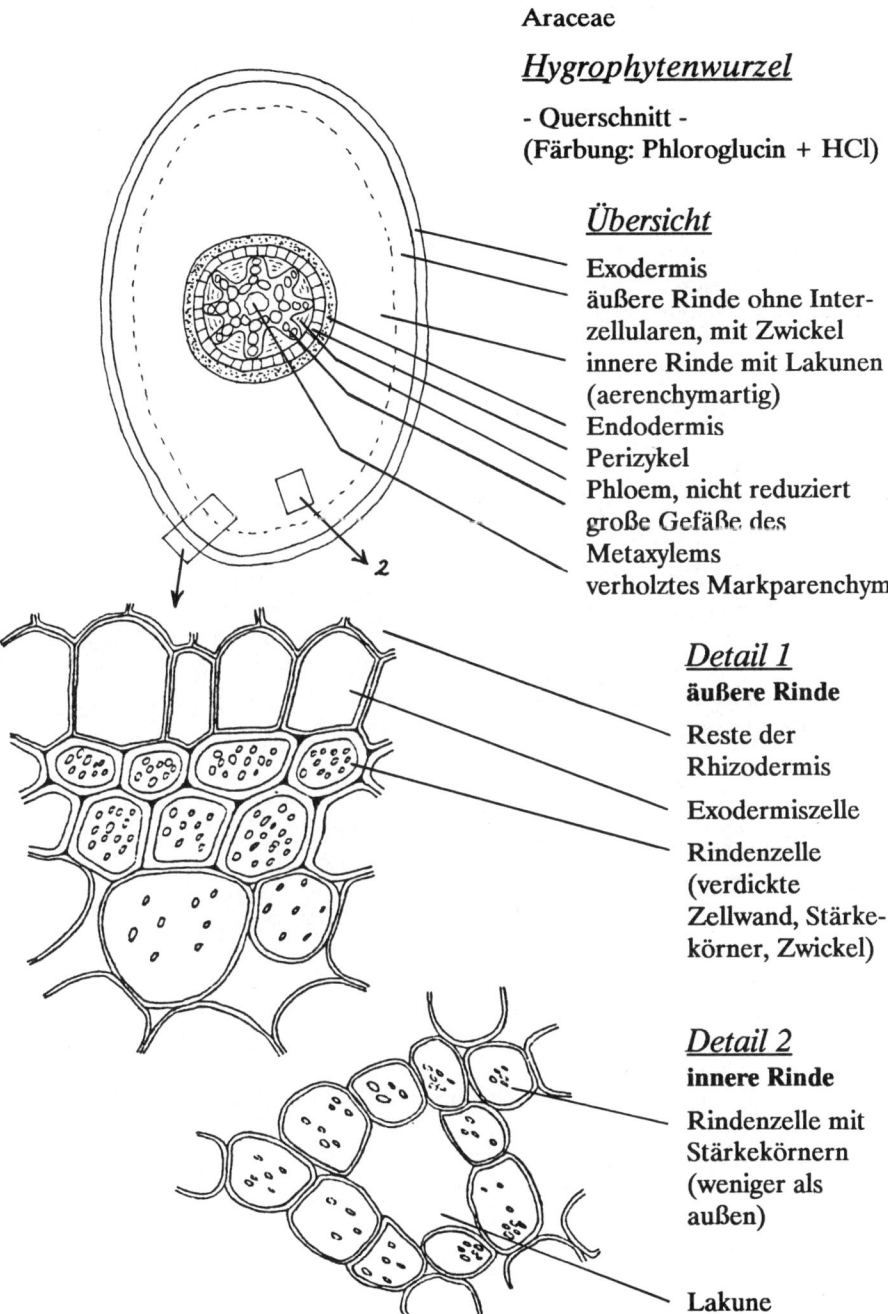

Detail 1
äußere Rinde

Reste der
Rhizodermis

Exodermiszelle

Rindenzelle
(verdickte
Zellwand, Stärke-
körner, Zwickel)

Detail 2
innere Rinde

Rindenzelle mit
Stärkekörnern
(weniger als
außen)

Lakune

Erica species
Ericaceae

Xerophytenwurzel

- Querschnitt -
(Färbung: Phloroglucin + HCl)

große
Rhizodermiszelle

Endodermiszelle

Perizykel

Zelle des
Protophloems

Zelle des
Protoxylems

noch nicht
ausdifferenzierte
Gewebezone

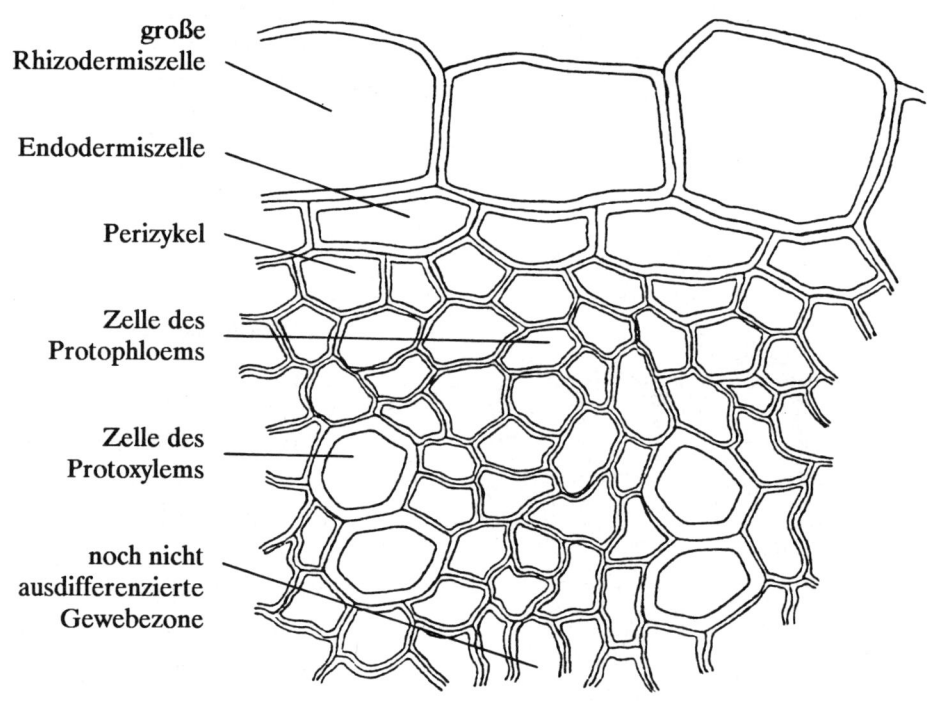

Bei der Xerophytenwurzel wird kein Rindengewebe angelegt.

Übersicht über die verwendeten Pflanzenarten

Acanthaceae
Fittonia verschaffeltii 45
Ruellia macrantha 128

Agavaceae
Cordyline fruticosa 156,157

Apiaceae
Astrancia major (Sterndolde) 60
Daucus carota (Möhre) 13
Heracleum sphondylium
(Bärenklau) 172

Apocynaceae
Nerium oleander (Oleander) 122,123

Araceae
Acorus calmus (Kalmus) 187
Arum maculatum (Aronstab) 114
Monstera deliciosa (Fensterblatt) 63
Zantedeschia aethiopica
(Zimmerkalla) 53,95

Aristolochiaceae
Aristolochia littoralis
(Osterluzei) 62,171
Aristolochia macrophylla
(Pfeifenwinde) 158,159,160

Asclepiadaceae
Ceropegia species
(Leuchterblume) 32

Asteraceae
Helianthus annuus
(Sonnenblume) 161,162
Helianthus tuberosus (Topinambur) 172

Balsaminaceae
Impatiens parviflora (Springkraut) 97
Impatiens walleriana
(Fleißiges Lieschen) 49

Begoniaceae
Begonia manicata 46

Berberidaceae
Mahonia aquifolium (Mahonie) 50

Betulaceae
Alnus incana (Grauerle) 72,82
Betula pendula (Weißbirke) 83

Brassicaceae
Capsella bursa pastoris
(Hirtentäschel) 12

Cactaceae
Epiphyllum pittieri (Blattkaktus) 21

Cannabaceae
Cannabis sativa (Hanf) 37
Humulus lupulus
(Gemeiner Hopfen) 36

Cannaceae
Canna indica (Indisches Blumenrohr) 52

Caprifoliaceae
Sambucus nigra
(Schwarzer Holunder) 92,169

Chenopodiaceae
Beta vulgaris (Rübe) 14

Cichoriaceae
Lactuca sativa (Lattich) 58

Commelinaceae
Tradescantia fluminensis
(Dreimasterblume) 149,150
Rhoeo spathacea 15

Crassulaceae
Crassula perfoliata 44
Sedum album (Weiße Fetthenne) 103

Cucurbitaceae
Cucurbita pepo (Gartenkürbis) 56,140
Lagenaria siceraria (Flaschenkürbis) 88

Cupressaceae
Cupressus sempervirens
(Echte Zypresse) 100

Cuscutaceae
Cuscuta reflexa (Seide) 176

Cyperaceae
Cyperus alternifolius
(Zypergras) 135,136

Droseraceae
Drosera rotundifolia (Sonnentau) 40

Empetraceae
Empetrum nigrum
(Krähenbeere) 119,121

Ericaceae
Erica species (Glockenheide) 188

Euphorbiaceae
Croton tiglium (Krotonölbaum) 66
Ricinus zansibariensis
(Wunderbaum) 20

Fabaceae
Laburnum anagyroides (Goldregen) 82
Phaseolus vulgaris (Gartenbohne) 34
Pisum sativum (Erbse) 16,185
Rhynchosia phaseoloides 174,175
Vicia faba (Saubohne) 9,10

Fagaceae
Fagus sylvatica (Rotbuche) 99, 178
Quercus robur (Stieleiche) 80,165,166

Ginkgoaceae
Ginkgo biloba (Ginkgo) 94

Hydrocharitaceae
Stratiotes aloides (Wasseraloe) 129,186
Elodea canadensis
(Wasserpest) 91,130,142

Hypericaceae
Hypericum perforatum
(Johanniskraut) 104

Hypolepidaceae
Pteridium aquilinum (Adlerfarn) 70,134

Iridaceae
Iris germanica (Schwertlilie) 181

Iris pumila (Zwergschwertlilie) 106

Juncaceae
Juncus species (Binse) 51

Lentibulariaceae
Pinguicula moranensis (Fettkraut) 38

Liliaceae
Agapanthus africanus 94
Allium cepa (Küchenzwiebel) 8
Allium schoenoprasum
(Schnittlauch) 105
Aspidistra elatior (Schusterpalme) 24
Chlorophytum comosum
(Grünlilie) 145,146
Convallaria majalis (Maiglöckchen) 135
Gasteria verrucosa 31
Phormium tenax
(Neuseeländischer Flachs) 59

Linaceae
Linum usitatissimum
(Flachs) 59,163,164

Loganiaceae
Strychnos nux-vomica
(Strychninbaum) 26

Magnoliaceae
Magnolia soulangiana
(Tulpenmagnolie) 71,73,87

Marantaceae
Maranta arundinacea (Pfeilwurz) 16

Melastomataceae
Miconia calvescens 57

Mniaceae
Mnium cuspidatum (Sternmoos) 11,143

Myrtaceae
Callistemon citrinus
(Zylinderputzer) 101
Eucalyptus globulus
(Blaugummibaum) 102

Moraceae
Ficus elastica (Gummibaum) 41

Literatur

AICHELE, D. (1985): Was blüht denn da? Wildwachsende Pflanzen Mitteleuropas. Stuttgart.

BRAUNE, W.; LEMANN, A. (1983): Pflanzenanatomisches Praktikum I. Stuttgart.

EHRENDORFER, F. et al. (1973): Liste der Gefäßpflanzen Mitteleuropas. Dritte erw. Auflage. Stuttgart.

HEGI, G. et al. (1966 ff): Illustrierte Flora von Mitteleuropa. Sieben Bände. Dritte Auflage. Berlin, Hamburg.

KLEINIG, H.; SITTE, P. (1986): Zellbiologie. Stuttgart.

NULTSCH, W.; GRAHLE, A. (1968): Mikroskopisch-Botanisches Praktikum für Anfänger. Stuttgart.

STRASBURGER, E. et al. (1983): Lehrbuch der Botanik. 32. Auflage. Stuttgart.

TROLL, W. (1973): Allgemeine Botanik. Vierte Auflage. Stuttgart.

TROLL, W. (1935/43): Vergleichende Morphologie der höheren Pflanzen. Berlin.

ZANDER, R. et al. (1984): Handwörterbuch der Pflanzennamen. 13. Auflage. Stuttgart.

Hinweis auf die Verordnung zum Schutz wildlebender Tier- und Pflanzenarten vom 18. 9.1989 (Bundesartenschutzverordnung)

Besonders geschützte einheimische Arten

Nuphar lutea
Helleborus foetidus
Saxifraga paniculata
Drosera rotundifolia
Stratiotes aloides
Iris germanica
Iris pumila

Arten, die der EG-Verordnung zum Washingtoner Artenschutzübereinkommen unterliegen

Arten aus der Familie der Nepenthaceae
alle Arten aus der Familie der Orchidaceae

Bei Verwendung dieser oder verwandter geschützter Arten sollten vor der Beschaffung die zuständigen Naturschutzbehörden konsultiert werden.

NÜSSE & KÖRNER

40 REZEPTE MIT DEN LECKEREN POWERPAKETEN

NATALIE SELDON
FOTOS VON FAITH MASON
AUS DEM ENGLISCHEN VON RENATE CHRIST

JAN THORBECKE VERLAG

INHALT

KLEIN, ABER GUT

Der Wellnesstrend hat die bescheidenen Nüsse und Kerne ins Rampenlicht der Feinschmecker gerückt – und das mit Recht! Aufgrund ihrer erfreulichen Vielseitigkeit und ihres köstlichen, gehaltvollen Geschmacks eignen sie sich für unglaublich viele verschiedene süße wie salzige Gerichte.

Nüsse und Samen sind eine ausgezeichnete Quelle für Nährstoffe und Mineralien. Da sie außerdem weder Gluten noch Weizen oder Milch enthalten, sind sie ideal geeignet für Menschen mit Unverträglich-keiten oder für solche, die vegan oder nach der Paleo-Diät leben. Sie können unter Smoothies gemixt werden, im Ganzen über Salate gestreut für den rich-tigen Biss sorgen oder fein gemahlen als gesunde Version eines Tarte-Bodens verwendet werden. Sie machen Muffins und Brownies saftig und sorgen für eine zartere Krume. Und wenn man sie vor dem Mahlen röstet, dann kommt ihre goldene, üppige Nussigkeit noch mehr zur Geltung. Lassen Sie uns diese kleinen Kraftpakete mit einer Sammlung gesunder und geschmackvoller Rezepte feiern, die Sie inspirieren und Freude in Ihre Küche bringen sollen.

NÜSSE

SUPERNÜSSE UND -SAMEN

Bei Nüssen und Samen steckt viel Nährwert in einer sehr kleinen Verpackung: Sie enthalten großzügige Mengen an Kalorien, Fetten, komplexen Kohlenhydraten, Proteinen und Ballaststoffen und stellen ihren Wert als das ultimative Brainfood unter Beweis, indem sie B-Vitamine, Omega-3-Fettsäuren, Eisen, Magnesium und Zink liefern. Zu den sekundären Pflanzenstoffen in Nüssen und Samen, die bei der Bekämpfung von Krankheiten behilflich sind, zählen Ellagsäure, Flavonoide, Phenolverbindungen, Luteolin und Isoflavone. Darüber hinaus enthalten Nüsse Phytosterine, von denen man annimmt, dass sie den Cholesterinspiegel in Schach halten und das Krebsrisiko reduzieren. Hier werden ein paar der beliebtesten Nüsse und ihre spezifischen Vorteile für die Gesundheit vorgestellt.

Mandeln

Sie können roh oder geröstet gegessen oder gemahlen werden, um sie zu Mandelbutter, -milch oder -mehl weiterzuverarbeiten. Man kann sie auch zum Backen verwenden, Streusel mit ihnen anreichern (s. S. 33) und sie in Pfannengerichte oder sogar Tacos geben (s. S. 86). Sie sind nicht nur eine wunderbare Quelle für Vitamin E, das für ein starkes Immunsystem und eine gesunde Haut wichtig ist, sondern liefern auch Eiweiß, Kupfer und Magnesium, welche Stress bekämpfen und die Entspannung fördern. Mandelmehl ist um einiges gesünder als Weizenmehl oder andere glutenfreie Mehle und besitzt einen viel höheren Ballaststoffanteil als diese.

Cashewkerne

Sie sind eigentlich Samen, die an der Unterseite der Cashewäpfel wachsen, und sie enthalten mehr Eisen als jede andere Nuss. Wie alle Nüsse und Samen werden sie wegen ihrer gesunden einfach ungesättigten Fettsäuren geschätzt, die dabei helfen, das gute Cholesterin im Blut zu vermehren. Sie stecken voller Ballaststoffe und liefern essentielle Vitamine, Mineralien und Antioxidantien in Hülle und Fülle. Wie auch aus den Macadamianüssen lassen sich aus Cashewkernen besonders cremige Nussmilch und -butter herstellen, und sie sind zudem beliebt in Smoothies und Desserts.

Haselnüsse

Diese süß schmeckenden Nüsse können in einer Vielzahl verschiedener Gerichte genossen werden. Sie besitzen einen hohen Vitamin-E-Gehalt und sind eine gute Quelle für Kupfer, Folsäure und Mangan. Sie enthalten viele Antioxidantien und Ballaststoffe.

Walnüsse

Sie enthalten reichlich Omega-3-Fettsäuren, die für die Gesundheit von Herz und Gehirn förderlich sind. Sie liefern auch Ellagsäure, welche die Funktion des Immunsystems unterstützt. Außerdem sind sie eine reichhaltige Quelle für Magnesium, Kupfer und Eiweiß.

Pinienkerne

Sie sind eine ausgezeichnete Quelle für Nährstoffe, essentielle Mineralien, Vitamine und einfach ungesättigte Fettsäuren, die dabei helfen, den Cholesterinspiegel im Blut zu senken.

SAMEN

Kürbiskerne

Kürbiskerne enthalten reichlich Eisen, Magnesium und Eiweiß und sind eine ausgezeichnete Quelle für Ballaststoffe und die für das Herz gesunde Aminosäure Tryptophan. Man kann sie ins Müsli, in Brot- oder Plätzchenteige geben oder mit ein paar Prisen Meersalz, Tamari und Chiliflocken rösten.

Sonnenblumenkerne

Ein weiterer Sieger im Lager der pflanzlichen Proteinlieferanten sind die Sonnenblumenkerne. Sie sind eine reichhaltige Quelle für Magnesium, Kupfer, Ballaststoffe, Vitamin B, Vitamin E und Linolsäure. Sie schmecken köstlich als Snack aus der Hand oder über Salate, Smoothie-Bowls, Suppen und Dips gestreut. Man kann sie auch pürieren, um Sonnenblumenkernbutter zu erhalten.

Chia-Samen

Diese uralten Samen sind zwar winzig klein, enthalten aber jede Menge wichtige Nährstoffe. Durch ihren hohen Gehalt an Ballaststoffen und Omega-3-Fettsäuren sind sie eine gute Ergänzung für ein belebendes Frühstück oder einen ebensolchen Smoothie.

Hanfsamen

Geschälte Hanfsamen, auch Hanfnüsse genannt, besitzen ein weiches, nussiges Aroma und füllen Ihre Nährstoffvorräte mit essentiellen Fettsäuren, besonders mit den herzgesunden Omega-3- und Omega-6-Fettsäuren auf. Sie sind eine ausgezeichnete Quelle für Eiweiß, Magnesium und Ballaststoffe, und es hat sich herausgestellt, dass sie Entzündungen hemmen und den Hormonspiegel im Gleichgewicht halten können. Hanföl ist als gesunde Ergänzung besonders vorteilhaft, wenn man es roh in Dressings, Saucen oder Smoothies gibt. Man bekommt es im Reformhaus oder übers Internet.

Leinsamen

Diese kleinen Samen sind ballaststoffreich und gehören zu den besten natürlichen Quellen für die essentiellen Omega-3-Fettsäuren, welche sowohl entzündungshemmend als auch antioxidativ wirken und für die Gesundheit des Herz-Kreislauf-Systems und des Darms förderlich sind. Ich mag zwar die Konsistenz der ganzen Samen, aber sie werden am besten aufgenommen, wenn man sie in gemahlenem oder geschrotetem Zustand verzehrt. Geschrotete Leinsamen findet man im Supermarkt, kann sie aber auch zu Hause mahlen. Lein ist eine ausgezeichnete Quelle für Verbindungen, die als Lignane bekannt sind und erwiesenermaßen gegen Krebs schützen.

DIE RICHTIGE AUFBEWAHRUNG

Eine Handvoll rohe Nüsse und Samen ist eine gute Wahl, wenn Sie eine gesunde Zwischenmahlzeit brauchen. Sie lassen sich einfach transportieren und halten sich auch gut zu Hause.

♦ **Mit Deckel** Füllen Sie Ihre Nüsse und Samen in luftdicht verschließbare Behälter. Das bewirkt, dass Nüsse und Samen länger frisch bleiben. Außerdem schützt es sie vor fremden Gerüchen.

♦ **Kühl aufbewahren** Bei Zimmertemperatur halten sich Nüsse und Samen ein paar Monate lang. Sollen sie länger frisch bleiben, kann man sie im Kühlschrank oder Eisfach aufbewahren. Für gewöhnlich bleiben sie im Kühlschrank bis zu 6 Monate lang frisch, im Tiefkühlfach bis zu 1 Jahr.

NÜSSE UND SAMEN GENIESSEN

Wenn es ums Essen geht, glaube ich an Ausgewogenheit, und eine kleine Menge von etwas, worauf man Lust hat, tut einem gut. Wenn Sie jeden Tag haltbare Lebensmittel aus dem Vorrat mit frischen saisonalen Zutaten kombinieren, werden Sie entdecken, wie einfach es ist, verführerische, gesunde und ausgewogene Mahlzeiten zuzubereiten.

Meine Inspirationen beziehe ich aus aller Herren Länder. Eine Reihe farbenfroher Gerichte fängt die Lebendigkeit und das Flair der Küchen des Nahen Ostens und des Mittelmeerraumes ein. Nüsse und Samen wissen Gewürze, Süße, Säure und Salzigkeit ganz besonders zu schätzen, und Sie werden in diesem Buch viele verschiedene kreative Variationen und eine große Bandbreite unterschiedlicher Aromen für jeden Geschmack finden. Diese Gerichte besitzen eine hohe Nährstoffdichte und schmecken köstlich. Nach ihrem Genuss fühlen Sie sich glücklicher, gesünder und energiereicher.

SELBST GEMACHT

*VEGETARISCH *GLUTEN-FREI *MILCHFREI

Diese Grundrezepte lassen sich ganz leicht abwandeln.
Ob Sie nun Gewürze unter Ihre Nussbutter mischen
möchten oder ein natürliches Süßungsmittel in die
Nussmilch – es gibt unzählige Möglichkeiten.

Ergibt ca. 1 Liter

150 g Nüsse oder Samen
   Ihrer Wahl
1 Prise Meersalz
1 TL Gewürze Ihrer Wahl
   (s. rechts)
2–4 Medjool-Datteln (nach
   Belieben, oder 1 EL
   Agavendicksaft, Dattel-
   oder Ahornsirup)

NUSSMILCH

**Probieren Sie doch einmal Zimt, Vanille, Kardamom,
Lebkuchengewürz oder Kurkuma als Aroma. Oder
geben Sie Kaffee- oder (Roh-)Kakaopulver dazu.**

1. Die Nüsse oder Samen in eine große Schüssel geben,
mit Wasser bedecken und 4–6 Stunden lang einweichen,
vorzugsweise über Nacht. (Die Nüsse werden dadurch
noch nahrhafter und leichter verdaulich. Hanfsamen
müssen nicht eingeweicht werden.)
2. Die Nüsse oder Samen abgießen, unter kaltem Wasser
abspülen und in einen Hochleistungsmixer geben. Die
restlichen Zutaten mit 1 l kaltem Wasser hinzufügen und
alles zu einer homogenen Flüssigkeit verarbeiten.
3. Probieren und nach Belieben noch mehr Gewürze oder
Süßungsmittel hinzufügen.
4. Die Milch durch ein feines Tuch oder Sieb in eine
große Schüssel gießen. Die festen Bestandteile entsorgen.
In einem Krug oder einer Glasflasche mit Deckel hält sich
die Milch 3–4 Tage lang.

Samen keimen lassen
Wenn man über den Zeitraum von ein paar Tagen den
Vorgang des Einweichens, Abspülens, Abgießens und
Belüftens mehrmals hintereinander wiederholt, tritt bei
manchen Samen das Stadium des Keimens ein, in dem
Sprossen erscheinen. Dieses Ausmaß der Keimbildung ist
äußerst vorteilhaft: Sie fördert die Enzymaktivität noch
mehr als reines Einweichen und teilt Nährstoffe, Vitamine
und Aminosäuren in leichter verdauliche Formen auf.

NUSSBUTTER

Ergibt 300 g

300 g Nüsse oder Samen
Ihrer Wahl (oder eine
Mischung)
1 Prise Salz
1 TL Honig oder ein anderes
natürliches Süßungsmittel
wie Agavendicksaft,
Dattel- oder Ahornsirup
(nach Belieben)
½ TL Gewürze Ihrer
Wahl, z.B. Zimt,
Lebkuchengewürz,
gemahlener Ingwer,
Vanille (nach Belieben)

Selbst gemachte Butter aus Nüssen oder Samen schmeckt
nicht nur köstlich, sondern ist auch noch fantastisch
gesund. Wenn man die Nüsse vorher röstet, bekommt die
Butter einen kräftigeren Geschmack.

1. Die Nüsse oder Samen in einem Hochleistungsmixer mit
einer Prise Salz so lange mahlen, bis eine cremige Paste entstanden ist. Während des Mahlvorgangs entweder eine kleine
Menge Honig oder Wasser hinzufügen, um dafür zu sorgen,
dass aus der Mischung eine emulgierte Butter wird. Anschließend die Gewürze untermischen.
2. In einem luftdicht verschließbaren Behälter oder einem Glas
mit Deckel im Kühlschrank aufbewahren. Dort hält sich die
Butter bis zu 3 Monate lang.

NUSSMEHL

Es gibt viele verschiedene Arten von Nussmehl, die alle
eine kohlenhydratarme und getreidefreie Alternative zu
herkömmlichen Mehlsorten aus Getreide darstellen.
Werden Nüsse und Mandeln mit Haut gemahlen,
so bezeichnet man das dabei entstehende Produkt
als Schrot. Ich empfehle Ihnen, blanchierte Nüsse
und Mandeln zu verwenden.

Ergibt 500 g

500 g Nüsse oder Samen
Ihrer Wahl (oder eine
Mischung)

Die Nüsse oder Samen in einen Hochleistungsmixer
oder eine Küchenmaschine geben und so lange zerkleinern, bis der von Ihnen gewünschte Mahlgrad erreicht
ist. Währenddessen die Seitenwände des Mixtopfes
immer wieder mit einem flachen Messer abkratzen.
Der Mahlvorgang sollte nicht länger
als 10–20 Sekunden dauern.
Wenn Sie die Nüsse oder
Samen viel länger mahlen,
werden sie zu Butter. Um dies
zu verhindern, sollten Sie dafür
sorgen, dass Schüssel und
Messer der Küchenmaschine
trocken und kalt sind und die
Nüsse Zimmertemperatur
besitzen.

Im Allgemeinen
enthalten Nüsse und
Samen mit brauner Haut
höhere Mengen an
Enzym-Inhibitoren und
müssen deshalb mehrere
Stunden lang eingeweicht
werden.

GEMAHLEN

ORANGEN-MOHN-PISTAZIEN-MUFFINS

*VEGETARISCH *GLUTENFREI *MILCHFREI

Diese vielseitigen Muffins werden mit einer Kombination aus Mandel- und Kokosmehl gebacken und sind wunderbar locker und luftig. Sie eignen sich perfekt für ein Frühstück auf dem Sprung, eine gesunde Zwischenmahlzeit bei der Arbeit oder als nachmittäglicher Muntermacher mit einer schönen Tasse Tee. Bereiten Sie eine Ladung davon am Wochenende zu und Sie sind startklar für die kommende Woche.

8 Stück

100 g Pistazien und 1 ½ EL
   gehackte Pistazien
100 g Mandelmehl (s. S. 13)
   oder gemahlene Mandeln
50 g Kokosmehl
60 g brauner oder
   Kokoszucker
1 TL Backpulver
1 Prise Meersalz
Saft und Schale von 1 großen
   unbehandelten Orange
1 EL Mohn und 1 TL
   zusätzlich
ca. 60 ml Mandelmilch
   (s. S. 12)
4 große Eier, kurz verquirlt
3 EL Mandelöl
1 TL Vanillepaste oder
  -extrakt

1. Den Backofen auf 180 °C vorheizen. 8 Vertiefungen einer 12er-Muffin-Backform mit Papierförmchen auskleiden.

2. 100 g Pistazien in der Küchenmaschine oder in einem Hochleistungsmixer sehr fein mahlen. In eine große Schüssel umfüllen und das Mandelmehl, das Kokosmehl, den Zucker, das Backpulver, das Salz, die Orangenschale und den Mohn unterrühren.

3. Den Saft aus der Orange pressen und in einen Messbecher füllen. So viel Mandelmilch hinzufügen, dass sich 175 ml ergeben. Über die trockenen Zutaten gießen und die verquirlten Eier, das

Mandelöl und die Vanillepaste bzw. den -extrakt hinzufügen (oder alle Zutaten in einen Mixer geben). So lange rühren bzw. mixen, bis eine homogene Masse entstanden ist.

4. Den Teig in die Förmchen füllen und mit dem restlichen Mohn und den gehackten Pistazien bestreuen. 25–30 Minuten lang backen, bis die Muffins goldgelb und durchgebacken sind und sich fest anfühlen.

5. Die Muffins 5 Minuten lang in der Backform abkühlen und anschließend auf einem Kuchengitter auskühlen lassen.

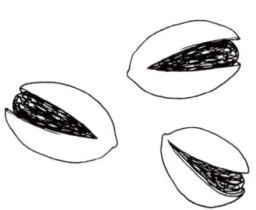

WAFFELN MIT DATTEL-SCHOKOLADEN-SAUCE

*VEGETARISCH *GLUTENFREI *MILCHFREI

Diese dekadenten und doch vollwertigen Waffeln werden mit einer warmen, klebrigen Sauce beträufelt und mit leuchtend roten Beeren serviert. Die gebackenen gesunden Leckerbissen sind außen goldgelb und knusprig, innen zart und luftig. Sie werden aus glutenfreiem Buchweizenmehl hergestellt, das eine Vielzahl an Vitaminen und Mineralstoffen liefert. Dieses süße Gericht bietet ein wenig Trost an nassen und windigen Tagen und wird unter Garantie die Herzen Ihrer Familie und Freunde erwärmen.

Ergibt 3–4 Stück (je nach Größe Ihres Waffeleisens)

75 g Buchweizenmehl
75 g Mandelmehl (s. S. 13)
   oder gemahlene Mandeln
2 TL Backpulver
½ TL Salz
2 EL Dattelsirup (oder
   unraffinierter Zucker)
1 Ei, kurz verquirlt
275 ml Mandelmilch (s. S. 12)
2 EL Mandelbutter (s. S. 13)
2 TL Vanillepaste oder
   -extrakt
Öl zum Ausbacken

Für die Dattel-Schokoladen-Sauce
100 ml Dattelsirup
75 g Rohkakaopulver
2 ½ EL Ahornsirup

Zum Servieren
200 g frische rote Beeren,
   z.B. Himbeeren, Erdbeeren
   und rote Johannisbeeren
25 g geröstete
   Mandelblättchen (oder
   gehackte Mandeln)

1. Beide Mehlsorten, das Backpulver und das Salz in eine Rührschüssel sieben und verrühren. Dattelsirup, Ei, Mandelmilch, Mandelbutter und Vanillepaste bzw. -extrakt hinzufügen und alles gründlich vermischen. Den Teig 5 Minuten lang ruhen lassen.

2. Für die Dattel-Schokoladen-Sauce alle Zutaten in einen kleinen Topf geben und bei milder Hitze erwärmen. Zu einer glatten und glänzenden Sauce verrühren und bis zur Verwendung beiseite stellen.

3. Das Waffeleisen nach Gebrauchsanweisung erhitzen und beide Seiten mit einem Ölspray einsprühen (ich verwende Kokosöl). Eine große Schöpfkelle (150 ml) Teig in die Mitte des Waffeleisens geben und

mit einem flachen Messer zu den Rändern hin verstreichen. Das Waffeleisen verschließen und die Waffel backen. Den Vorgang so oft wiederholen, bis der ganze Teig aufgebraucht ist.

4. Die Waffeln mit den frischen Beeren, der Dattel-Schokoladen-Sauce und den gerösteten Mandelblättchen servieren.

KOPFSALAT-ERBSEN-SUPPE MIT HASELNÜSSEN

*VEGETARISCH *GLUTENFREI

Wenn Sie etwas suchen, das wenig Fett und viel Eiweiß enthält und dabei noch ganz groß im Geschmack ist, dann ist diese leuchtend grüne Suppe genau das Richtige. Sie ist perfekt als Auftakt für ein Menü oder auch einfach für den Fall, dass Ihnen der Sinn nach einer dampfend heißen Schüssel Trost steht. Die Nüsse machen die Suppe schön sämig und verleihen ihr eine großartige Konsistenz.

4–6 Portionen

20 g Butter

2 Frühlingszwiebeln, in dünne Scheiben geschnitten

1 große Knoblauchzehe, grob gehackt

1 großer runder Kopfsalat oder 2 kleine (ca. 400 g), gewaschen und grob zerkleinert

500 g gefrorene Gartenerbsen

200 g Haselnüsse, fein gemahlen

1 l Gemüsebrühe (oder, falls gewünscht, Hühnerbrühe)

1 Handvoll frische Pfefferminzblätter

Salz und Pfeffer

Zum Servieren

25 g geröstete Haselnüsse, gehackt

ein paar frische Pfefferminzblätter

1 Frühlingszwiebel, in dünne Scheiben geschnitten

4–6 EL Naturjoghurt oder Crème fraîche

1. Die Butter in einem großen Topf bei milder Hitze schmelzen lassen. Frühlingszwiebeln und Knoblauch hinzufügen und so lange dünsten, bis sie weich (aber nicht gebräunt) sind.

2. Die Kopfsalatblätter hinzufügen und ein paar Minuten lang zusammenfallen lassen, dann die Erbsen, die gemahlenen Haselnüsse, die Brühe und die Pfefferminzblätter hinzufügen. Einmal aufkochen lassen, dann die Hitze reduzieren und die Suppe 5–6 Minuten lang sachte köcheln lassen. Mit Salz und Pfeffer würzen.

3. Den Topf vom Herd nehmen und die Suppe in einen Hochleistungsmixer umfüllen. So lange pürieren, bis sie glatt und cremig ist. Mit Salz und Pfeffer abschmecken.

4. In Suppentassen füllen und mit Haselnüssen, Pfefferminzblättern und Frühlingszwiebeln bestreuen. Je 1 EL Joghurt oder Crème fraîche einrühren.

Für eine nichtvegetarische Version können Sie die Suppe mit knusprig ausgebackenen Pancetta-Scheiben belegen.

ZIEGENKÄSETARTE MIT ROTER BETE

VEGETARISCH

In dieser vegetarischen Tarte gehen Ziegenkäse, Rote Bete, frischer Thymian und geröstete Pinienkerne die perfekte Verbindung ein. Ein weiterer Pluspunkt ist der unwiderstehliche Tarteboden aus Pinienkernen, der für zusätzlichen nussigen Biss sorgt – und nicht geknetet werden muss!

6–8 Portionen

Für den Boden

175 g Pinienkerne, fein gemahlen
100 g Buchweizen- oder Mandelmehl (s. S. 13)
50 g Haferflocken
½ TL Meersalz
1 Eigelb
50 g Butter, zerlassen
1 EL flüssiger Honig

Für die Füllung

1 EL Hanföl
1 Knoblauchzehe, fein gehackt
½ rote Zwiebel, in Scheiben geschnitten
1 Handvoll junge Spinatblätter
75 g Gartenerbsen, gekocht
1 kleine rohe oder gekochte Rote Bete, in dünne Scheiben geschnitten
2 EL geröstete Pinienkerne
2 große Eier und 2 Eigelbe von großen Eiern
150 g Sahne
75 g Crème fraîche
50 g Ziegenfrischkäse
1 Handvoll frische Thymianblätter und zusätzlich zum Servieren
Salz und Pfeffer
1 TL flüssiger Honig

1. Alle Zutaten für den Boden in einer Schüssel vermischen. Eine 3 cm hohe Tarteform mit herausnehmbarem Boden und 23 cm Durchmesser mit Backpapier auskleiden. Die Masse in die Form geben und von der Mitte aus auf dem Boden und an den Seitenwänden gleichmäßig verteilen. Mit einer Gabel den Boden mehrmals einstechen, damit Dampf entweichen kann. 30 Minuten lang kalt stellen. In der Zwischenzeit den Backofen auf 180 °C vorheizen und ein Backblech aus Metall mit aufheizen lassen.

2. Die Tarteform auf das Backblech stellen und 10 Minuten lang backen bzw. so lange, bis der Tarteboden zart goldgelb ist und sich fest anfühlt. Beiseite stellen und auskühlen lassen.

3. Für die Füllung das Öl in einer großen Pfanne erhitzen und den Knoblauch mit der Zwiebel darin glasig dünsten. Auf den Tarteboden geben, die Spinatblätter, die Erbsen, die Rote Bete und 1 EL der Pinienkerne hinzufügen. Eier, Sahne und Crème fraîche in einem Krug vermischen. Langsam über das Gemüse gießen, den Ziegenfrischkäse gleichmäßig darüber verteilen und die Tarte mit den Thymianblättern bestreuen. Mit Salz und Pfeffer würzen. Wieder auf das Backblech setzen und 35 Minuten lang backen bzw. so lange, bis die Füllung in der Mitte gerade fest ist.

4. 15 Minuten abkühlen lassen, anschließend den Rand der Backform entfernen. Vor dem Servieren die Tarte mit den zusätzlichen Thymianblättchen und den Pinienkernen bestreuen und mit dem Honig beträufeln.

Pinienkerne sind eine ausgezeichnete Quelle für pflanzliche Nährstoffe, essentielle Mineralstoffe, Vitamine und herzfreundliche einfach ungesättigte Fettsäuren.

PESTO-BRATHÄHNCHEN AUS EINEM TOPF *GLUTENFREI

Dieses Ein-Topf-Wunder von einem Gericht ist im Nu zubereitet. Das pfeffrige und nussige Pesto sorgt für Pep, während das Anisartige des Fenchels mit den gerösteten Pinienkernen und der sauren Zitrone zu etwas Neuem und Köstlichem verschmilzt. Servieren Sie dazu knuspriges Brot und/oder gekochte neue Kartoffeln.

4 Portionen

Für das Pesto

75 g Brunnenkresse und zusätzlich zum Servieren
1 große Handvoll Basilikumblätter
1 Knoblauchzehe
abgeriebene Schale von 1 kleinen unbehandelten Zitrone und 1 EL Saft
25 g Pinienkerne
20 g Walnüsse
25 g geriebener Pecorino
75 ml hochwertiges Raps-, Oliven- oder Walnussöl
Salz und Pfeffer

2 EL Oliven- oder Rapsöl
4 Hähnchenkeulen
2 Fenchelknollen, in Scheiben geschnitten
2 Knoblauchknollen, quer halbiert
1 große Zitrone, in dünne Spalten geschnitten
Blätter von ein paar frischen Thymianzweigen
1 EL Pinienkerne

1. Den Backofen auf 200 °C vorheizen. Zuerst das Pesto zubereiten. Hierfür alle Zutaten außer dem Öl und den Gewürzen in eine Küchenmaschine geben. Bei laufendem Messer das Öl langsam hinzufügen und so lange mixen, bis ein Pesto entsteht, das nicht zu glatt, sondern noch ein bisschen stückig ist (das sollte höchstens 2 Minuten dauern). Nach Belieben würzen.

2. 1 EL Öl in einer großen Pfanne erhitzen und die Hähnchenkeulen darin von allen Seiten braun braten. In einen Bräter legen und den Fenchel, die Knoblauchknollen, die Zitronenspalten und den Thymian (ein paar Blättchen für die Dekoration aufheben) in einer Lage darum herum verteilen. Mit dem restlichen Öl beträufeln, mit Salz und Pfeffer würzen. Im Backofen 35 Minuten lang rösten.

3. Den Bräter aus dem Ofen nehmen, etwas Pesto über das Hähnchen geben und mit den Pinienkernen bestreuen. Für weitere 10 Minuten in den Backofen schieben bzw. so lange, bis das Hähnchen goldgelb und gar ist.

4. Mit dem übrigen Pesto, frischer Brunnenkresse und den zurückbehaltenen Thymianblättchen servieren.

Raps- und Walnussöl halten sich, wie auch andere Öle aus Nüssen und Samen, im Kühlschrank bis zu 2 Jahre lang.

KNUSPRIGES ZA'ATAR-HÄHNCHEN MIT TAHINA

*MILCHFREI

Diese knusprige Brathähnchen-Kruste ist unglaublich lecker und gesund. Sie bietet eine ballaststoffreiche und gluten-freie Alternative zu Semmelbröseln. Ich liebe den Kontrast zwischen der pikanten, knusprigen Hülle und dem cremigen, süß-scharfen Dip – eine himmlische Kombination!

4 Portionen

6 ausgelöste Hähnchenoberschenkel, sichtbares Fett entfernt (oder 4 Hähnchenbrustfilets)
2 EL Honig
1 EL Tahina
4 EL Za'atar
75 g blanchierte Mandeln, grob gehackt
40 g Quinoaflocken (oder Haferflocken)
1 ½ EL weiße und/oder schwarze Sesamkörner
Salz und Pfeffer
1 Handvoll Korianderblätter, grob gehackt, zum Servieren

Für den Miso-Sesam-Dip
2 ½ EL milde weiße Misopaste
2 EL Sesamöl
Saft von 1 Limette
1 ½ EL Tahina
1–2 rote Chilischoten, fein gehackt
1 Frühlingszwiebel, in feine Scheiben geschnitten

1. Den Backofen auf 200 °C vor-heizen und ein großes Backblech mit Backpapier belegen.

2. Die Hähnchenoberschenkel der Länge nach in 2 oder 3 Strei-fen schneiden (bzw. die Brustfilets in 4 bis 5), je nach Größe. Honig und Tahina in eine flache Schale geben. Das Fleisch darin wenden. Zugedeckt 1 Stunde lang im Kühl-schrank marinieren lassen.

3. In einer Schüssel Za'atar, Man-deln, Quinoaflocken und Sesam-körner mit einer ordentlichen Prise Salz und Pfeffer vermengen. Das Hähnchen aus dem Kühl-schrank nehmen und die Fleisch-streifen einzeln in der Gewürz-mischung wenden. Überschüssige Marinade zuvor abtropfen lassen. Auf die vorbereiteten Backbleche legen und 20–25 Minuten lang backen, bis das Fleisch goldgelb, knusprig und durchgebacken ist.

4. In der Zwischenzeit den Dip zubereiten. Hierfür Misopaste, Sesamöl, Limettensaft und Tahina mit 1 EL Wasser glatt rühren. Chilischote und Frühlingszwiebel unterrühren und nach Geschmack würzen. Die heißen Hähnchen-streifen mit Korianderblättern bestreut servieren und den Dip dazu reichen.

Za'atar ist in der Gewürzabteilung der meisten großen Supermärkte zu finden und verleiht Marinaden einen kräftigen Geschmack. Wenn man es über griechischen Joghurt streut und mit Sesamöl beträufelt, bekommt man den perfekten Dip für Pitabrot!

MANDEL-DINKEL-BROT

Der Duft von frischem Brot, der Ihnen in die Nase steigt, wenn Sie Ihren selbst gebackenen Laib anschneiden, ist einfach himmlisch. Die Kombination aus Dinkel, Mandeln und diversen Samen sorgt dafür, dass jede Scheibe voller Nährstoffe steckt: Vitamin B2, Niacin, Thiamin und Magnesium. Durch die weiche Krume ist dieses Brot der ideale Partner für meine Cashewkern-Oliven-Tapenade (s. S. 54), und es schmeckt ganz köstlich, wenn man es toastet und anschließend mit Nuss- oder Samenbutter bestreicht.

Ergibt 2 kleine Laibe à 6 Portionen oder 1 großen Laib à 12 Portionen

200 g Mandelmehl (s. S. 13) oder gemahlene Mandeln
200 g Dinkelmehl
2 TL Natron
1 TL Salz
100 g gemischte Samen, z.B. Chia-Samen, Kürbis- oder Sonnenblumenkerne, Leinsamen, Mohn, Sesamkörner (suchen Sie im Supermarkt nach Samenmischungen)
200 ml Buttermilch
100 ml Mandelmilch (s. S. 12) und zusätzlich 1 EL
1 TL Dattelnektar oder flüssiger Honig
Öl zum Einfetten

1. Den Backofen auf 220 °C vorheizen. Beide Mehlsorten, Natron und Salz in eine große Schüssel sieben und die Samen unterrühren, 2 EL zum Bestreuen zurückbehalten. In die Mitte eine Vertiefung drücken und Buttermilch, Mandelmilch und Dattelnektar oder Honig hineingeben. Alle Zutaten miteinander verrühren. Der Teig sollte leicht klebrig sein.

2. Die Mischung auf eine mit einer der beiden Mehlsorten leicht bemehlte Arbeitsfläche geben und kurz durchkneten, bis ein glatter Teig entstanden ist. Halbieren und mit den Händen zu zwei ovalen oder runden Laiben formen (oder nach Belieben einen großen Laib formen). Auf ein leicht eingeöltes und bemehltes Backblech legen. Die Oberfläche mit einem scharfen Messer kreuzweise tief einschneiden. Mit etwas

Mandelmilch bestreichen und mit den restlichen Samen bestreuen.

3. 40 Minuten lang backen, bis das Brot goldgelb ist und es sich hohl anhört, wenn man auf die Unterseite klopft. Wenn Sie einen großen Laib backen, müssen Sie diesen 5 Minuten länger im Ofen lassen. (Wenn die Samen zu dunkel werden, können Sie das Brot mit einem Stück Alufolie abdecken.)

4. Ein paar Minuten lang abkühlen lassen, dann auf ein Kuchengitter setzen. Dieses Brot bleibt 3–4 Tage lang saftig. Sie können es aber auch bis zur Verwendung einfrieren.

NEKTARINEN MIT MACADAMIA-BRÖSELN

*VEGETARISCH

In dieses Rezept bin ich ganz besonders verliebt: Das weiche Fruchtfleisch der pochierten Nektarinen bekommt durch den Ingwerwein einen wärmenden Kick und die Kombination mit den knusprigen Macadamia-Ingwerkeks-Bröseln verleiht ihm eine völlig neue Dimension. Statt des Ingwerweines können Sie auch Madeira (oder einen anderen Süßwein) oder Ingwersirup verwenden.

6 Portionen

Für die pochierten Nektarinen

6 Nektarinen

300 ml Ingwerwein

60 ml Honig und etwas zusätzlich

1 EL Vanillepaste oder
1 Vanilleschote, das Mark herausgekratzt (Schote aufbewahren)

Für die Macadamia-Brösel

3 Ingwer-Nuss-Kekse (bzw. eine beliebige Ingwerkeks-Sorte)

25 g Macadamianüsse

Joghurt oder Crème fraîche zum Servieren

1. Die Nektarinen auf der Unterseite kreuzweise einschneiden, in eine große Schüssel legen und mit kochendem Wasser übergießen. 1 Minute stehen lassen, anschließend abgießen, etwas abkühlen lassen und die Haut abziehen.

2. Wein, Honig und Vanillepaste oder -mark in einen Topf geben, der so groß ist, dass alle Nektarinen bequem hineinpassen. 200 ml frisch aufgekochtes Wasser aus dem Wasserkocher hinzufügen, den Topf bei milder bis mittlerer Hitze aufsetzen und zum Köcheln bringen. So lange umrühren, bis sich der Honig aufgelöst hat. Die Nektarinen in den Topf geben (und die Vanilleschote, falls vorhanden) und, falls nötig, so viel Wasser hinzufügen, dass die Nektarinen gerade bedeckt sind. Einen Deckel so auflegen, dass Dampf entweichen kann. Die

Nektarinen 5 Minuten lang pochieren bzw. so lange, bis sie weich sind.

3. Die Kekse und Macadamianüsse in einer Küchenmaschine oder einem Hochleistungsmixer zerkleinern.

4. Die Nektarinen mit Sirup, Macadamia-Bröseln und Joghurt oder Crème fraîche servieren.

GEGRILLTE ANANAS MIT KOKOSSCHLAGSAHNE

*VEGETARISCH *GLUTENFREI *MILCHFREI

Ich liebe es, aromatisches Obst auf diese Weise zu karamellisieren. Es schmeckt köstlich zum Brunch mit Knuspermüsli, gerösteten Haferflocken oder Quinoa und sogar als Nachtisch mit zerkleinerten Baisers. Sie können dieses Rezept als grobe Richtschnur ansehen und nach Herzenslust experimentieren – die meisten festen Obstsorten lassen sich auf diese Weise gut grillen.

6–8 Portionen

Für die Ananas

1 mittelgroße Ananas,
   in Ringe geschnitten
   (größere halbiert)
75 ml flüssiger Honig
Schale von 1 unbehandelten
   Limette und ein Spritzer
   Saft

Für die Kokosschlagsahne

400 ml Kokosmilch
   (1 Dose), 2–3 Stunden im
   Kühlschrank gekühlt bzw.
   vorzugsweise über Nacht
1 TL Vanillepaste oder
   -extrakt

Zum Servieren

1 Handvoll griechische
   Basilikumblätter (oder
   normales Basilikum,
   größere Blätter zerrupft)
2 EL Mischung geschrotete
   Leinsamen, Chia-Samen,
   Apfel und Zimt (s. rechts)

1. Den Backofen auf 180 °C vorheizen. Die Ananasscheiben auf einem Backblech verteilen und mit Honig und Limettensaft beträufeln, mit Limettenschale bestreuen. 25 Minuten lang rösten, bis die Ananas goldgelb und klebrig ist.

2. Die Kokosmilch aus dem Kühlschrank nehmen und vorsichtig die festen Bestandteile – normalerweise mehr als die Hälfte der Dose, ca. 250 ml (die restliche Milch anderweitig verwenden) – entnehmen und in die Schüssel einer Küchenmaschine (oder in eine Schüssel) geben. Auf

mittlerer Stufe halbsteif schlagen. Vanillepaste oder -extrakt unterrühren.

3. Die Ananasscheiben mit dem restlichen Honigsirup vom Backblech und der geschlagenen Kokossahne servieren. Mit den Basilikumblättchen und der Mischung aus Leinsamen, Chia-Samen, Apfel und Zimt bestreuen.

Wenn Sie keine fertige Mischung aus Leinsamen, Chia-Samen, Apfel und Zimt finden, dann können Sie 1 EL Chia-Samen in einem Hochleistungsmixer oder einem Multizerkleinerer fein mahlen und mit 1 EL geschroteten Leinsamen und 1 Prise Zimt vermischen.

APFEL-SAATEN-KRÄCKER

*VEGETARISCH *GLUTENFREI *MILCHFREI

Samen sind nicht nur eine wunderbare Quelle für gesunde Fette, sondern liefern auch eine gute Dosis an Vitamin E, das als Antioxidans wirkt und die Zellen vor Schäden durch freie Radikale schützt. In diesen Kräckern sorgen die Kerne für extra Biss und eine gute Portion Eiweiß.

Ergibt 25–30 Stück

60 g Kürbiskerne
60 g Sonnenblumenkerne
je 30 g braune Leinsamen,
    Hanfsamen, Chia-Samen
    und schwarze oder weiße
    Sesamkörner
100 g Mandel- oder
    Amarantmehl (s. S. 13)
1 ½ TL Salz
50 ml Mandel- oder Olivenöl
2 EL Sonnenblumenkern-
    butter (s. S. 13)
150 ml Mandelmilch (s. S. 12)
100 ml Apfelsaft und 2 EL
    für die Glasur
1 EL Honig (oder Ahorn-
    sirup)

1. Den Backofen auf 150 °C vorheizen. Zwei 30 × 35 cm große Backbleche mit Backpapier auslegen.

2. Alle Samen in einer Schüssel miteinander vermengen, dann ca. ein Drittel für später beiseite stellen. Die restlichen Zutaten – außer den 2 EL Apfelsaft und dem Honig – zusammen mit 50 ml Wasser hinzufügen und so lange verrühren, bis ein lockerer, aber nicht flüssiger Teig entsteht (bei Bedarf noch mehr Wasser oder Mandelmilch hinzufügen).

3. Den Teig auf die Backbleche geben und mit einem Messer oder einer Palette dünn verstreichen. 25 Minuten lang backen.

4. Die 2 EL Apfelsaft mit dem Honig in einer kleinen Schüssel verquirlen, die Kräcker damit glasieren und mit den zurückbehaltenen Samen bestreuen. In ca. 6 cm große Quadrate schneiden und weitere 30 Minuten lang backen, bis die Kräcker hart und knusprig sind. Auf einem Kuchengitter auskühlen lassen.

Diese knusprigen Kräcker passen perfekt zu einem weichen Blauschimmelkäse wie Roquefort oder Dolcelatte und etwas Feigenchutney.

OBSTAUFLAUF MIT MANDEL-SAMEN-STREUSELN

*VEGETARISCH

Dieses Rezept enthält alles, was eine heiße, süße und unglaublich tröstliche Süßspeise braucht, um „Muss-Ich-Sofort-Haben"-Gelüste auszulösen. Apfel- und Erdbeerstückchen liefern genau die richtige Menge natürlicher Süße, um dem säuerlichen Rhabarber Paroli zu bieten, und die Streusel aus Mandeln, Hasel- und Pekannüssen verleihen dem Auflauf seinen besonderen Geschmack.

8 Portionen

Für die Füllung

3 mittelgroße Äpfel
400 g Rhabarber
350 g Erdbeeren
Saft und Schale von
  1 unbehandelten Orange
1 EL Vanillepaste oder
  -extrakt
50 ml Ahornsirup

Für die Streusel

150 g kalte Butter in Stückchen
150 g Mandelmehl (s. S. 13)
100 g Mehl
je ½ TL Zimt und
  Lebkuchengewürz
1 Prise Salz
50 g unraffinierter
  Rohrzucker (oder 50 ml
  Ahornsirup)
50 g Haferflocken
je 25 g blanchierte Mandeln,
  Haselnüsse und Pekannüsse
  (oder Nusssorten nach
  Wahl), grob gehackt
1 EL Sonnenblumenkerne
½ EL Leinsamen

1. Den Backofen auf 200 °C vorheizen.

2. Die Zutaten für die Füllung vorbereiten: Die Äpfel schälen, entkernen und in mundgerechte Stücke schneiden, den Rhabarber in kleine Stücke schneiden und die Erdbeeren halbieren (oder vierteln, je nach Größe). Alle Zutaten für die Füllung in eine flache Auflaufform mit 2 l Fassungsvermögen füllen und miteinander vermengen.

3. Für die Streusel die Butter, die Mehlsorten, die Gewürze und eine Prise Salz in eine große Schüssel geben und zwischen den Fingerspitzen zerreiben, bis die Mischung aussieht wie grobe Semmelbrösel. (Alternativ können Sie hierfür eine Küchenmaschine verwenden.) Zucker und Haferflocken untermischen. Die Streuselmischung gleichmäßig über dem Obst verteilen und mit den gehackten Nüssen und den Samen bestreuen.

4. 40 Minuten lang backen bzw. so lange, bis die Streusel goldgelb sind und der Auflauf brodelt. Nach 30 Minuten überprüfen und den Auflauf mit Alufolie abdecken, falls die Nüsse anfangen braun zu werden, damit sie nicht verbrennen.

5. Nach Belieben mit Vanillesoße, Eiscreme oder mit Vanillepaste aromatisiertem Joghurt servieren.

In roher, ungesalzener Form gehören Mandeln zu den gesündesten, eiweißreichsten Nahrungsmitteln. Sie enthalten auch eine große Menge an gesunden, einfach ungesättigten Fettsäuren.

PFIRSICH-MELBA-KÄSEKUCHEN

*VEGETARISCH *GLUTENFREI *MILCHFREI

Dieser gefrorene, ungebackene Käsekuchen, der sich gut im Voraus zubereiten lässt, ist meine Interpretation des berühmten und beliebten Desserts „Pfirsich Melba". Diese gesunde Version eines traditionellen Käsekuchens, bei der Pfirsiche und Himbeeren mit einem köstlich nussigen Boden kombiniert werden, ist der ultimative Blickfang.

10–12 Portionen

Für den Boden

je 125 g Pekannüsse,
  Cashewkerne und
  Kokosraspel
125 g weiche Medjool-
  Datteln, entsteint
¼ TL Salz
Schale von 1 unbehandelten
  Limette
2 EL geschrotete Leinsamen
  (optional)

Für die Pfirsichschicht

500 g Cashewkerne,
  2–3 Stunden lang einge-
  weicht (oder über Nacht)
5 frische Pfirsiche, entsteint
  (oder 2 Dosen Pfirsiche
  in Scheiben à 400 g,
  abgetropft)
1 gefrorene Banane
100 ml Kokossahne
125 ml Ahornsirup
1 TL Vanillepaste oder
  -extrakt
1 EL Sesampaste (Tahina)

Für die Himbeerschicht

125 g gefrorene Himbeeren
1–2 EL Ahornsirup, nach
  Geschmack

1. Eine Springform mit 20 cm Durchmesser einfetten und mit Backpapier auskleiden. Pekannüsse, Cashewkerne, Kokosraspel und Datteln in einer Küchenmaschine oder einem Hochleistungsmixer zerkleinern. Salz, Limettenschale und Leinsamen (falls gewünscht) unterrühren und alles zu einem klebrigen Teig verarbeiten. Diesen fest in die vorbereitete Backform drücken. Für 30 Minuten ins Tiefkühlfach stellen, bis er hart ist.

2. Für die Pfirsichschicht die eingeweichten Cashewkerne abgießen und abspülen. Alle Zutaten in einer Küchenmaschine oder einem Hochleistungsmixer pürieren. Ca. zwei Drittel der Masse über den Kuchenboden gießen. Für ca. 45 Minuten ins Tiefkühlfach stellen bzw. so lange, bis die Schicht fest ist.

3. In der Zwischenzeit die Himbeerschicht zubereiten. Hierfür die Himbeeren und den Ahornsirup zur restlichen Pfirsichmischung geben und nochmals pürieren. Die Himbeermasse über die gefrorene Pfirsichschicht geben und 2–3 Stunden lang einfrieren, vorzugsweise über Nacht.

Cashewkerne stecken voller Magnesium, das den Blutdruck senkt und zusammen mit Kupfer die Knochenstärke steigert. Entgegen der landläufigen Meinung enthalten sie hauptsächlich gute, gesunde Fette und null Cholesterin.

HIMBEER-KOKOS-SCHNITTE MIT CHIA-SAMEN

*GLUTENFREI *MILCHFREI

Diese köstlichen Schnitten schmecken nicht nur traumhaft lecker, sondern sind auch noch nahrhaft. Da sie die Super-Samen Hanf und Chia enthalten, sind sie zudem reich an Omega-3-Fettsäuren und stecken voller Proteine, Antioxidantien und Ballaststoffe.

10–12 Portionen

Für den Boden
175 g Mandelmehl (s. S. 13) oder gemahlene Mandeln
100 g Kokosraspel
50 ml Dattelsirup
1 Ei, kurz verquirlt
2 EL Hanfsamen
¼ TL Meersalz
75 ml Mandel- oder Kokosöl, zerlassen

Für die Himbeerschicht
300 g Himbeerkonfitüre
1 EL weiße Chia-Samen

Für die Kokoscreme
4 Blatt Gelatine
300 ml Kokossahne
200 ml Mandelmilch (s. S. 12)
2 EL Ahornsirup
1 EL Vanillepaste oder -extrakt

Für den Überzug
140 ml Mandel- oder Kokosöl, zerlassen
125 g Kakaopulver und 1 EL zusätzlich zum Bestäuben

1. Den Backofen auf 180 °C vorheizen. Eine 9 × 24 × 6 cm große Kastenkuchenform mit geraden Seitenwänden einfetten und mit Backpapier auskleiden. (Schneiden Sie das Papier so zu, dass es größer ist als die Backform, damit Sie später die Schnitte aus der Form heben können.)

2. Für den Boden alle Zutaten miteinander vermischen und gleichmäßig am Boden der Backform festdrücken. In ca. 20 Minuten hell-goldgelb backen. Aus dem Ofen nehmen und zum Auskühlen beiseite stellen.

3. Konfitüre und Chia-Samen in einer Schüssel miteinander verrühren und beiseite stellen. Die Blattgelatine 5 Minuten lang in kaltem Wasser einweichen. In der Zwischenzeit die Kokossahne mit der Mandelmilch in einem Topf auf mittlerer Stufe erhitzen.

4. Die Gelatine gut ausdrücken, in den Topf geben und unter Rühren auflösen. Durch ein Sieb in eine Schüssel gießen und zum Abkühlen beiseite stellen. Ahornsirup und Vanille unterrühren.

5. Die Konfitüre auf dem Keksboden verstreichen, anschließend die Form für 30–45 Minuten in den Kühlschrank stellen, bis die Konfitüre leicht fest ist. Behutsam die Kokosmischung über die Himbeerschicht gießen. Nochmals für 2–3 Stunden in den Kühlschrank stellen bzw. so lange, bis die Schnitte fest ist.

6. Das Öl mit dem Kakaopulver glatt rühren. Die Schnitte behutsam vom Backpapier lösen und auf ein Kuchengitter setzen, das über einem Tablett liegt. Die Glasur über die Schnitte gießen und das Kuchengitter zügig leicht hin und her kippen, damit die Glasur auch die Ränder gleichmäßig bedeckt. Bei Zimmertemperatur 15–20 Minuten lang trocknen lassen, anschließend mit Kakaopulver bestäuben.

LIMETTEN-TARTE MIT MATCHA

*VEGETARISCH *GLUTENFREI *MILCHFREI

Ich liebe es, Klassiker abzuwandeln, und diese Key Lime Pie mit Matcha ist ebenso köstlich wie gesund. Sie erfreut zu jeder Tageszeit und ist der perfekte Abschluss eines Menüs, den man ohne schlechtes Gewissen genießen darf. Der leckere Boden aus Nüssen, Feige und Kokosnuss bildet die perfekte Basis für die cremige Füllung.

10–12 Portionen

Für den Boden
125 g Pistazien
50 g Walnüsse
6 getrocknete Feigen
100 g Kokosraspel
1 Spritzer Limettensaft

Für die Füllung
200 g Cashewkerne,
   2–3 Stunden lang
   eingeweicht
Schale und Saft von
   3 unbehandelten Limetten
   (plus die Schale von
   1 Limette zur Dekoration)
200 ml Kokossahne
100 ml Ahornsirup
1 ¾ TL Matcha-Pulver

Matcha, ein japanisches Grüntee-pulver, enthält u. a. mächtige Antioxidantien, Vitamin C und Ballaststoffe. Es besitzt einen köstlichen charakteristischen Geschmack und ist in Reformhäusern, Asiamärkten und übers Internet erhältlich.

1. Die Pistazien und Walnüsse fein mahlen. Feigen, Kokosraspel und Limettensaft hinzufügen und alles miteinander vermischen. Die Masse sollte sich leicht zu einer Kugel formen lassen. Falls sie nicht klebrig genug ist, fügen Sie so viele Feigen und so viel Limettensaft hinzu, bis die gewünschte Konsistenz erreicht ist.

2. Die Masse auf dem Boden und an den Seitenwänden einer mit Backpapier ausgekleideten Tarteform mit herausnehmbarem Boden und 23 cm Durchmesser fest drücken. Kalt stellen.

3. Für die Füllung die Cashewkerne abgießen, abspülen und mit 3 EL Wasser in einen Mixer geben. So lange mixen, bis eine Paste entsteht. Limettensaft und -schale, Kokossahne und Ahornsirup hinzufügen und auf hoher Stufe glatt pürieren. 150 ml Limettencreme abnehmen und beiseite stellen. Unter die restliche Masse 1 ½ TL Matcha-Pulver mixen.

4. Den Tarteboden aus dem Kühlschrank nehmen und mit der Matcha-Limettencreme füllen. Die restliche Limettencreme in den Mixer geben und ¼ TL Matcha-Pulver untermischen. Mittig über die dunklere Limettencreme geben und mit einem Spieß spiralförmige Muster kreieren. Die Tarte wieder in den Kühlschrank stellen und mindestens 2 Stunden lang, am besten über Nacht fest werden lassen.

5. Nach Wunsch mit Limettenzesten dekorieren.

MILCH, ÖL & BUTTER

MANDEL-KIRSCH-EIS AM STIEL MIT GRANOLA

Dieses unkomplizierte, gesunde Joghurteis, das als eine der obligatorischen fünf täglichen Obstmahlzeiten zählt, wird von knusprigem Müsli gekrönt und bietet einen köstlichen und erfrischenden Genuss. Die süßen und saftigen Kirschen mit ihrer hübschen Farbe und ihrem unwiderstehlichen Fruchtgeschmack enthalten antioxidativ wirkende Anthocyane. Ein gesunder Leckerbissen für warme Tage.

Ergibt 10 Eis am Stiel (Sie benötigen eine Form für 10 Eislutscher)

300 g griechischer Joghurt
175 ml Mandelmilch (s. S. 12)
2 EL Ahornsirup
1 TL Vanillepaste oder -extrakt
100 g Granola (fertig gekauft oder s. S. 67)
150 g Kirschen, entsteint und halbiert

1. Joghurt, Mandelmilch, Ahornsirup und Vanille miteinander vermischen.

2. Das Knuspermüsli auf die Eisformen verteilen, dann die Joghurtmischung einfüllen und zuletzt die Kirschen dazugeben. (Die Schichten müssen nicht perfekt sein – das Eis sieht sogar hübscher aus, wenn sie es nicht sind!)

3. Die Eisform abdecken und so lange einfrieren, bis das Eis fest ist, ca. 4 Stunden lang.

4. Um das Eis aus den Formen zu bekommen, die Form 10 Sekunden lang unter heißes Wasser halten und anschließend vorsichtig das Eis herausnehmen. Bis zum Verzehr im Tiefkühlfach aufbewahren. Vor dem Servieren können Sie das Eis noch mit Ahornsirup beträufeln, wenn Sie mögen.

Falls Sie keine Eisformen besitzen, können Sie die Joghurtmasse in ein großes gefriergeeignetes Gefäß füllen, die Kirschen unterrühren und das Knuspermüsli darüberstreuen.

PORRIDGE MIT HASELNUSS-MILCH UND PFLAUMEN-KOMPOTT

In diesem bereichernden Frühstücksgericht harmonieren die knusprigen gerösteten Haselnüsse perfekt mit dem cremigen Porridge aus Haselnussmilch und dem Kompott aus gerösteten süßen Pflaumen. Wenn Sie Zeit haben, die Haferflocken zu rösten, bevor Sie der Hunger überkommt, dann lohnt sich der Aufwand. Dies könnte ganz leicht zu einem verführerischen Standardgericht fürs Wochenende werden.

2 Portionen

100 g Haferflocken
400 ml Haselnussmilch
  (s. S. 12)
1 TL Vanillepaste oder
  -extrakt
½ TL gemahlener Zimt
etwas frisch geriebene
  Muskatnuss
¼ TL Meersalz

Für das Pflaumenkompott
3 Pflaumen, entsteint und in
  Spalten geschnitten
2 EL Ahornsirup, Honig oder
  Agavendicksaft
Schale von ½ unbehandelten
  Zitrone

Zum Servieren
Ahornsirup, Honig oder
  Agavendicksaft
25 g geröstete Haselnüsse,
  gehackt

1. Für das Pflaumenkompott alle Zutaten mit 1 EL Wasser in einen Topf geben. Bei milder Hitze die Pflaumen so lange kochen, bis sie weich werden, aber noch ihre Form behalten. Bis zur Verwendung beiseite stellen.

2. Die Haferflocken in einer Pfanne bei mittlerer Hitze aufsetzen und 4–5 Minuten lang rösten bzw. so lange, bis sie leicht gebräunt sind. In einen Topf umfüllen, Haselnussmilch, Vanille und Gewürze hinzufügen. Zum Sieden bringen und unter gelegentlichem Rühren so lange köcheln lassen, bis ein weicher,

dickflüssiger Brei entsteht. (Falls der Brei zu fest wird, können Sie ihn verdünnen, indem Sie löffelweise Haselnussmilch unterrühren.)

3. Den Porridge in Schüsseln mit dem Pflaumenkompott und Pflaumensaft servieren, mit Ahornsirup, Honig oder Agavendicksaft beträufeln und mit gerösteten und gehackten Haselnüssen bestreuen.

SMOOTHIE-BOWL MIT CASHEWKERNEN UND ACAIBEEREN

*VEGETARISCH *GLUTENFREI *MILCHFREI

Mit Smoothies ist man ganz einfach auf der Schnellspur Richtung Geschmack und gesunde Ernährung. Das kleine Wunder Acaibeere besitzt eine köstlich fruchtige, an Rotwein erinnernde Note mit schokoladigen Obertönen und enthält reichlich Mikronährstoffe und beinahe doppelt so viele Antioxidantien wie Blaubeeren. Ich beträufele meine Smoothie-Bowls gerne mit zerlassener seidiger Kürbiskernbutter, aber Sie können jegliche andere Nuss- oder Samenbutter ausprobieren (s. S. 13).

2 Portionen

100 g rohe Cashewkerne
 (2–3 Stunden oder über
 Nacht eingeweicht)
1 große Banane, geschält,
 klein geschnitten und
 eingefroren
je 50 g Himbeeren,
 Brombeeren und
 Erdbeeren
75 ml Cashewmilch (s. S. 12)
1 EL Acaibeerenpulver
1 EL Leinsamen

Für das Topping
1 EL Kürbiskernbutter
 (s. S. 13)
1 Handvoll gemischte
 frische Beeren
Samen, z.B. Chia-
 Samen, Kürbis- oder
 Sonnenblumenkerne
ein paar essbare Blüten
 (nach Belieben)

1. Die Cashewkerne abgießen und abspülen. Mit den restlichen Zutaten in einen Mixer geben und glatt pürieren.

2. Die Mischung 1 Minute lang stehen lassen, damit sie eindicken kann. Anschließend nochmals 10 Sekunden lang mixen.

3. Den Smoothie auf Schüsseln verteilen und etwas Kürbiskernbutter spiralförmig einrühren. Mit frischen Beeren belegen und mit Ihren Lieblingskernen sowie nach Wunsch mit ein paar essbaren Blüten bestreuen.

GRÜNER CASHEWKERN-SMOOTHIE

*VEGETARISCH *GLUTENFREI *MILCHFREI

„Iss dein Gemüse", hat man mir immer gesagt. Dank dieses Smoothie-Rezeptes geht das ganz mühelos. Hiermit können Sie ganz heimlich unheimlich viel Gesundes zu sich nehmen: Der Smoothie enthält reichlich Cashewkerne, Äpfel, Spinat, Gurke und Avocado. Hanf- und Chia-Samen sorgen für eine extra Portion Gesundheit. „Power-Pulver", die in den meisten größeren Supermärkten, in Reformhäusern und im Internet erhältlich sind, können nach Belieben untergemixt werden. Wenn ein Smoothie so gut schmeckt, ist es wirklich ganz einfach, Gemüse zu mögen!

4 Portionen
(ergibt ca. 900 ml)

75 g rohe Cashewkerne, 2–3 Stunden lang eingeweicht (oder vorzugsweise über Nacht)
2 grüne Äpfel, geschält, entkernt und in Stücke geschnitten
1 Kiwi, geschält und in Stücke geschnitten
1 Banane, geschält, in Scheiben geschnitten und eingefroren
1 große Handvoll Spinatblätter
½ reife Avocado, halbiert
½ Gurke, entkernt und in große Stücke geschnitten
100 ml Cashewmilch (s. S. 12)
1 EL Hanfsamen-, Spirulina- oder Weizengraspulver
1 TL gemischte Hanf- und Chia-Samen

1. Die Cashewkerne abgießen und abspülen. Alle Zutaten außer den Hanf- und Chia-Samen in einen Mixer geben und glatt pürieren.

2. Den Smoothie auf 4 Gläser verteilen und vor dem Servieren mit den Hanf- und Chia-Samen bestreuen.

Wenn Sie den Smoothie süßer mögen, können Sie noch 1 EL Agavendicksaft oder Ahornsirup hinzufügen.

FRENCH TOAST MIT SALZKARAMELL

*VEGETARISCH

Diese gesündere Version des traditionellen French Toasts wird mit cremiger Haselnussmilch gemacht und ist perfekt für eines dieser faulen Wochenenden, an denen man sehr wenig Lust hat, das Haus zu verlassen. Die Salzkaramell-sauce enthält gehaltvolle Haselnussbutter und macht diesen French Toast zu einem verführerischen Brunchgericht oder Dessert fürs Wochenende.

2 Portionen

50 ml Haselnussmilch
   (s. S. 12)
1 Ei
je ½ TL gemahlener Zimt
   und Lebkuchengewürz
Haselnussöl (oder ein
   anderes Öl) zum Braten
2–4 Scheiben Roggen-,
   Vollkorn- oder
   Sauerteigbrot

Für die Salzkaramellsauce
75 g feiner brauner Zucker
25 g Butter
3 EL Haselnussbutter
   (s. S. 13)
50 ml Crème double
1 Prise Meersalzflocken

Zum Anrichten
1 Handvoll frische
   Erdbeeren, in Scheiben
   geschnitten
25 g geröstete Haselnüsse,
   gehackt
75 g Haselnuss- oder
   griechischer Joghurt

1. Zuerst die Salzkaramellsauce zubereiten. Hierfür alle Zutaten in einem Topf unter Rühren so lange erwärmen, bis beide Buttersorten geschmolzen sind und der Zucker sich aufgelöst hat. Bis zur Verwendung beiseite stellen.

2. In einer Schüssel Haselnuss-milch, Ei und Gewürze miteinander verquirlen. Die Brotscheiben von beiden Seiten gründlich darin einweichen. In einer großen antihaftbeschichteten Pfanne etwas Öl erhitzen und die Brotscheiben darin auf beiden Seiten in ca. 3-4 Minuten goldbraun braten.

3. Die ausgebackenen Brotschei-ben auf zwei Tellern anrichten, mit der Salzkaramellsauce beträufeln und mit Erdbeerscheiben und gehackten Haselnüssen bestreuen. Haselnuss- oder griechischen Joghurt dazu reichen.

Falls Sie etwas von der Karamellsauce übrig haben (was unwahrscheinlich ist, weil sie so köstlich schmeckt), können Sie sie auch heiß zu Eiscreme servieren.

NEKTARINENSALAT MIT BURRATA UND BRESAOLA

*GLUTENFREI

In den wärmeren Monaten bereite ich diesen Salat häufig zum Mittagessen zu. Er basiert lose auf dem italienischen Klassiker „Insalata Caprese" und ist ebenso süß, frisch und leicht. Ich finde zwar, dass die Früchte durch das Grillen einen intensiveren Geschmack und eine kräftigere Konsistenz bekommen, aber sie lassen sich auch frisch verwenden. Die cremige Burrata mit den knackigen Mandeln und Samen ist wie ein Stück Himmel im Mund.

2 Portionen

1 Nektarine (oder Pfirsich), entsteint und in Spalten geschnitten
½ EL Hanfsamenöl oder ein anderes Öl
8–10 Scheiben Bresaola
1 Kugel (200 g) Burrata (oder Büffelmozzarella)
150 g Tomaten alter Sorten (ich nehme gern gemischte Farben), halbiert oder geviertelt
1 Handvoll Basilikumblätter, große zerrupft
25 g geröstete Mandeln, grob gehackt
1 EL gemischte Hanfsamen, Sesamkörner, Sonnenblumen- und Kürbiskerne
1 EL Hanfsamen- oder Kürbiskernöl zum Beträufeln
Salz und Pfeffer

1. Eine Grillpfanne auf hoher Stufe erhitzen. Die Nektarinenspalten in ein wenig Hanfsamenöl wenden und auf jeder Seite 2–3 Minuten lang braten bzw. so lange, bis sie angekohlt sind. Die Pfanne vom Herd nehmen und beiseite stellen.

2. Die Bresaolascheiben auf einem Servierteller anrichten. Die Burrata abgießen und gründlich abtropfen lassen. In Stücke zupfen und über der Bresaola verteilen, die Tomaten und Basilikumblätter ebenso wie die Nektarinen darübergeben. Zuletzt mit gehackten Mandeln und Samen bestreuen, ordentlich mit Öl beträufeln. Mit Salz und Pfeffer würzen.

CASHEWKERN-OLIVEN-TAPENADE

*VEGETARISCH *MILCHFREI

Mit diesem verführerischen Aufstrich hält der Mittelmeerraum bei Ihnen Einzug! Die cremigen Cashewkerne und die herben Oliven werden mit Sonnenblumenkernen und Oregano vermischt und auf geröstetem Körnerbrot serviert. Das ist der Stoff, aus dem Mittagessen-Träume sind. Probieren Sie die Tapenade doch einmal zu dem Mandel-Dinkel-Brot von S. 27, wenn Sie Milchprodukte vertragen.

Ergibt ca. 350 g

50 g Cashewkerne, 2–3 Stunden lang eingeweicht (oder vorzugsweise über Nacht)

50 g Sonnenblumenkerne, 2–3 Stunden lang eingeweicht (oder vorzugsweise über Nacht)

150 g grüne Oliven mit Kräutern und Knoblauch

3 ½ EL Kürbiskern- oder Rapsöl

1 kleine Handvoll frische Oreganoblättchen und zusätzlich ein paar zum Dekorieren (nach Belieben)

Salz und Pfeffer

Körner-Roggenbrot zum Servieren

1. Die Cashew- und Sonnenblumenkerne abgießen und abspülen, anschließend mit allen restlichen Zutaten außer Pfeffer und Salz in eine Küchenmaschine oder einen Hochleistungsmixer geben. So lange pürieren, bis eine homogene, aber noch etwas stückige Masse entstanden ist. Mit Salz und Pfeffer abschmecken.

2. Auf getoastetem Körner-Roggenbrot o. Ä. servieren, nach Belieben mit ein paar Oreganoblättchen bestreut. Die Tapenade hält sich im Kühlschrank in einem luftdicht verschließbaren Behälter oder in einem verschlossenen Glas ca. eine Woche lang.

BANANEN-BEEREN-PARFAIT MIT CHIA- UND LEINSAMEN

*VEGETARISCH *GLUTENFREI *MILCHFREI

Diese ultimative Smoothie-Bowl sorgt für Wohlbefinden, steigert Ihre Protein- und Ballaststoffaufnahme und besänftigt Ihren Appetit bis zur Mittagessenszeit. Als Topping sind hier frische Himbeeren, Kiwi, Chia- und Leinsamen vorgeschlagen, aber man kann je nach Vorliebe auch jegliches andere Obst der Saison und andere Saatenmischungen verwenden.

2–4 Portionen
(ergibt ca. 600 ml)

3 EL schwarze Chia-Samen
350 ml kalte Mandelmilch
   (s. S. 12)
1 große Banane, geschält, in
   Scheiben geschnitten und
   eingefroren
150 g gefrorene Himbeeren
2 EL Kokosraspel
2 EL Leinsamen
2 EL flüssiger Honig
2 TL Vanillepaste oder
   -extrakt

Zum Servieren
frische Pfefferminzblätter
frische Himbeeren
1 Kiwi, in Scheiben
   geschnitten
1 EL gemischte Lein- und
   Chia-Samen

1. Die Chia-Samen mit 200 ml Mandelmilch in einem hohen Gefäß vermischen und 30 Minuten lang im Kühlschrank quellen lassen. Gelegentlich umrühren, damit sich keine Klumpen bilden.

2. Die restlichen 150 ml Mandelmilch in eine Küchenmaschine oder einen Hochleistungsmixer geben, die übrigen Zutaten hinzufügen und alles glatt pürieren.

3. Die eingedickte Chia-Samen-Milch aus dem Kühlschrank unterrühren und in Gläser oder Schüsseln füllen.

4. Mit ein paar frischen Pfefferminzblättern, Himbeeren und Kiwischeiben belegt und mit Lein- und Chia-Samen bestreut servieren.

TROPISCHES SCHICHTDESSERT MIT CHIA-SAMEN

*VEGETARISCH
*GLUTENFREI *MILCHFREI

Wenn ich die himmlischen Aromen der Tropen in Flaschen füllen und ein Dessert daraus machen könnte, dann wäre es dieses hier! Ein paar meiner liebsten Geschmackskombinationen – fruchtige Passionsfrucht und Mango, cremige Vanille-Chia-Samen und geröstete Kokosnuss – bieten ein erfreuliches Kontrastprogramm an Texturen und ein Fest für die Sinne.

2–4 Portionen

Für die Chia-Schicht
400 ml (1 Dose) Kokosmilch
4 EL Kokosraspel
4 EL weiße Chia-Samen
1 EL Vanillepaste oder
   -extrakt

Für die tropische Schicht
1 reife Mango, geschält,
   entsteint, in Stücke
   geschnitten
1 EL Kokos-Mandel-Butter
   (s. rechts)
3 EL Ahornsirup
1 daumengroßes Stück
   frischer Ingwer, geschält
   und grob gehackt
Saft und Schale von
   1 unbehandelten Limette
Kerne und Fruchtfleisch von
   4 Passionsfrüchten

Zum Servieren
1–2 Passionsfrüchte, halbiert
1 EL Kokosspäne (oder
   -raspel), geröstet

1. Kokosmilch, Kokosraspel, Chia-Samen und Vanille in einer Kanne oder Schüssel vermischen und quellen lassen.

2. Mango, Kokos-Mandel-Butter, Ahornsirup, Ingwer sowie Limettensaft und -schale in einem Hochleistungsmixer glatt pürieren. Umfüllen und das Fruchtfleisch sowie die Kerne der Passionsfrüchte unterrühren.

3. Die Hälfte der Chia-Mischung in 2 große (oder 4 kleine) Gläser oder Schüsseln füllen. Mit der Hälfte des Fruchtpürees bedecken. Diese Schichten wiederholen.

4. Vor dem Servieren mit den halbierten Passionsfrüchten und Kokosspänen dekorieren.

Ich verwende gerne Kokos-Mandel-Butter, z.B. von Pip and Nut oder Meridian, aber reine Mandelbutter geht genauso.

SCHOKOLADEN-BROWNIES
MIT PARANÜSSEN *VEGETARISCH

Dieses weniger sündige Gebäck vom Blech steckt voller Ballaststoffe, gesunder Fette, Nährstoffe und Vitamine. Der an Antioxidantien reiche Kakao sowie Ingwer sind auch noch drin. Das alles erlaubt es Ihnen, ein zusätzliches Stück zu genießen.

Ergibt 16 Quadrate

Für die Ingwer-Nuss-Streusel
40 g Paranüsse, grob
    gehackt
je 25 g Wal- und
    Macadamianüsse, grob
    gehackt
1 TL gemahlener Ingwer
½ TL Lebkuchengewürz
1 Prise Meersalz
1 Kugel in Sirup eingelegter
    Ingwer, fein gehackt
3 EL Sirup vom eingelegten
    Ingwer

Für die Brownies
200 g Paranüsse
200 g Butter in Stückchen
200 g dunkle Schokolade,
    in Stücke gebrochen
200 g feiner brauner Zucker
100 g Dinkel- oder
    Weizenmehl
40 g Rohkakaopulver
    (bzw. zu 100 % reines
    Kakaopulver)
¼ TL Backpulver
4 große Eier, kurz verquirlt
3 gehäufte EL Paranuss-
    oder Macadamianuss-
    Butter
100 g Milchschokolade,
    in kleine Stücke gehackt
2 EL Kakao-Nibs

1. Die Nüsse für die Streusel in der Küchenmaschine hacken. In einer Schüssel die restlichen Zutaten für die Ingwer-Nuss-Streusel mischen. Beiseite stellen.

2. Den Backofen auf 180 °C vorheizen. Eine quadratische Backform mit 23 cm Seitenlänge mit Backpapier auskleiden.

3. Die Hälfte der Paranüsse grob hacken, die andere Hälfte in der Küchenmaschine fein mahlen.

4. Die Butter und die dunkle Schokolade in einer großen Schüssel über einem Topf mit siedendem Wasser unter Rühren schmelzen lassen. Die gehackten Paranüsse unterrühren. Beiseite stellen und auf Zimmertemperatur abkühlen lassen.

5. Die fein gemahlenen Paranüsse, den Zucker, das Mehl, das Kakao- und das Backpulver miteinander vermengen. Nach und nach die Eier hinzufügen und die Masse so lange schlagen, bis sie

eine seidige Konsistenz erhält. Die Schokoladenmischung und die Paranuss-Butter unterrühren, anschließend die Milchschokoladenstückchen und die Kakao-Nibs mit einem Spatel unterheben.

6. Die Brownie-Masse in die vorbereitete Backform füllen und die Oberfläche mit einem Spatel glatt streichen. Die Ingwer-Nuss-Streusel gleichmäßig darüber verteilen und anschließend 30–35 Minuten lang backen. (Nicht zu lange im Ofen lassen: Die Brownies sollen innen weich und klebrig sein.) Falls die Ingwer-Nuss-Streusel zu dunkel werden, können Sie die Backform mit einem Stück Alufolie abdecken.

7. In der Backform auf einem Kuchengitter abkühlen lassen. Vorsichtig auf ein Brett legen und in Quadrate schneiden. Nach Belieben mit Kakaopulver bestäuben. Mit einem Löffel Crème fraîche oder Joghurt schmeckt das köstlich.

APRIKOSEN-MANDEL-TARTE MIT PISTAZIEN

*VEGETARISCH *GLUTENFREI *MILCHFREI

Die süßen, herben und duftenden Aprikosen eignen sich hervorragend für diese hübsche Tarte. Der köstlich klebrige Nussboden steckt voller Nährstoffe und bildet den perfekten Untergrund für die Aprikosen. Hiermit holen Sie die Sonne an die Kaffeetafel und beeindrucken diejenigen, für die Sie gerne kochen.

10–12 Portionen

Für den Boden

200 g Mandeln
150 g Pekannüsse
100 g Pistazien
150 g getrocknete, in heißem Wasser eingeweichte Aprikosen oder weiche Medjool-Datteln, entsteint, oder eine Mischung aus beidem
¼ TL Salz

Für die Füllung

550 g frische Aprikosen, entsteint, 200 g in Scheiben geschnitten
175 g Mandelbutter (s. S. 13)
60 ml Ahornsirup plus 2 EL für die Glasur
1 gehäufter TL Vanillepaste oder -extrakt
Schale von ½ unbehandelten Orange
1 EL Mandel- oder Kokosöl, zerlassen
50 g Pistazien, gemahlen

1. Den Backofen auf 180 °C vorheizen. Eine Tarteform mit 23 cm Durchmesser einfetten und mit Backpapier auskleiden.

2. Alle Zutaten für den Boden in einer Küchenmaschine zerkleinern und vermischen. Auf dem Boden und an den Seitenrändern der vorbereiteten Tarteform festdrücken und mit der Hand oder einem Löffel glatt streichen.

3. Die ganz gelassenen entsteinten Aprikosen in einer Küchenmaschine pürieren. Mandelbutter, 60 ml Ahornsirup, Vanillepaste und die Hälfte der Orangenschale untermixen. Die Masse auf den Tarteboden geben.

4. Die Aprikosenscheiben ringförmig auf die Füllung legen. Den restlichen Ahornsirup und die übrige Orangenschale mit dem Mandel- bzw. Kokosöl vermischen und die Aprikosen damit glasieren. 25 Minuten lang backen, bis die Füllung und die Aprikosen goldbraun sind.

5. Vor dem Servieren mit den gemahlenen Pistazien bestreuen und nach Belieben mit noch mehr Orangen-Ahornsirup-Glasur beträufeln.

PEKANNUSS-
MOKKA-TARTE

*VEGETARISCH

Dieser unwiderstehliche Nachtischklassiker wird hier durch Mokka raffiniert abgewandelt, was die himmlische Kombination aus gerösteten Nüssen und süßem Karamell noch besser macht. Mein mit gemahlenen Nüssen angereicherter Fertig-Mürbteig ist die ideale Abkürzung, wenn die Zeit mal wieder nicht auf Ihrer Seite ist, und sorgt zusätzlich für nussigen Biss. Ein Löffel Crème fraîche oder Eis wäre hier der ideale Begleiter. Womöglich reicht ein Stück gar nicht aus!

10–12 Portionen

1 Packung Fertig-Mürbteig
(375 g)
150 g Pekannüsse, fein
gemahlen

Für die Füllung
300 g Pekannüsse, grob
gehackt
150 ml Ahornsirup
50 g Butter
3 EL Ahornsirup-
Erdnussbutter mit
Stückchen oder Honig-
Zimt-Cashewbutter
(oder Erdnussbutter mit
Stückchen)
100 ml Sahne
50 g feiner brauner Zucker
1 EL Instantkaffeepulver,
in 2 EL heißem Wasser
aufgelöst
1 EL Rohkakaopulver
(oder zu 100 % reines
Kakaopulver)
5 Eigelb
1 EL Vanillepaste oder
-extrakt
1 TL frisch geriebene
Muskatnuss
1 Prise Salz

1. Den Backofen auf 200 °C vorheizen. Den Mürbteig auseinanderrollen und mit den gemahlenen Pekannüssen gleichmäßig bestreuen. Den Teig wieder aufrollen, zu einer Kugel formen und so lange kneten, bis die gemahlenen Nüsse gleichmäßig im Teig verteilt sind. Auf einer leicht bemehlten Arbeitsfläche ausrollen und eine 4 cm hohe Tarteform mit herausnehmbarem Boden und 23 cm Durchmesser damit auskleiden. Den Boden mit einer Gabel mehrmals einstechen und für 20 Minuten in den Kühlschrank stellen.

2. In der Zwischenzeit die Pekannüsse auf einem Backblech verteilen und im Ofen 5–7 Minuten lang rösten. Aus dem Backofen nehmen und beiseite stellen.

3. Den gekühlten Tarteboden mit Backpapier belegen und Backbohnen aus Keramik einfüllen.

Die Form auf ein Backblech setzen und 15 Minuten lang backen, anschließend die Bohnen und das Papier entfernen und den Tarteboden nochmals für 5 Minuten in den Backofen stellen, bis er goldgelb ist. Herausnehmen und die Backofentemperatur auf 180 °C reduzieren.

4. Ahornsirup, beide Buttersorten, Sahne, Zucker, Kaffee und Kakaopulver in einen Topf geben und bei milder Hitze kurz erwärmen, bis die Butter geschmolzen ist und der Zucker sich aufgelöst hat. Etwas abkühlen lassen.

5. Die Eigelbe in einer Schüssel verquirlen, die etwas abgekühlte Sirupmischung, die Pekannüsse, die Vanille, die Muskatnuss und eine Prise Salz unterrühren. Die Masse auf den Tarteboden geben und 30 Minuten lang backen bzw. so lange, bis die Füllung fest ist.

GANZ &
GEHACKT

GRANOLA MIT NÜSSEN UND SAMEN

Selbst hergestelltes Knuspermüsli gehört zu den einfachsten und befriedigendsten Snacks, die man machen kann. Für mich gehört es zu den Gerichten, die man zu jeder Tageszeit genießen kann, und ich bereite gerne eine Ladung davon am Sonntagabend zu und verbrauche sie die Woche über. (Das Granola hält sich aber in einem luftdicht verschließbaren Behälter ca. 1 Monat lang.)

6 Portionen

100 g Haferflocken
je 50 g Pekan-, Para-,
   Hasel- und Walnüsse,
   grob gehackt (oder eine
   Mischung beliebiger
   Nüsse)
3 EL gemischte kleine
   Samen (z.B. Hanf-,
   Lein-, Chia-Samen und
   Sesamkörner)
je 1 ½ EL Kürbis- und
   Sonnenblumenkerne
1 TL Lebkuchengewürz
½ TL Zimt
75 ml Ahornsirup

Für das Blaubeerkompott
250 g Blaubeeren
2 EL Ahornsirup
1 Spritzer Limettensaft

Zum Servieren
500 g Natur- oder
   griechischer Joghurt
frische Blau- und
   Brombeeren
Ahornsirup

1. Den Backofen auf 200 °C vorheizen und ein Backblech mit Backpapier belegen.

2. Haferflocken, Nüsse, Samen und Kerne in einer Schüssel mit den Gewürzen vermischen, mit dem Ahornsirup übergießen und gut verrühren. Gleichmäßig auf dem Backblech verteilen und 8–10 Minuten lang rösten, bis das Müsli goldgelb ist. Aus dem Ofen nehmen, beiseite stellen und vollständig erkalten lassen.

3. Für das Blaubeerkompott alle Zutaten in einen kleinen Topf geben und zum Kochen bringen. Die Temperatur reduzieren und das Kompott bei milder Hitze 3–4 Minuten lang köcheln lassen

bzw. so lange, bis es etwas eingedickt ist. Falls es zu dickflüssig wird, können Sie 1 EL Wasser hinzufügen.

4. Zum Servieren etwas Joghurt in die Müslischüsseln geben, das Knuspermüsli darüber verteilen und das Kompott darübergeben. Zuletzt mit ein paar frischen Brom- und Blaubeeren belegen und mit Ahornsirup beträufeln.

Haferflocken liefern eine beeindruckende Menge an Ballaststoffen und Eisen, während die Nüsse und Samen für herzgesunde ungesättigte Fettsäuren sowie für Eiweiß, das langsam Energie freisetzt, und B-Vitamine, die das Gehirn in Schwung halten, sorgen.

NUSSIGE ANCHOÏADE MIT GEGRILLTEM GEMÜSE

Diese nussige, knoblauchhaltige Sauce mit mediterranem Einfluss ist ein kulinarisches Highlight. Ihr Geschmack verstärkt den des gegrillten Gemüses auf perfekte Weise und macht aus diesem Gericht eine ausgezeichnete einfache Vorspeise oder ein leichtes Mittagessen. Wenn Sie mögen, können Sie die Sauce im Mörser zubereiten – die Textur ist schon das halbe Vergnügen bei diesem rassigen, stückigen Dip – oder kurz in der Küchenmaschine oder im Mixer pürieren.

4 Portionen

Für die Anchoïade
½ TL Kreuzkümmelkörner
40 g gehackte Mandeln
40 g gehackte Walnüsse
1 große Knoblauchzehe, geschält
Schale und Saft von
   1 unbehandelten Limette
4–5 hochwertige Anchovisfilets in Öl, abgetropft
1 Handvoll frische glatte Petersilie
2 TL Rotweinessig
75–100 ml Walnussöl (oder hochwertiges natives Olivenöl extra)

Für das Gemüse
Olivenöl zum Braten
1 große Zucchini, in mundgerechte Stücke geschnitten
100 g grüne Spargelstangen
1 rote Paprika, in breite Streifen geschnitten
3 kleine Auberginen, in dicke Stifte geschnitten
100 g Kirschtomaten an der Rispe
Salz

1. Zunächst die Anchoïade zubereiten. Hierfür die Kreuzkümmelkörner in einer Pfanne ohne Fett ein paar Minuten lang rösten, bis sie duften, anschließend im Mixer oder Mörser fein mahlen.

2. Mandeln, Nüsse, Knoblauch, Limettenschale und -saft, Anchovis, Petersilie und Rotweinessig in den Mixer geben und pürieren, bis die Nüsse fein gemahlen, aber noch stückig sind. Zuletzt bei laufendem Messer so viel Öl in einem kontinuierlichen Strahl hinzufügen, bis die gewünschte Konsistenz erreicht ist.

3. Etwas Olivenöl in einer großen Grillpfanne erhitzen und das Gemüse darin 5 Minuten lang braten bzw. so lange, bis es Grillstreifen bekommt. Mit etwas Salz bestreuen und mit der Anchoïade servieren.

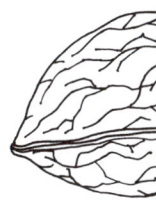

SATAY-STEAK MIT GURKENSTREIFEN

*MILCHFREI

*2 Portionen als Hauptgericht bzw. 4 Portionen als Vorspeise
(Sie brauchen 4 in Wasser eingelegte Holzspieße)*

400 g Ribeye-Steak, in mundgerechte Stücke zerteilt

Für die Satay-Sauce
1 große Knoblauchzehe
1–2 rote Chilischoten, halbiert und entkernt
½ Stängel Zitronengras
1 Stück (3 cm) frischer Ingwer, grob gehackt
1 TL gemahlener Kreuzkümmel
1 TL gemahlener Koriander
2 EL Ketjap manis
je 1 EL Sojasauce und geröstetes Sesamöl
½ EL Fischsauce
Saft und Schale von ½ unbehandelten Limette
150 g Erdnussbutter mit Stückchen
50 ml Kokosmilch

Zum Servieren
½ Gurke
25 g gesalzene Erdnüsse
1 Handvoll frischer Koriander
1 Limette, in Spalten geschnitten

Diese saftigen Steakspieße, die mit reichlich würziger Satay-Sauce, kühlen Gurkenstreifen und salzigen Erdnüssen serviert werden, bringen Süße und Schärfe auf Ihren Grill. Ketjap manis ist eine klebrige und süße Sojasauce, die man im Supermarkt in den Regalen mit den ausländischen Spezialitäten findet. Geschmackliche „Sataysfaktion" ist hier garantiert!

1. Knoblauch, Chilischoten, Zitronengras und Ingwer in einen Blitzhacker geben und fein hacken. In eine große Schüssel füllen und die restlichen Zutaten für die Satay-Sauce außer der Kokosmilch unterrühren. Die Hälfte der Mischung in eine separate Schüssel umfüllen, das Fleisch hinzufügen und mit der Sauce vemengen. Bis zur Verwendung beiseite stellen.

2. Die restliche Satay-Mischung mit der Kokosmilch in einen Topf geben und unter Rühren behutsam erhitzen, bis die Sauce warm ist und etwas dunkler wird. Falls nötig, noch mehr Kokosmilch oder Wasser unterrühren: Es soll eine homogene, zum Dippen geeignete Sauce werden.

3. Den Grill des Backofens vorheizen. Das Fleisch gleichmäßig auf Spieße stecken und auf ein leicht eingeöltes Backblech legen. 6–8 Minuten lang grillen, dabei gelegentlich wenden, bis das Fleisch an den Rändern angekohlt ist und den von Ihnen gewünschten Gargrad erreicht hat.

4. Mit einem Gemüseschäler oder -hobel die Gurke in lange Streifen schneiden. Die gesalzenen Erdnüsse grob hacken.

5. Die Spieße mit den Gurkenstreifen, den Erdnüssen, dem Koriander und den Limettenspalten auf Tellern anrichten und mit der Satay-Sauce zum Dippen servieren.

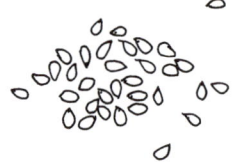

KURKUMA-WALNÜSSE MIT CHICORÉESALAT

*VEGETARISCH *GLUTENFREI *MILCHFREI

In diesem frischen und herben Salat sind die klebrigen Kurkuma-Walnüsse, die für Feuer sorgen, eindeutig die Stars. Kurkuma besitzt eine seit Langem geschätzte, stark entzündungshemmende und antioxidative Wirkung. Damit wird dieser vielseitige Superfood-Salat zum Publikumsliebling, der auf Ihrer Tafel einen Ehrenplatz einnimmt.

4 Portionen

Für die Walnüsse
75 ml flüssiger Honig
½ TL gemahlene Kurkuma
1 Prise Chiliflocken
1 Prise Meersalz
100 g Walnüsse

Für den Salat
2 Zitronen, längs halbiert, entkernt und in dünne Spalten geschnitten
2 EL Walnussöl (oder ein anderes Öl)
Salz und Pfeffer
4 Chicoréeköpfe, die äußeren Blätter entfernt, das Innere geviertelt
50 g Erbsensprossen oder Brunnenkresse
75 g Dicke Bohnen, nach Packungsanweisung gekocht
1 Handvoll frische Oreganoblätter

1. Den Backofen auf 180 °C vorheizen. Honig, Kurkuma, Chiliflocken und Salz in eine kleine Schüssel geben und verquirlen. Es soll eine dickflüssige Paste werden. Nötigenfalls mit etwas Wasser verdünnen. Die Walnüsse hinzufügen und gründlich untermischen. Die Mischung auf ein mit Backpapier ausgelegtes Backblech geben und 15–20 Minuten lang rösten, bis die Nüsse goldgelb, aber noch ein wenig klebrig sind. Aus dem Ofen nehmen und bis zur Verwendung beiseite stellen.

2. Die Backofentemperatur auf 200 °C erhöhen. Einen kleinen Topf mit Wasser zum Kochen bringen und die Zitronenspalten darin ein paar Minuten lang blanchieren. In ein großes, feuerfestes Geschirr oder eine Bratreine umfüllen und in einer Schicht ausbreiten. Mit Öl beträufeln, mit Salz bestreuen und 15 Minuten lang im Ofen rösten, bis die Zitronenspalten goldgelb und an den Rändern angekohlt sind.

3. Die Chicoréeviertel und bei Bedarf noch etwas mehr Öl hinzufügen und weitere 5 Minuten lang rösten. Aus dem Backofen nehmen und abkühlen lassen. Zum Servieren die Erbsensprossen mit den Zitronen- und Chicoréespalten vermengen, anschließend das Ganze mit den Walnüssen, den Dicken Bohnen und dem Oregano bestreuen. Zuletzt mit Salz und frisch gemahlenem schwarzem Pfeffer würzen.

GEBACKENE AUBERGINEN MIT DUKKAH

*VEGETARISCH *GLUTENFREI

Diese verbesserte Version des typischen gebackenen Gemüses ist unter Garantie ein Publikumsliebling und eignet sich perfekt als Appetithappen zum Auftakt eines Menüs oder als dankbare Beilage. Das ist Seelenfutter vom Feinsten – und auch noch gesund! Der zarte rauchige Geschmack der Aubergine wird förmlich zum Klingen gebracht, wenn man sie mit Ricotta, Artischocke und Tomate belegt, und die Dukkah sorgt für Nussigkeit und eine zarte Knusperschicht. Dukkah (sprich: Duh-kah) ist eine aromatische ägyptische Würzmischung, die aus verschiedenen gerösteten Nüssen, Samen und Gewürzen besteht.

2–4 Portionen

2 Auberginen, längs halbiert
Hanföl (oder ein anderes Öl)
   zum Beträufeln
Salz und Pfeffer
150 g Kirschtomaten,
   geviertelt
2 Knoblauchzehen, fein
   gehackt
125 g Artischockenherzen
   aus der Dose,
   abgetropft und in
   Scheiben geschnitten
   (ca. 12 Scheiben)
100 g Ricotta
2 EL Dukkah
25 g Haselnüsse, grob
   gehackt
ein paar Zweige frischer
   Thymian

1. Den Backofen auf 200 °C vorheizen. Das Fruchtfleisch der halbierten Auberginen mit einem scharfen Messer mehrmals kreuzförmig einschneiden. Auf ein Backblech setzen, großzügig mit Hanföl einpinseln und mit Salz und Pfeffer würzen. 20 Minuten lang backen bzw. so lange, bis das Fruchtfleisch weich und goldgelb wird. Aus dem Ofen nehmen und bis zur Verwendung beiseite stellen.

2. Die Tomaten und den Knoblauch mit Salz und Pfeffer in einer Schüssel vermischen und über die Auberginen geben. Die Artischockenscheiben und den Ricotta darüber verteilen, dann mit Dukkah und Haselnüssen bestreuen. Mit noch mehr Öl beträufeln, wieder in den Ofen schieben und weitere 15 Minuten lang backen. Vor dem Servieren mit Thymianzweigen dekorieren.

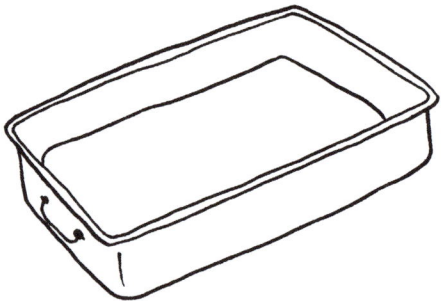

CEASAR SALAD MIT CASHEWKERNEN UND GARNELEN *GLUTENFREI

2 Portionen

Für das Dressing

50 g rohe Cashewkerne,
  2–3 Stunden lang
  eingeweicht (oder am
  besten über Nacht)
4 hochwertige Anchovisfilets
  in Öl, abgetropft
1 ordentlicher Spritzer
  Zitronensaft
1 EL Dijon-Senf
1 EL Sesampaste (Tahina)
2 TL Worcestershiresauce
1 TL Knoblauchpulver
75 ml Rapsöl (oder Olivenöl)
3 EL Cashewmilch (oder
  Mandelmilch)
Salz und Pfeffer

1 EL Rapsöl
1 Knoblauchzehe, gepresst
200 g rohe Riesengarnelen,
  geschält
3 Scheiben Pancetta
3 Salatherzen
100 g feine grüne Bohnen,
  gekocht
1 kleine Handvoll
  Schnittlauchröllchen
2 weich gekochte Eier,
  halbiert
25 g Parmesanspäne
25 g geröstete Cashewkerne,
  gehackt

Dieser großartige Salat ist eine behutsame Abwandlung des mexikanischen Klassikers und steckt voller frischer, befriedigender Aromen. Durch die Ergänzung um mein gehaltvolles Cashewkern-Dressing ist er auch reich an B-Vitaminen – essentiell für ein gesundes Herz und Gehirn – was den Nährwert dieses Gerichtes in die Höhe treibt.

1. Für das Dressing die Cashewkerne abgießen und abspülen, anschließend alle Zutaten außer dem Öl und der Nussmilch in einer Küchenmaschine oder einem Mixer glatt pürieren. Bei laufendem Messer zuerst das Öl, dann die Cashew- bzw. Mandelmilch nach und nach hinzufügen, bis ein cremiges Dressing entstanden ist. Mit Salz und Pfeffer abschmecken.

2. Das Rapsöl in einer Pfanne erhitzen und den Knoblauch und die Garnelen mit etwas Salz und Pfeffer darin 5–6 Minuten lang braten, bis die Garnelen rosa und durchgegart sind. Aus der Pfanne nehmen und beiseite stellen. Den Bauchspeck in die Pfanne geben und knusprig braten. Etwas abkühlen lassen und in Stücke brechen.

3. Unmittelbar vor dem Servieren die Salatköpfe zerpflücken und die Blätter mit den Bohnen, den Garnelen, der Pancetta und den Schnittlauchröllchen in eine große Schüssel geben, mit 3 EL des Dressings beträufeln und alles miteinander vermengen. Den Salat auf 2 Teller verteilen und mit dem Ei belegen. Mit den Parmesanspänen und den gerösteten Cashewkernen bestreuen, mit zusätzlichem Dressing servieren. Übrig gebliebenes Dressing hält sich in einem luftdicht verschließbaren Behälter im Kühlschrank 2 Wochen lang.

Damit der Salat milchfrei wird, können Sie den Parmesan weglassen. Knoblauchpulver können Sie durch eine gepresste Knoblauchzehe ersetzen.

RHABARBER-MAKRELEN-SALAT MIT SONNENBLUMENKERNEN

*GLUTENFREI *MILCHFREI

Der herbe und fruchtige Rhabarber in diesem Salat passt ganz ausgezeichnet zu fettigem Fisch wie der Pfeffermakrele, die wir hier verwenden, weil er ihrem üppigen Geschmack etwas entgegenzusetzen hat. Die Sonnenblumenkerne verleihen jedem Happen einen wundervollen Biss und machen diesen Salat nicht nur äußerst schmackhaft, sondern auch ernährungsphysiologisch ausgewogen. Tragt das Mittagessen auf!

2 Portionen

2 EL flüssiger Honig
1 lange Rhabarberstange, geputzt und schräg in Stücke geschnitten
100 g sehr junge und zarte Grünkohlblätter
175 g Pfeffermakrele, in kleine Stücke gezupft
40 g Edamame, nach Packungsanweisung gegart
25 g Sonnenblumenkerne
1 kleine Handvoll Pfefferminzblätter, große Blätter zerrupft
Kürbiskernöl (oder ein anderes Öl)
Salz und Pfeffer
1 Becher gekauftes Edamame-Pfefferminz-Hummus (alternativ können Sie jegliche beliebige Sorte verwenden; Rote-Bete-Hummus geht auch)

1. 150 ml Wasser mit dem Honig in einem mittelgroßen Topf erhitzen und so lange rühren, bis sich der Honig aufgelöst hat. Die Rhabarberstücke hinzufügen und ca. 5 Minuten lang köcheln lassen, bis sie weich, aber noch nicht zerfallen sind (nicht zu lange garen). Mit einem Schaumlöffel herausnehmen, auf einen Teller legen und vollständig erkalten lassen.

2. Unmittelbar vor dem Servieren die Kohlblätter, die Makrele, den Rhabarber und die Edamame auf 2 Teller verteilen. Mit den Sonnenblumenkernen und den Pfefferminzblättern bestreuen und mit dem Kürbiskernöl beträufeln. Mit Salz und frisch gemahlenem schwarzem Pfeffer würzen. Das Edamame-Minz-Hummus dazu reichen.

DINKELSALAT MIT HEISS GERÄUCHERTEM LACHS

Dinkel ist eine uralte Getreidesorte, deren Körner einen wunderbaren Biss besitzen. Ich verwende ihn oft für Salate, weil er eine angenehm erdige, nussige Konsistenz besitzt und sehr vielseitig ist. Die entfernten Verwandten des Dinkels, Emmer und Gerste, könnte man hier auch verwenden. Der Joghurt-Pfefferminz-Dip ist blitzschnell zubereitet und ergänzt den aromatischen, heiß geräucherten Lachs um eine frische, minzige Note.

2 Portionen

100 g Zucchini-Spaghetti
  (Zucchini, mit dem
  Spiralschneider in
  „Nudeln" geschnitten)
75 g grüner Spargel
25 g Erbsensprossen
50 g Gartenerbsen, gekocht
75 g Dinkel, nach
  Packungsanweisung
  gegart
180 g heiß geräucherter
  Lachs
1 EL gemischte Kürbis- und
  Sonnenblumenkerne sowie
  Leinsamen
1 paar Pfefferminzblätter
  zum Servieren
Salz und Pfeffer
Kürbiskernöl (oder ein
  anderes Öl) zum
  Beträufeln

Für den Joghurt-Pfefferminz-Dip

100 g Natur- oder
  griechischer Joghurt
abgeriebene Schale von
  ½ Zitrone
3–4 große Pfefferminzblätter,
  grob gehackt
Salz und Pfeffer

1. Die Zucchini-Spaghetti und den Spargel in kochendem Wasser ca. 5 Minuten lang blanchieren, bis das Gemüse gar, aber noch bissfest ist. Herausnehmen und unter kaltem Wasser abspülen.

2. Für den Dip alle Zutaten miteinander vermischen und mit Salz und Pfeffer abschmecken.

3. Zum Servieren die Erbsensprossen, die Zucchini-Spaghetti, die Erbsen, den Spargel und den Dinkel auf zwei Teller verteilen.

Mit dem heiß geräucherten Lachs belegen und mit den Kernen bestreuen. Zuletzt ein paar Pfefferminzblätter darüberstreuen, den Salat mit Salz und Pfeffer würzen und mit Kürbiskernöl beträufeln. Den Joghurt-Pfefferminz-Dip dazu reichen.

SCHWEINEFLEISCH AUF VIETNAMESISCHE ART MIT SESAMPASTE

*MILCHFREI

2 Portionen

300 g Schweinelende, in
  6 Medaillons geschnitten
2 EL Honig
1 EL Ketjap manis (oder
  dunkle Sojasauce)
1 EL Sesampaste (Tahina)
1 EL Sesamöl
1 Frühlingszwiebel, in
  Scheiben geschnitten
1 Knoblauchzehe, fein
  gehackt
1 daumengroßes Stück
  frischer Ingwer, gerieben
1 große rote Chilischote,
  entkernt und fein gehackt
1 Stängel Zitronengras, die
  äußeren Blätter entfernt,
  fein gehackt
75 g Zuckerschoten
2 Köpfe Pak Choi, zerpflückt
1 rote Paprikaschote, in
  Scheiben geschnitten
1 EL Fischsauce
1 Spritzer Limettensaft
schwarzer Pfeffer
200 ml Kokosmilch

Zum Servieren
100 g Udon-Nudeln
25 g gesalzene Erdnüsse
2 TL Sesamkörner
Thai-Basilikum oder
  Koriander

Hier habe ich all die kräftigen scharfen, süßen, salzigen und sauren Aromen Vietnams in ein einziges köstliches Curry gepackt, damit Sie sie zu Hause genießen können. Für einen schnellen Kalziumschub gebe ich Tahina dazu und kröne das Gericht mit knackigen Erdnüssen und Sesamkörnern, um für die größtmögliche Ausgewogenheit der Texturen zu sorgen – das perfekte Finish für jeden Bissen.

1. Die Schweinefleischscheiben mit dem Honig, dem Ketjap manis (oder der dunklen Sojasauce) und der Sesampaste in eine Schüssel geben. Das Fleisch darin wenden, zudecken und 30 Minuten bis 2 Stunden lang marinieren lassen.

2. Das Öl in einer großen, tiefen, antihaftbeschichteten Pfanne erhitzen. Das Fleisch aus der Marinade nehmen, die Marinade aufbewahren, und das Fleisch von beiden Seiten 2 Minuten lang braten, bis es rundum gut gebräunt ist. Auf einen Teller legen.

3. Die Hitze reduzieren und die Frühlingszwiebel, den Knoblauch, den Ingwer, die Chilischote und das Zitronengras (bei Bedarf mit noch etwas mehr Öl) in die Pfanne geben. 5–6 Minuten dünsten, bis alles weich ist.

4. Das Fleisch mit der aufbewahrten Marinade, den Zuckerschoten, dem Pak Choi und der roten Paprika wieder in die Pfanne geben und 1 Minute lang braten. Mit Fischsauce, einem Spritzer Limettensaft und etwas frisch gemahlenem schwarzem Pfeffer würzen. Die Kokosmilch hinzufügen und zum Kochen bringen, anschließend die Hitze wieder reduzieren und das Ganze 10 Minuten lang leise köcheln lassen.

5. In der Zwischenzeit die Nudeln nach Packungsanweisung kochen und die Erdnüsse grob hacken.

6. Das Curry mit den Nudeln vermengen und mit gehackten Erdnüssen, Sesamkörnern und einer Handvoll frischem Thai-Basilikum oder Korianderblättern bestreut servieren. Nach Belieben gehackte Chilischote und Limettenspalten dazu reichen.

BLUMENKOHLSTEAKS MIT TAHINA UND MISO

*VEGETARISCH *MILCHFREI

Mit diesem Rezept können Sie den bescheidenen Blumenkohl in ein modernes Wunder verwandeln und die blühenden Schönheiten glänzen lassen. Die vielseitigen krümeligen weißen Röschen und die zarten Stängel sind inzwischen ein angesagtes Gemüse. In diesem Gericht vereinigen sich viele wundervolle Aromen, die in der Küche des Nahen Ostens beheimatet sind. Ich muss Sie jedoch warnen: Das macht hochgradig süchtig!

4 Portionen

1 großer Blumenkohl, in Scheiben geschnitten (die inneren Blätter herausgepflückt, die äußeren entsorgt)
1 EL Raps- oder Olivenöl und etwas zusätzlich
1 Knoblauchzehe, durchgedrückt
1 EL weiße Misopaste
1 EL Tahina (Sesampaste)
2 TL Reisweinessig
Salz und Pfeffer
1 TL schwarze oder weiße Sesamkörner
1 Handvoll frische Pfefferminzblätter, grob gehackt

1. Den Backofen auf 200 °C vorheizen. Die Blumenkohlscheiben und die inneren Blätter mit Abstand auf ein Backblech legen (unter Umständen benötigen Sie zwei).

2. Öl, Knoblauch, Miso, Tahina, Reisweinessig sowie etwas Salz und Pfeffer in einer Schüssel miteinander vermischen. Mit einem Backpinsel den Blumenkohl mit dieser Mischung gleichmäßig bestreichen. Mit zusätzlichem Öl großzügig beträufeln.

3. 20 Minuten lang im Ofen rösten bzw. so lange, bis der Blumenkohl zart und goldgelb ist und die Blätter knusprig sind. Aus dem Backofen nehmen und etwas abkühlen lassen.

4. Vor dem Servieren mit Sesamkörnern und frischer Pfefferminze bestreuen.

Die Blumenkohlsteaks passen ausgezeichnet zu jeglichem gegrilltem Fleisch, vor allem zu Lamm.

LABNEH UND SUMACH MIT ZUCCHINI

*VEGETARISCH

Labneh ist Joghurt, den man in einem Sieb abtropfen lässt, um die Molke zu entfernen. Dadurch wird seine Konsistenz etwas fester als die von herkömmlichem Joghurt, während der charakteristische säuerliche Geschmack erhalten bleibt. Das kraftvolle, aus dem Nahen Osten stammende Gewürz Sumach besitzt einen milden, fast zitronigen Geschmack. Es ist in den meisten größeren Supermärkten erhältlich. Dieses Gericht ist ganz schnell zubereitet, was für etwas, das so nährstoffreich und lecker ist, keine ganz unwichtige Eigenschaft ist.

6–8 Portionen

350 g Labneh (gekauft oder wie oben beschrieben zubereitet)
Schale von ½ unbehandelten Zitrone
Salz und Pfeffer
1 EL Pistazien, geröstet und gehackt
1 EL gehobelte oder ganze Mandeln, geröstet und gehackt
1 kleine Handvoll Koriander, grob gehackt (nach Belieben)
1 Prise Sumach
1 ½ EL Raps-, Mandel- oder hochwertiges Olivenöl
1 Zucchini, der Länge nach in Streifen geschnitten
gegrilltes Fladenbrot zum Servieren

1. Den Labneh mit Zitronenschale, Salz und Pfeffer vermischen und in eine Schüssel geben. Mit den Pistazien und Mandeln, dem gehackten Koriander (falls gewünscht) und dem Sumach bestreuen, anschließend mit Öl beträufeln.

2. Den Labneh mit den Zucchinistreifen und mit noch mehr Öl beträufelt servieren, gegrilltes Fladenbrot dazu reichen.

HALLOUMI-MANDEL-TACOS

Ergibt 4 Tacos

Für die Mandelsauce

100 g blanchierte Mandeln,
    mindestens 4 Stunden lang
    eingeweicht (am besten
    über Nacht)

Saft und Schale von
    1 unbehandelten Limette

1 TL Kreuzkümmel

½ TL Chilipulver

2 Knoblauchzehen

1 große Chilischote,
    entkernt, und zusätzlich
    gehackte Chilischote zum
    Servieren

200 ml Mandelmilch
    (s. S. 12)

Salz und Pfeffer

Für die Tacos

Mandel- oder Rapsöl

1 rote Paprikaschote, längs
    in Streifen geschnitten

1 Packung Halloumi (225 g),
    in 5 mm dicke Scheiben
    geschnitten

1 große Avocado

1 rote Chilischote, fein
    gehackt

1 Spritzer Limettensaft und
    evtl. Limettenspalten zum
    Servieren

4 kleine weiche
    Weizentortillas

1 Handvoll Rucolablätter

Salz und Pfeffer

1 EL Mandelblättchen,
    geröstet, zum Servieren

Die Kombination aus milder Paprika, cremiger Avocado, salzigem Halloumi, scharfem Chili und knackigen Mandeln bringt Sie in den Taco-Himmel. Diese frisch schmeckenden, kräftigen Tacos passen besonders gut zu der cremigen Konsistenz meiner selbst gemachten Mandelsauce. Wenn Sie gerne scharf essen, können Sie ruhig noch mehr Chilischoten oder Harissa hinzufügen.

1. Für die Mandelsauce die Mandeln abgießen und abspülen, dann alle Zutaten miteinander glatt pürieren. Mit Salz und Pfeffer abschmecken, anschließend bis zur Verwendung beiseite stellen. (Restliche Sauce hält sich im Kühlschrank 1 Woche lang und passt zu so ziemlich allem Gegrillten und Würzigen.)

2. Etwas Öl in einer Pfanne erhitzen und die Paprikastreifen darin kurz braten, bis sie anfangen, weich zu werden. Sie sollen noch bissfest sein. Herausnehmen, dann den Halloumi von beiden Seiten braten, bis er braun ist.

3. Die Avocado in einer kleinen Schüssel grob zerdrücken, anschließend würzen, Chili und Limettensaft untermischen und die Tortillas damit bestreichen. (Wenn Sie mögen, können Sie diese vorher ca. 30 Sekunden lang in der Mikrowelle erwärmen.) Die Rucolablätter, die Paprikastreifen und den Halloumi auf die Tortillas verteilen und mit Salz und frisch gemahlenem schwarzem Pfeffer würzen.

4. Mit den Mandelblättchen garnieren und nach Belieben mit noch mehr gehackter Chilischote bestreut servieren. Mit der Mandelsauce beträufeln und Limettenspalten dazu reichen. Sie können die Tortillas aber auch ungefüllt und die Zutaten für die Füllung separat in Schüsseln servieren, damit sich jeder selbst seinen eigenen Taco zusammenstellen kann.

Statt der Mandeln können Sie 150 g Mandelbutter verwenden (reduzieren Sie in diesem Fall die Menge an Mandelmilch auf 125 ml).

FEIGEN MIT FETA

Die weiche, honigsüße Feige mit ihrem zarten Duft und der violetten Schale wird in diesem Rezept gefeiert. Sie ist die perfekte Begleiterin für den salzigen, cremig aufgeschlagenen Feta. Die wie Edelsteine wirkenden Granatapfelkerne zerplatzen fruchtig im Mund und die leuchtend grünen gehackten Pistazien machen das Ganze interessant und sorgen für Ausgewogenheit. Wenn Sie diesen Belag mit Honig beträufelt auf gesundem Sonnenblumenkernbrot servieren, erhalten Sie eine einfache, schnelle und köstliche leichte Zwischenmahlzeit oder ein zwangloses Dessert.

2–4 Portionen

125 g Feta
75 g griechischer Joghurt
4 Scheiben Sonnenblumen-
    kernbrot (oder Roggen-
    brot)
4 reife Feigen, in Scheiben
    geschnitten
2 EL Granatapfelkerne
2 EL Pistazien, grob gehackt
2 EL flüssiger Honig

1. Mit einem elektrischen Handrührgerät den Feta glatt rühren, dann den griechischen Joghurt unterrühren.

2. Das Sonnenblumenkernbrot toasten und anschließend mit dem geschlagenen Feta bestreichen.

3. Mit den in Scheiben geschnittenen Feigen und den Granatapfelkernen belegen, mit den gehackten Pistazien bestreuen und mit Honig beträufeln.

JOGHURT-SCHNITTE MIT PISTAZIEN UND ZIMT

*VEGETARISCH *GLUTENFREI

Dieses unglaublich einfache Dessert bildet das perfekte, den Gaumen erfrischende Finale eines sommerlichen Menüs. Das Geheimnis besteht darin, es rechtzeitig vor dem Genuss aus dem Gefrierfach zu nehmen, damit es schön weich wird. Die aromatischen gerösteten Beeren können im Voraus zubereitet und vor dem Servieren nebenher erwärmt werden. Die erdigen Gewürze bilden einen zarten Kontrast zur Süße dieser üppigen und total unwiderstehlichen eiskalten Leckerei und machen dieses Rezept zu etwas ganz Besonderem.

6–8 Portionen

500 g griechischer Joghurt
3 EL Dattelsirup
je ½ TL gemahlener Zimt
    und Lebkuchengewürz
1 EL Vanillepaste oder
    -extrakt
je 75 g frische Himbeeren
    und Brombeeren
100 g getrocknete
    Cranberrys
1 EL Kakao-Nibs
75 g Pistazien, gehackt, und
    zusätzlich zum Servieren

Für die gerösteten Beeren
250 g Erdbeeren, halbiert
    und geviertelt
je 100 g Himbeeren und
    Brombeeren
1 EL Vanillepaste oder
    -extrakt
2 EL Dattelsirup
½ EL Leinöl

1. Eine Backform mit 20 cm Seitenlänge mit Backpapier auskleiden und einfetten. In einer Schüssel den Joghurt, den Dattelsirup, die Gewürze und die Vanille miteinander verrühren. Behutsam das Obst, die Kakao-Nibs und 50 g gehackte Pistazien unterrühren. Die Mischung in die Backform gießen und verstreichen. Achten Sie darauf, dass Obst und Pistazien gleichmäßig verteilt sind. Mit den restlichen Pistazien bestreuen, mit Frischhaltefolie abdecken und für mindestens 4 Stunden, am besten über Nacht, ins Gefrierfach stellen.

2. Für die gerösteten Beeren den Backofen auf 180 °C vorheizen. Die Beeren in eine feuerfeste Auflaufform geben und gleichmäßig verteilen.

3. In einer kleinen Schüssel die Vanille, den Dattelsirup und das Öl mit 1 EL Wasser vermischen. Diese Mischung über die Beeren gießen und diese im Ofen 20 Minuten lang rösten, bis sie weich und karamellisiert sind. Aus dem Ofen nehmen und abkühlen lassen.

4. Die Backform aus dem Gefrierfach nehmen und 10 Sekunden lang heißes Wasser über die Außenseiten laufen lassen. Dann vorsichtig die Joghurt-Schnitte herausnehmen. 10 Minuten lang beiseite stellen bzw. so lange, bis sie etwas angetaut ist. Anschließend mit einem Sägemesser in gleich lange Streifen schneiden.

5. Mit noch mehr gehackten Pistazien bestreuen und mit den gerösteten Beeren servieren.

REGISTER

BEZUGS-ADRESSEN

www.amazon.de
www.alnatura-shop.de
www.keimling.de
www.purenature.de
www.asiafoodland.de
www.asiamarkt-wing.de

Alle Angaben ohne Gewähr

DANKSAGUNG

Dieses Buch zu schreiben und zu gestalten war eine spannende Entdeckungsreise, und ich bin den zahlreichen Leuten, die dabei geholfen haben, es von Anfang bis Ende durchzuziehen, unendlich dankbar. Dies war die Erkundung von aufregendem Neuland, und dank der talentierten und leidenschaftlichen Gruppe von Leuten, die mich begleitet haben, war das Wagnis sowohl spaßig als auch erfolgreich und das, was man einen Akt des Selbstvertrauens, der Liebe und der Entschlossenheit nennen könnte.

Mein Dank geht an das wundervolle Team bei Kyle Books, vor allem an Judith Hannam, die meinen Traum Wirklichkeit werden ließ, an meine ausgezeichnete Lektorin Claire Rogers, deren durchgehende Unterstützung, Anleitung und „Stimme der Ruhe" von zentraler Bedeutung war, und an all die leidenschaftlichen Menschen, die mit mir an diesem Projekt gearbeitet haben.

Vielen Dank an Jacqui Melville. Deine Begabung, zusätzliche Requisiten ausfindig zu machen, hat mehr geholfen, als du dir vorstellen kannst. Danke, dass du meine Empfindungen wirklich verstehst. Ich danke der brillanten Faith Mason dafür, dass sie geholfen hat, meine Vision zu erschaffen, während sie alles einfing, was frisch und köstlich ist. Danke, Jenni Desmond, für die Illustrationen, die meiner Meinung nach in ihrer detaillierten und zarten Herrlichkeit viel zu dem Buch beitragen. Ich bin sehr begeistert darüber, dass ihr alle mit auf diese Reise gekommen seid – auf gewisse Weise seid ihr bis in alle Ewigkeit ein Teil dieses Buches.

Ein ganz besonderes Dankeschön muss ich auch an all die großartigen und wunderbaren Menschen richten, die ich meine Freunde und Familie nennen darf. Ein paar von ihnen dienten freiwillig als begeisterte und willige Versuchskaninchen. (Das war manchmal hart, ich weiß!) Ihr alle habt dafür gesorgt, dass ich während des gesamten Vorgangs lächeln konnte und geistig gesund geblieben bin. Es ist unmöglich, euch alle einzeln aufzulisten, aber ihr wisst ja, wer ihr seid und wie unglaublich dankbar ich euch bin. Es gibt da jedoch eine ganz besondere Dame, die ich doch namentlich erwähnen möchte: meine Mama Julie. Du warst meine größte Inspiration überhaupt und trotz allem mein Fels in der Brandung. Ohne deine ganze Liebe, Ehrlichkeit und uneingeschränkte Unterstützung wäre ich verloren gewesen.

Und natürlich möchte ich mich bei allen bedanken, die mein erstes Buch gekauft haben. Schließlich sind Sie der Grund, warum dieses Buch hier geschaffen wurde. Ich hoffe, es bereitet Ihnen Vergnügen, dass jede Seite von Leidenschaft und Engagement erfüllt ist, und Sie erfassen, wie einfach es sein kann, verführerische, nahrhafte und ausgewogene Mahlzeiten voller harmonischer Aromen für jeden Tag zu kreieren. Wir alle sind auf der Suche nach Freude, also lasst uns in die Küche gehen, fröhlich kochen und die Früchte unserer Arbeit genießen.

VERLAGSGRUPPE PATMOS

PATMOS
ESCHBACH
GRÜNEWALD
THORBECKE
SCHWABEN

Die Verlagsgruppe
mit Sinn für das Leben

Anmerkungen:
Alle verwendeten Eier stammen aus Freilandhaltung.
Zwiebeln und Knoblauch werden in der Regel vor
der Verwendung geschält. Wir haben daher darauf
verzichtet, diesen Arbeitsschritt aufzuführen.

Umschlaggestaltung: Finken & Bumiller, Stuttgart
Gedruckt in China
ISBN 978-3-7995-1218-3

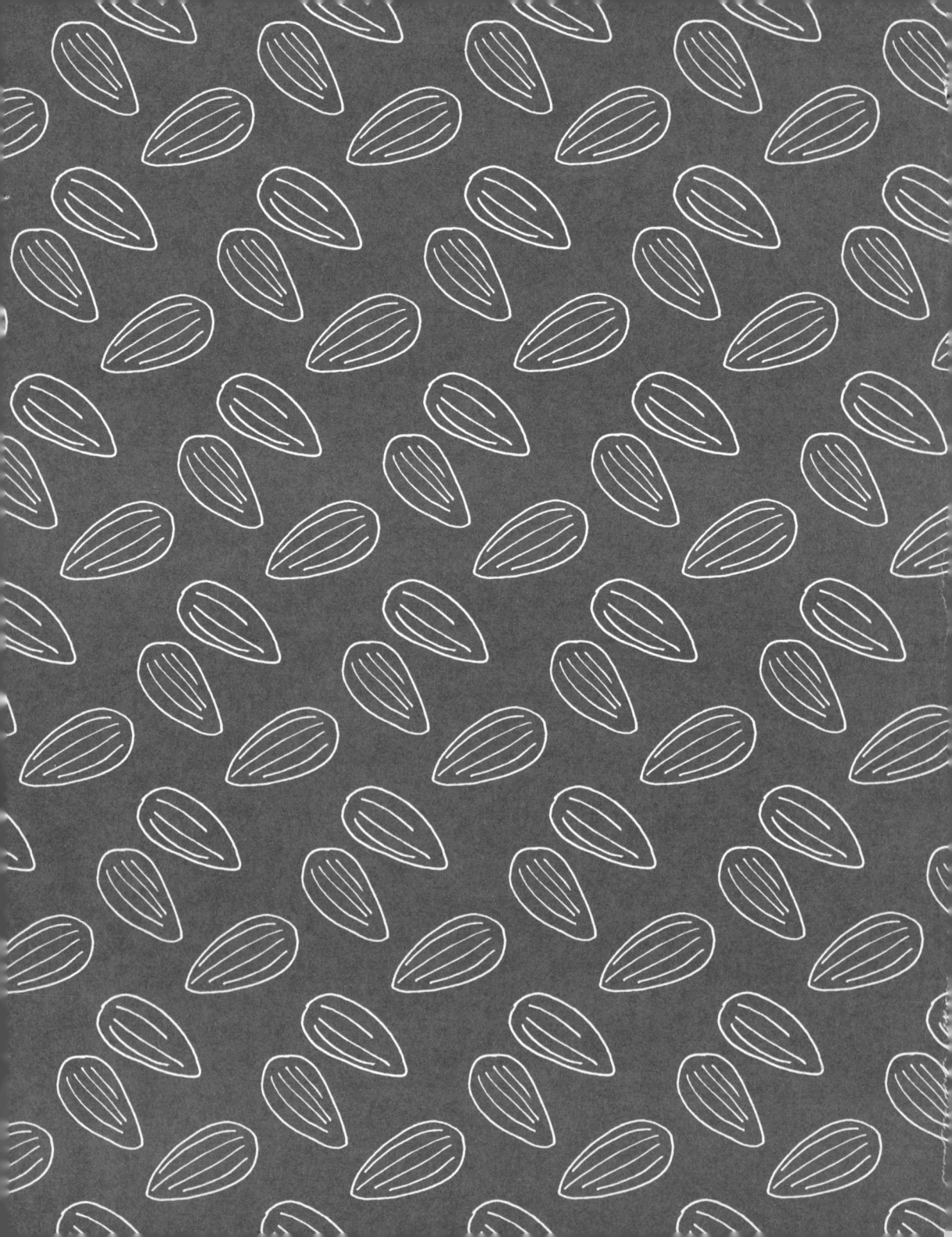